陆战装备科学与技术 · 坦克装甲车辆系统丛书

装甲车辆嵌入式软件开发方法

Armored Vehicle Embedded Software Development

刘 勇 王英胜 陈中伟 编著

北京理工大学出版社
BEIJING INSTITUTE OF TECHNOLOGY PRESS

内容简介

随着装甲车辆信息化程度的提高，嵌入式软件开发在装备研制过程中所占的比重与日俱增，软件的作用日益凸显，规范化的过程管理和合理的软件设计是项目研制提出的新要求。本书以系统介绍装甲车辆嵌入式系统的软件开发方法及工程管理要求为出发点，首先介绍了嵌入式系统在装甲车辆中的应用以及嵌入式软件的开发过程，详细说明了需求分析的任务及方法，需求规格说明的编制和评审，以及软件设计方法与过程，还有设计说明的编制和评审；然后总结并分别介绍了装甲车辆应用较为广泛的基于 VxWorks 操作系统、数字信号处理器和嵌入式微处理器平台的三类应用软件如何进行开发调试，说明了嵌入式软件的测试过程和常用测试方法；最后介绍了型号项目软件研制的管理要求。

本书可以作为高等院校软件工程、计算机软件等相关专业高年级本科生和研究生的教材，也可供从事装甲车辆嵌入式软件开发的专业技术人员参考。

图书在版编目（CIP）数据

装甲车辆嵌入式软件开发方法/刘勇，王英胜，陈中伟编著．—北京：北京理工大学出版社，2019.4（2022.4 重印）
（陆战装备科学与技术·坦克装甲车辆系统丛书）
国家出版基金项目 “十三五”国家重点出版物出版规划项目 国之重器出版工程
ISBN 978-7-5682-6979-7

Ⅰ.①装… Ⅱ.①刘… ②王… ③陈… Ⅲ.①装甲车-车辆工程-软件开发-研究 Ⅳ.①TJ811-39

中国版本图书馆 CIP 数据核字（2019）第 078058 号

出版发行／北京理工大学出版社有限责任公司
社 址／北京市海淀区中关村南大街 5 号
邮 编／100081
电 话／（010）68914775（总编室）
（010）82562903（教材售后服务热线）
（010）68944723（其他图书服务热线）
网 址／http://www.bitpress.com.cn
经 销／全国各地新华书店
印 刷／北京地大彩印有限公司
开 本／710 毫米×1000 毫米 1/16
印 张／18.5 责任编辑／武丽娟
字 数／322 千字 文案编辑／武丽娟
版 次／2019 年 4 月第 1 版 2022 年 4 月第 2 次印刷 责任校对／周瑞红
定 价／128.00 元 责任印制／李志强

《陆战装备科学与技术·坦克装甲车辆系统丛书》
编写委员会

编者序

坦克装甲车辆作为联合作战中基本的要素和重要的力量，是一个最具临场感、最实时、最基本的信息节点，其技术的先进性代表了陆军现代化程度。

装甲车辆涉及的技术领域宽广，经过几十年的探索实践，我国坦克装甲车辆技术领域的专家积累了丰富的研究和开发经验，实现了我国坦克装甲车辆从引进到仿研仿制再到自主设计的一次又一次跨越。在车辆总体设计、综合电子系统设计、武器控制系统设计、新型防护技术、电子电气系统设计及嵌入式软件设计、数字化与虚拟仿真设计、环境适应性设计、故障预测与健康管理、新型工艺等方面取得了重要进展，有些理论与技术已经处于世界领先水平。随着我国陆战装备系统的理论与技术所取得的重要进展，亟需通过一套系统全面的图书，来呈现这些成果，以适应坦克装甲车辆技术积淀与创新发展的需要，同时多年来我国坦克装甲车辆领域的研究人员一直缺乏一套具有系统性、学术性、先进性的丛书来指导科研实践。为了满足上述需求，《陆战装备科学与技术·坦克装甲车辆系统丛书》应运而生。

北京理工大学出版社联合中国北方车辆研究所、内蒙古金属材料研究所、北京理工大学、中国人民解放军陆军装甲兵学院、南京理工大学、中国人民解放军陆军军事交通学院和中国兵器科学研究院等单位一线的科研和工程领域专家及其团队，策划出版了本套反映坦克装甲车辆领域具有领先水平的学术著作。本套丛书结合国际坦克装甲车辆技术发展现状，凝聚了国内坦克装甲车辆技术领域的主要研究力量，立足于装甲车辆总体设计、底盘系统、火力防护、电气系统、电磁兼容、人机工程等方面，围绕装甲车辆“多功能、轻量化、网络化、信息化、全电化、智能化”的发展方向，剖析了装甲车辆的研究热点和技术难点，既体现了作者团队原创性科研成果，又面向未来、布局长远。为确保其科学性、准确性、权威性，丛书由我国装甲车辆领域的多位领军科学家、总设计师负责校审，最后形成了由14分册构成的《陆战装备科学与技术·坦克装甲车辆系统丛书》（第一辑），具体名称如下：《装甲车辆行驶原理》《装甲车辆构造与原理》《装甲车辆制造工艺学》《装甲车辆悬挂系统设计》《装甲车辆武器系统设计》《装甲防护技术研究》《装甲车辆人机工程》《装甲车辆试验学》《装甲车辆环境适应性研究》《装甲车辆故障诊断技术》《现代坦克装甲车辆电子综合系统》《坦克装甲车辆电气系统设计》《装甲车辆嵌入式软件开发方法》《装甲车辆电磁兼容性设计与试验技术》。

《陆战装备科学与技术·坦克装甲车辆系统丛书》内容涵盖多项装甲车辆领域关键技术工程应用成果，并入选“‘十三五’国家重点出版物出版规划”项目、“国之重器出版工程”和“国家出版基金”项目。相信这套丛书的出版必将承载广大陆战装备技术工作者孜孜探索的累累硕果，帮助读者更加系统全面地了解我国装甲车辆的发展现状和研究前沿，为推动我国陆战装备系统理论与技术的发展做出更大的贡献。

丛书编委会

前　言

世界军事强国很早就认识到信息技术对于提升武器装备战斗力的重要性，并开展了大量工作。装甲车辆信息技术在信息化战争的客观要求下得到了迅猛的发展，随着我国装备信息化的发展，为满足装甲车辆向信息化、智能化、数字化发展的需要，装甲车辆中更多的需求需要软件来实现，计算机软件应用非常广泛且深入，从整个信息作战指挥系统到个别武器装备单元，都装备有大量的应用软件。由于装甲车辆技术发展的需求，应用软件系统的规模越来越大，系统复杂性急剧增加，软件在装甲车辆中的地位日益重要。为系统总结装甲车辆软件的设计方法及工程管理要求，满足装甲车辆行业软件技术人员知识更新和专业人才培养的需要，作者撰写了这本《装甲车辆嵌入式软件开发方法》。

全书共9章，第1章介绍了嵌入式系统的发展、特点、组成，以及装甲车辆嵌入式软件的分类和常用软硬件资源的说明；第2章介绍了装甲车辆软件的开发模型以及型号项目软件的研制过程；第3章介绍了软件需求分析的过程，以及常用的需求分析方法、工具，并结合军用软件标准的规定，介绍了软件需求规格说明的编写要点；第4章介绍了软件设计的过程，常用的概要设计和详细设计方法，以及软件构件技术在装甲车辆中的应用探讨，并结合军用软件标准的规定，介绍了软件设计说明的编写要点；第5章介绍了装甲车辆常用的VxWorks操作系统的技术特点，以及集成开发环境，并通过示例介绍了VxWorks操作系统应用程序的多任务设计、任务间的同步；第6章结合装甲车辆广泛应用的德州仪器（TI）数字信号处理器，介绍了基于该类型硬件平台的嵌入式软件开发，包括集成开发环境、硬件最小系统的设计，以及接口软件的设计；第7章以飞思卡尔单片机为例，重点介绍了装甲车辆常用微控制器软件的开发，介绍了CodeWarrior集成开发环境的使用方法，常用外围接口的驱动设计开发，并以键盘采集软件为例说明了应用软件的设计开发思路；第8章介绍了软件测试的过程及组织，说明了常用的软件测试级别，以及常用的静态、动态软件测试方法，并介绍了一种常用的软件源代码分析工具；第9章围绕软件工程在装甲车辆领域的具体实现，介绍了型号项目常用的国家军用标准。

本书在介绍软件工程理论和方法的基础上，力图结合装甲车辆嵌入式软件研制的管理要求和技术发展趋势，系统讲解装甲车辆领域的软件工程化管理方法、关键技术以及工程应用等知识，使本书具有行业特点和技术先进性。本书具有较强的实用性、通用性和行业特点，主要供本行业研究、设计、开发、管理与教学人员使用，也可以用作装甲车辆工程专业研究生专业教材和高年级本科生专业教材。本书第1章由刘勇、周婧撰写；第2章由陈中伟、杨晓宇撰写；第3章由王永山、杨晓宇、陈中伟撰写；第4章由杨硕、杨晓宇撰写；第5章由张建伟、满艺撰写；第6章由周婧、王英胜撰写；第7章由王永山撰写；第8章由王艳永、陈中伟撰写；第9章由杨晓宇撰写。全书由王英胜研究员起草撰写大纲、统稿，刘勇研究员审订。

本书在撰写过程中得到了中国北方车辆研究所很多工程技术人员的帮助，陈旺、胡建军、黄敏、朱天蔚、赵立臻、孙文欣等提供了许多素材和资料。中国北方车辆研究所的倪永亮研究员、李艳明研究员对全书的文字进行了校对。在此一并表示衷心感谢。

由于作者的知识、经验和水平有限，书中难免存在不妥和错漏之处，恳请读者批评指正。

刘　勇

目　录

第1章

装甲车辆嵌入式系统

21世纪以来，嵌入式系统的高能信息处理能力和智能人机交互能力极大地带动了电子信息综合化产业的发展。随着通信、电子和计算机技术的发展，嵌入式系统得到广泛应用。从家用电器到工业设备，从民用产品到军用装备，嵌入式系统已广泛应用到网络、自动化控制、消费电子和国防军事等各个领域。

本章主要介绍嵌入式系统的基本概念、装甲车辆嵌入式系统的组成及特点。通过本章的学习读者将了解嵌入式系统的系统架构和嵌入式系统中软硬件之间的紧密关系，为理解后续章节打下基础。

1.1 嵌入式系统简介

1.1.1 嵌入式系统定义

嵌入式系统虽然起源于微型计算机时代，但由于微型计算机的体积、价位、可靠性等指标无法满足嵌入式应用系统的特定要求，所以其逐步走上了独立发展的道路。此外，嵌入式系统不仅与一般个人计算机上的应用系统不同，而且针对不同应用环境设计的嵌入式系统也存在很大差别。这使得人们对嵌入式系统的理解也不尽相同。

国际电气和电子工程师协会（Institute of Electrical and Electronics Engineers，IEEE）将嵌入式系统定义为“控制、监视或者辅助装置、机器和设备运行的装置”，这一定义充分体现出嵌入式系统是软件、硬件，甚至包括机械等附属装置的结合体，然而这仅仅是从应用角度进行阐述的。微软公司对嵌入式系统做出的定义是“完成某一特定功能或者使用某一特定嵌入式应用软件的计算机或者计算装置。”

由于嵌入式系统的功能强大并应用广泛，上述定义并不能完全体现出它的精髓。目前，国内军工领域对嵌入式系统有一个相对比较普遍的认识，认为嵌入式系统是置入应用对象内部起信息处理和控制作用的专用计算（机）系统。嵌入式系统以应用为中心，以计算机技术为基础，软件硬件可裁剪，其硬件至少包含一个微控制器、微处理器或数字信号处理单元，该系统能够满足应用系统对功能、可靠性、成本、体积、功耗等综合性的要求。

1.1.2 嵌入式系统的发展

世界上第一台数字式电子计算机诞生于1946年，在其后20多年的发展进程中，计算机基本上就是在特殊的机房中实现数值计算的大型昂贵设备。直到20世纪70年代，以微处理器为核心的微型计算机的高速数值运算能力及其表现出的智能化水平和潜力，引起了控制领域专业人士的兴趣，通过将微型计算机嵌入一个对象体系中，实现对象体系的智能化控制。例如，对微型计算机电气加固、机械加固，配置不同的外围接口电路，进而安装到装甲车辆中构成功能系统控制部件或车辆状态监测系统。

嵌入式系统的技术需求是受控对象的智能化控制能力，技术发展方向是与对象系统密切相关的嵌入式计算的性能、控制能力与可靠性。嵌入式系统走上了以微电子学科、电子学科为基础，融入计算机学科、通信、软件工程等领域知识的单芯片化发展道路。而多学科的交叉与融合，弱化了嵌入式系统“专用计算机”观念，促进了嵌入式系统的健康发展。嵌入式系统经历了单芯片为核心的第一阶段，以及以嵌入式中央处理器为基础、嵌入式操作系统为核心的第二阶段，目前发展到以网络化为标志的第三阶段。

嵌入式系统的应用是装甲车辆平台信息化的基础和核心，是实现装甲车辆由机械化向信息化跨越式发展的基本技术途径，是新型装甲车辆的主要技术特征和重要标志。装甲车辆中的动力系统、传动系统、火力系统、防护系统等功能系统都设计了核心控制部件，嵌入在功能系统或子系统中使用，通过软、硬件协同完成运算及控制工作，并通过车载串行总线连接，形成车辆信息系统，实现车辆平台的信息互联互通，组成框图如图1-1所示。

目前第一阶段和第二阶段的嵌入式系统在装甲车辆中还存在着极其广泛的应用。但随着智能计算技术、人机交互技术的发展，嵌入式系统的功能和智能化程度都有着极为快速的发展，嵌入式系统逐步成为复杂应用的承载平台，目前出现的典型复杂应用包括高清数字图像处理系统、装甲车辆中的智能感知系统等。嵌入式系统的网络化和普适计算趋势越来越明显。

（1）网络化。随着网络和无线通信技术的发展，网络彻底地改变了计算和信息共享的方式，大量的嵌入式设备通过网络连接提升其服务能力和应用价值。尤其是物联网（Internet of Things，IoT）能够通过不同信息传感设备（如传感器、射频识别技术、全球定位系统、红外感应器、激光扫描器和气体感应器等）实时采集任何需要监控、连接、互动的物体或过程，采集其声、光、热、

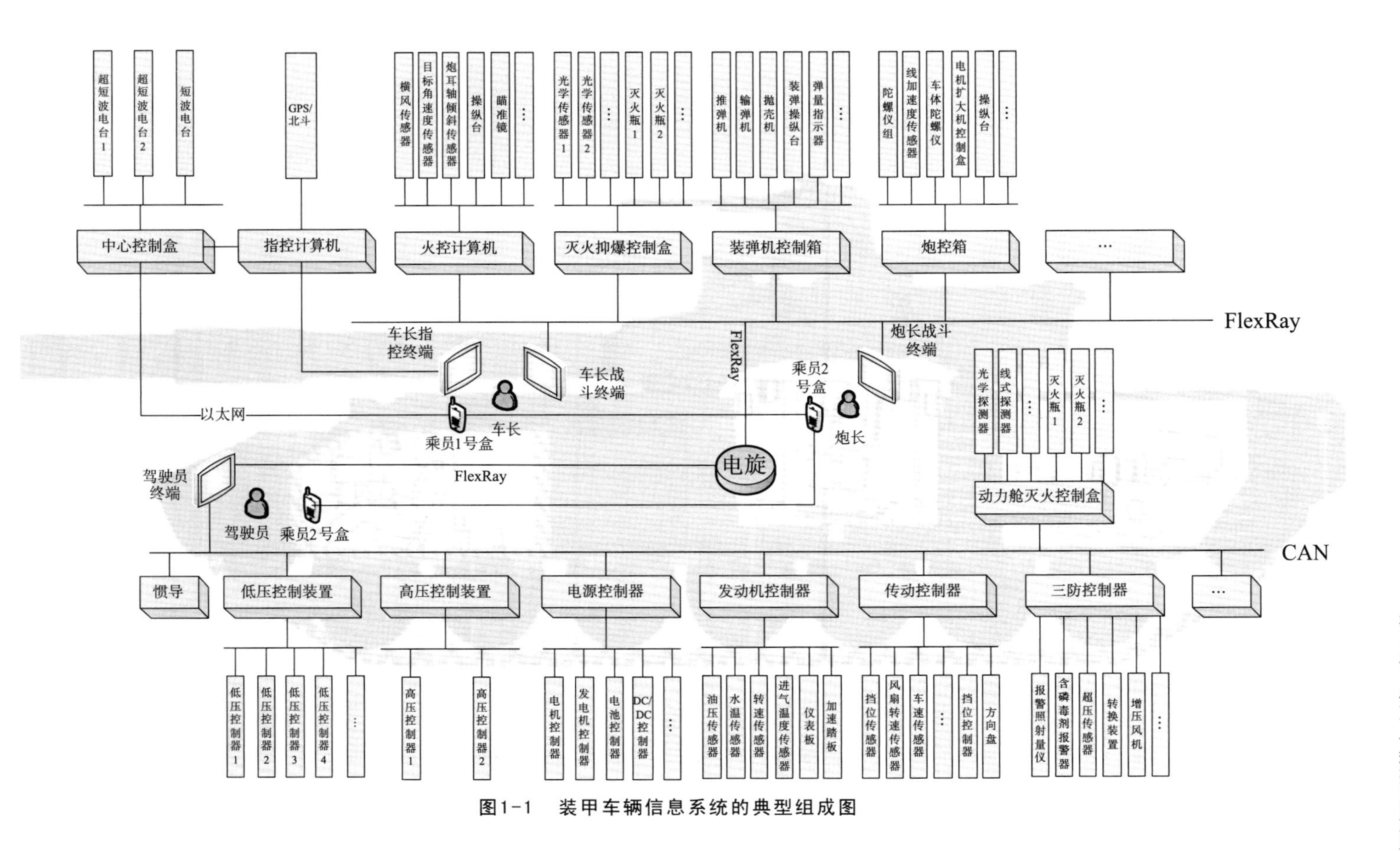

图1-1 装甲车辆信息系统的典型组成图

电、力学、化学、生物、位置等各种需要的信息，与之结合形成一个巨大的网络，实现车与车、车与人、所有设备与网络的连接，进而实现方便的识别、管理和控制。嵌入式计算正是物联网的技术基础。

（2）普适计算。无所不在的、随时随地可以进行的计算，对计算平台的体积、移动性、互连性都有较高的要求。作为普适计算的天然载体，嵌入式系统自然与普适计算的发展紧密相关。目前常见的普适计算应用包括智能手持设备、车载智能设备等。当然，普适计算技术的进一步发展，也会给嵌入式系统的应用带来更多新的机遇。

1.1.3 嵌入式系统分类

根据不同的分类标准嵌入式系统有不同的分类。

首先，根据嵌入式处理器的位数，可以将嵌入式系统划分为 8 位处理器嵌入式系统、16 位处理器嵌入式系统、32 位处理器嵌入式系统、64 位处理器嵌入式系统等几个类型。其中 8 位处理器与 16 位处理器的嵌入式系统已经广泛、普遍地应用于各类装甲车辆中；32 位处理器嵌入式系统在发展中，正在逐渐占据主流地位；64 位处理器嵌入式系统目前应用并不广泛，主要集中应用在高速、大数据量处理的应用中。

其次，根据嵌入式系统的实时性，可划分为嵌入式实时系统和嵌入式非实时系统。嵌入式非实时系统的实时性能较差，是通过计算机处理的逻辑结果而不是结果产生的时间来判定系统的正确性，应用场合通常是如嵌入式维修手册等一些对实时性要求不高的系统中。装甲车辆中的嵌入式系统大部分为嵌入式实时系统。嵌入式实时系统是为执行特定功能而设计的，可以严格地按时序执行功能。其最大的特征就是程序的执行具有确定性，计算的正确性不仅依赖于它的结果，也依赖于输出产生的时间。如任务流程控制、数据采集、驱动控制等系统均属于嵌入式实时系统。嵌入式实时系统又可分为硬实时系统与软实时系统。

如果系统在指定的时间内未能实现某个确定的任务，会导致系统的全面失败，则系统被称为硬实时系统。硬实时系统有一个刚性的、不可改变的时间限制，超时错误会导致系统失败或不能实现预期目标。软实时系统的时限是柔性灵活的，当时限不被满足时，会导致性能下降而不是系统任务失败。

1.1.4 嵌入式系统的特点

相对于通用计算机系统而言，嵌入式系统的特点主要体现在以下几个方面。

1. 系统专用

嵌入式系统的专用性主要体现在采用专用的嵌入式处理器和功能算法，专为完成某一特定任务而设计，设计完成后也不能随意改变。嵌入式系统的升级换代与具体的产品应用同步进行。

2. 系统精简

嵌入式系统的精简性主要体现在，以尽可能精简的内核可靠、便捷地完成功能任务。由于嵌入式系统受到结构、存储器容量、处理器速度等限制，系统精简能够实现节省存储空间、降低系统复杂性、增强处理器速度、简化外围设备的目的，从而能更好地满足应用需求。

3. 健壮可靠

嵌入式系统需要跟随功能任务系统满足环境适应性、任务达成度等多种指标要求，所以健壮性与可靠性是嵌入式系统必不可少的特征。

4. 实时处理

嵌入式系统是特定任务执行过程的核心处理环节，必须满足执行过程的时限要求，因此具有实时处理的特性。

1.2　嵌入式系统的组成

如图 1 - 2 所示，嵌入式系统的组成一般分为硬件部分和软件部分，装甲车辆上装备的嵌入式系统也不例外。其中，嵌入式硬件部分包括嵌入式处理器和其他嵌入式外围设备等；嵌入式软件部分包括嵌入式操作系统和嵌入式应用软件等。

1.2.1　嵌入式处理器

嵌入式处理器是嵌入式系统中信息处理和功能任务达成的核心所在，可以分为嵌入式微控制器、嵌入式微处理器、嵌入式数字信号处理器，以及嵌入式片上系统等类型。

嵌入式微控制器（Micro Controller Unit，MCU）又称为单片机。单片机是

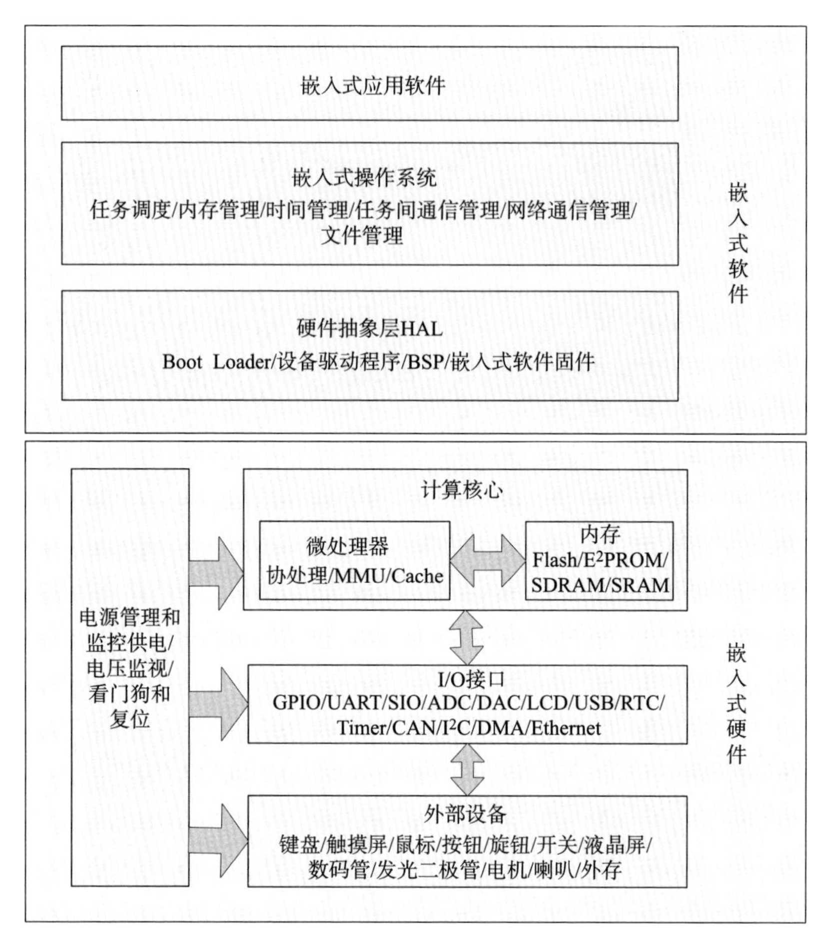

图 1-2　嵌入式系统组成图

一种以微处理器内核为核心，集成了随机存取存储器、非随机存取存储器、定时/计数器、看门狗、总线逻辑、通用异步收发传输器、脉宽调制输出、数字输入/输出、数模/模数转换等功能的集成芯片。微处理器由于其单片化的特点，体积小、功耗低、可靠性高，又因为其外设资源丰富、便于控制等优点，一直在装甲车辆的各类控制器中应用广泛。

嵌入式微处理器（Micro Processor Unitd，MPU）具有微处理器的相关功能，并加强了工作温度、抗电磁干扰、可靠性等方面的性能，可以满足装甲车辆嵌入式系统的特殊要求和场合。基于嵌入式微处理器的板卡通常是定制设计的，其与随机存取存储器、非随机存取存储器、总线接口及各种外设等器件一同工作。嵌入式微处理器目前主要有 ARM、PowerPC、X86、MIPS 等系列。在装甲车辆的乘员显控终端等嵌入式系统中基于 ARM、PowerPC 架构的微处理器都有应用。

嵌入式数字信号处理器（Digital Signal Processor，DSP）是装甲车辆中最常用的一种嵌入式处理器，由于其具有独特的哈佛（Harvard）结构、专用的硬件乘法器和快速的DSP指令，在高速运算领域应用最为广泛。嵌入式DSP主要是通过将标准DSP单片化，并增加嵌入式系统所需的外设等改造而成的。这种类型的嵌入式DSP的典型代表是德州仪器（Texas Instruments，TI）公司生产的TMS320系列处理器。其中TMS320F2000系列DSP兼顾了微处理器的易用性和常用外设的控制集成，具有强大的信号处理能力，基于C语言的编程不但能够提升开发效率，而且便于实现复杂的控制算法，适用于装甲车辆的系统控制、视频采集处理等系统。

嵌入式片上系统（System on a Chip，SoC）是一个将计算机或其他电子系统集成到单一芯片的集成电路，能够处理数字信号、模拟信号、混合信号甚至更高频率的信号。片上系统的集成规模一般能够达到几百万门到几千万门的规模，通过在系统内部运用VHDL等硬件描述语言，实现一个复杂的系统。基于SoC的嵌入式系统设计不需要再像传统的系统设计一样，绘制庞大复杂的电路板，只需要基于标准化的设计过程综合时序设计将可重用的预定义半导体知识产权核连接在一起，然后通过逻辑功能验证之后就可以交付生产。由于绝大部分系统组件都是在芯片内部，这不仅减小了系统的体积和功耗，而且提高了系统的可靠性和设计生产效率。SoC将在装甲车辆的图像处理、网络传输、系统逻辑控制等应用领域中发挥重要作用。

1.2.2 嵌入式外围设备

嵌入式外围设备是指在一个嵌入式硬件系统中除了中心控制部件（MCU、MPU、DSP、SoC）外，完成存储、通信、保护、调试、显示等功能的其他部件，根据功能可分为以下三种类型。

（1）存储器类型。存储器主要用来存放可执行代码和数据，包含Cache、内部存储器和辅助存储器。Cache是一种容量小、速度快的存储器阵列，位于内部存储器和处理器之间。处理器通过尽可能从Cache中读取数据，而不是从内部存储器中读取，这样来提高处理器和内部存储器之间的数据传输速率，从而大大改善系统性能。

内部存储器是嵌入式处理器能直接访问的存储器，用来存放运行时的程序及数据。它可以位于微处理器的内部或外部，其容量为几KB至几GB，一般片内存储器容量小、速度快，而片外存储器容量大。常用作内部存储器的类型包括静态随机存取存储器（Static Random Access Memory，SRAM）、动态随机存取存储器（Dynamic Random Access Memory，DRAM）等。

辅助存储器或者叫外部存储器，通常用来保存长期稳定的程序及数据。常用作辅助存储器的类型包括只读存储器（ROM，Read Only Memory）、可抹除可编程只读存储器（Erasable Programmable Read Only Memory，EPROM）、电子抹除式可复写只读存储器（Electrically Erasable Programmable Read Only Memory，E^2PROM）、闪存（Flash Memory）等。闪存以其可擦写次数多、存储速度快、容量大和价格便宜等优点在嵌入式领域得到广泛应用。

（2）接口类型。接口主要是为了解决处理器和外围设备之间的通信网络、时序配合和数据转换处理问题，以及电气特性匹配问题。几乎工业计算机上存在的接口在装甲车辆嵌入式领域中都有应用。例如，通用用途输入输出（General-Purpose Input Output，GPIO）、通用异步接收/发送（Universal Asynchronous Receiver/Transmitter，UART）、模拟数字转换器（Analog-to-Digital Converter，ADC）、数字模拟转换器（Digital-to-Analog Converter，DAC）、脉冲宽度调制（Pulse Width Modulation，PWM）、定时器（Timer）、实时时钟（Real-Time Clock，RTC）等。

（3）交互设备类型。交互设备主要是指用于实现人机交互界面的设备。其中常用的输入设备包括按键、键盘、触摸屏、鼠标、麦克风等。常用的输出设备包括发光二极管、液晶显示器（Liquid Crystal Display，LCD）、打印机，以及各类电机、电磁阀、喇叭等。

此外，电源管理及监控设备在装甲车辆嵌入式系统硬件中具有基础性和服务性的地位，它与系统的整体能耗、安全和保险策略相关。目前的电源管理和监控技术主要包括数字电源与模拟电源供电技术、电源滤波技术、电路板电源布线技术、电源监视与系统监视技术、锁相环（Phase Locked Loop，PLL）、CPU 工作模式（如 ARM 具有的正常模式、低速模式、空闲模式、停止模式等）管理技术、看门狗（Watchdog）技术等。

1.2.3 嵌入式操作系统

嵌入式操作系统（Embedded Operating System，EOS）是指用于嵌入式系统的操作系统。嵌入式系统的应用软件虽然可以直接在芯片上运行，但是随着软件规模的增大以及软件开发活动的标准化，需要嵌入式操作系统来负责软硬件资源的分配、任务调度，控制、协调并发活动，这样才能合理地调度多任务、利用系统资源，以保证程序执行的实时性、可靠性，并减少开发时间，保障软件质量。嵌入式操作系统通常包括操作系统内核，以及与硬件相关的底层驱动软件、设备驱动接口、通信协议、图形界面等。嵌入式操作系统的使用大大提高了嵌入式系统的功能，方便了嵌入式应用软件的设计，但同时也占用了宝贵的嵌入式资源，所以一般在比较复杂或需要多任务的应用场景才考虑使用嵌入式操作系统。

常见的嵌入式操作系统包括嵌入式 Linux、嵌入式 Windows、VxWorks、Android 等。每一种嵌入式操作系统都有自身的优点和适用环境，装甲车辆行业应用广泛的是美国风河系统公司（WindRiver System Inc.）的 VxWorks，主要技术特点包括：

1）支持多种架构的嵌入式微处理器，如 X86、PowerPC、MIPS、ARM 等。

2）微内核设计：采用微内核设计方法，微内核提供操作系统的基本功能，其他系统功能以系统组件的形式存在，保证了系统的可配置性和可裁剪性。

3）实时多任务管理：基于优先级的可抢占调度及防优先级反转策略，任务切换、系统调用及中断响应时间不会大于 10 微秒。

4）丰富和高效的任务间通信技术：信号量、消息队列、事件和异步信号机制，满足了任务间通信、同步和互斥的需求。

5）软件动态加/卸载：运行时动态加/卸载，支持系统组件和应用程序在线升级，提高了系统的可扩展性、可维护性。

6）高可靠文件系统：基于日志的可靠文件系统支持，断电保护，确保用户数据安全。

7）高性能网络协议栈：符合标准的 TCP/IP 协议栈，高效的 IP 转发机制，配置典型的网络应用协议。

8）可移植性：提供符合 POSIX 1003.13－2003 规范的接口，保障应用的可移植性。

1.3　嵌入式应用软件

1.3.1　嵌入式应用软件的特点

装甲车辆嵌入式应用软件运行于彼此相连的嵌入式系统中，针对特定功能任务，基于相应的嵌入式硬件平台，完成各功能系统的信息采集、信息处理、系统控制、总线通信、状态监测、故障报警等功能。有些嵌入式应用软件需要嵌入式操作系统的支持，但在简单的应用场合下也可以不需要专门的操作系统。

嵌入式应用软件是实现嵌入式系统功能的关键，其要求与通用计算机上的应用软件有所不同。尤其对于装甲车辆的嵌入式应用软件，由于成本要求，除了精简每个硬件单元的成本，还要尽可能地减少嵌入式应用软件的资源消耗。嵌入式应用软件不但要保证准确性、安全性、可靠性以满足功能任务要求，还要尽可能地优化。嵌入式应用软件具有如下特征。

（1）软件固态化存储：为了提高软件的执行速度和系统可靠性，嵌入式系统中的软件一般都固化在存储器芯片或单片机中，而不是存储于磁盘等载体中。

（2）强实时性：装甲车辆的火力控制、三防控制、灭火控制等系统都是实时系统，软件要按规定的时序完成数据的采集、处理，并对外部事件做出及时响应，进行实时控制。对数据采集、处理要完整、准确、及时，软件要保证中断的实时响应，中断处理时间要尽可能短，要保证控制的实时性。

（3）代码高质量、高可靠性：尽管集成电路的发展使处理器速度不断提高，也使存储器容量不断增加，但在装甲车辆嵌入式应用中，计算资源和存储空间仍然非常宝贵，而且存在实时性的要求。因此需要高质量的软件开发和编译工具，以提高软件可执行代码的执行速度。

（4）高安全性：安全性对装甲车辆尤为重要，可分为失效安全性和保密安全性两类。失效安全性是指软件在运行过程中不会因为软件失效而发生人员伤亡、设备和环境破坏等事故，主要是防止软件缺陷造成的人员伤害或对设备环境的破坏。保密安全性是指在信息对抗环境下，软件应具有较高的安全防护能力。

（5）基于多任务实时操作系统的应用趋势：随着嵌入式应用的深入和普及，应用环境也越来越多样，嵌入式应用软件的规模也越来越复杂。支持多任务的实时操作系统成为嵌入式应用软件开发和运行必需的系统软件。

1.3.2 软件的分类

虽然装甲车辆嵌入式系统的软件往往因为各功能系统的特殊要求，而采取不同的设计思路，但从软件重要性等级以及运行平台的角度，可以对其做如下分类。

1. 按软件重要性等级

根据软件失效可能造成的影响程度，可以将软件分为关键、重要、一般三个等级。

关键软件：影响主要作战任务完成、装备和人员安全的软件；

重要软件：影响装备主要性能实现的软件；

一般软件：除关键软件和重要软件外的其余软件。

装甲车辆中通常包含的嵌入式软件重要性等级见表 1－1。

表 1－1　软件重要性等级示意表

软件名称	软件重要性等级		
	关键	重要	一般
驾驶员终端软件		√	
车长战斗终端软件			√
车长指挥终端软件		√	
炮长战斗终端软件		√	
电台软件		√	
炮控箱软件		√	
装弹控制软件		√	
动力舱灭火控制器软件		√	
三防控制器软件		√	
装填控制器软件			√
低压控制器软件			√
高压控制器软件			√
机电控制器软件	√		
火控计算机软件	√		
发动机控制软件	√		
传动控制器软件		√	
发电机控制器软件		√	

2. 按软件运行平台

根据软件运行平台的不同，可以将软件划分为微处理器软件、微控制器软件、数字信号处理器软件。

微处理器软件：常用的嵌入式微处理器包括 ARM、PowerPC、X86、龙芯等系列，通过外围扩展电路设计，满足系统网络通信、界面显示等设计需求，采用嵌入式实时操作系统如 VxWorks、Linux 等对各类资源进行管理。指控计算机软件、车长指控终端软件以及其他乘员终端软件等多属于这一类型。

微控制器软件：常用的微控制器包括飞思卡尔（Freescale）公司的MC9S12XF系列、51系列等。装弹机控制箱软件、发动机控制器软件、机电控制器软件等属于这一类型。

数字信号处理器软件：常用的数字信号处理器包括德州仪器（TI）公司的TMS320F2000系列、亚德诺半导体（Analog Devices）公司的TigerSHARC系列等。炮控箱软件、火控计算机软件即属于这一类型。

1.3.3 软件开发的常用工具

嵌入式软件开发与通用计算机软件的开发不同，多采用主机—目标机的方式，除了软件开发需要的主机以外，还需要使用包括在线仿真器、目标机模拟器以及集成开发环境在内的其他软硬件工具。

1. 在线仿真器

在线仿真器能够连接目标机的微处理器，给目标代码提供仿真环境，允许开发者调试和监视程序的运行。它是进行嵌入式应用系统调试的最有效的开发工具。

在线仿真器首先可以下载并在目标机上实际执行目标代码，对应用程序进行功能性检验，排除人的思维难以发现的设计逻辑错误。在线仿真器不仅是软硬件排错工具，也是提高和优化系统性能指标的工具。高档在线仿真工具，可根据需要选择配置各种档次的实时逻辑跟踪器、实时映像存储器和程序效率实时分析功能。但是这类仿真器通常必须采用极其复杂的设计和工艺，因此价格比较昂贵。

2. 目标机模拟器

目标机模拟器是能够在通用计算机上广泛使用的，具有完备人机接口的工作平台，能够通过软件手段，模拟执行为某种嵌入式处理器内核编写的执行程序。简单的模拟器可以通过指令解释方式逐条执行源程序，分配虚拟存储空间和外设，供开发者检查。高级的模拟器可以利用计算机的外部接口模拟处理器的I/O电气信号。

目标机模拟器独立于被模拟的处理器硬件，一般与编译器集成在同一个环境中，是一种有效的源程序检验和测试工具。但是模拟器毕竟是一种处理器模拟另一种处理器的运行，在指令执行时间、中断响应、定时器等方面很可能与实际处理器有较大的差别。另外，它无法仿真嵌入式系统在应用系统中的实际执行情况。

3. 集成开发环境

嵌入式软件开发几乎全是跨平台交叉开发，多数代码直接控制硬件设备，硬件依赖性强，对时序的要求十分苛刻，很多情况下的运行状态都具有不可再现性。因此，嵌入式软件集成开发环境不仅要具有通用软件集成开发环境的项目管理和易用性，还有一些特殊的功能要求、精确的错误定位要求，以及针对嵌入式软件的代码容量与执行速度优化的要求等。至少需要包括项目建立和管理工具，主机上的编译、调试、查看工具，以及利用串口、网络、在线仿真器等实现主机与目标机连接的工具。还可以包括一些提高软件开发效率的工具，如代码编辑辅助工具、系统状态分析工具、代码性能优化工具、运行故障监测工具、图形化浏览工具和版本控制工具等。基于嵌入式实时操作系统的集成开发环境还包括可剪裁的微内核实时多任务操作系统。

第 2 章

嵌入式软件开发过程

2.1 软件工程的基本原理

自从正式提出了“软件工程”这个术语以来，研究软件工程的专家们陆续提出了一百多条有关软件工程的准则。1983 年美国 TRW 公司的 B.W. Boehm 将这些软件工程的准则概括为著名的软件工程七条基本原理。

1. 按软件生命周期分阶段制订计划，并进行严格管理

一个软件从定义、开发、运行和维护，直到最终被废弃丢掉，要经历一段很长的时间，通常被称为软件生命周期。在软件开发与维护的漫长时间中，需要完成许多性质各异的工作。应该把软件生命周期划分为若干阶段，并相应地制订切实可行的计划，然后严格按照计划对软件的开发与维护工作进行管理。不同层次的管理人员都必须严格按照计划认真尽职地管理软件的开发与维护工作，绝不能受用户或上级人员的影响而擅自违背预订计划。

2. 坚持践行阶段评审

软件的验证工作不能等到编码阶段结束之后再进行，原因有两个：第一，大部分错误是在编码之前造成的，根据有关统计，设计错误占软件错误的 63%，编码错误仅占 37%；第二，错误发现得越晚，为改正它所需要付出的代价就越大。因此，在每个阶段都应进行严格的评审，以便尽早发现在软件开发

过程中的错误。

3. 实行严格的产品控制

在软件开发过程中不应随意改变需求，因为改变一项需求往往需要付出较高的代价。但是，由于外界环境的变化或软件工作范围的变化，在软件开发过程中改变需求又是难免的，只能依靠科学的产品控制技术来适应需求的变更。

4. 采用现代程序设计技术

自从提出软件工程的概念开始，软件开发人员一直把主要精力用于研究各种新的程序设计技术，实践证明采用先进的技术不仅可以提高软件开发和维护的效率，而且可以提高软件的质量。

5. 具有明确的责任

软件产品不同于一般的工业产品，是看不见摸不着的逻辑产品。软件项目组的工作进展情况可见性差、可控性差，难以准确度量，使得软件产品的开发过程比一般产品的开发过程更难以评价和管理。为了提高软件开发过程的可见性，更好地进行过程控制管理，应当根据软件项目的总目标及进度安排，规定开发人员的责任和任务标准，使工作结果能够被清楚地审查。

6. 开发组织的人员尽量少而精

软件项目组的组成人员应当有很高的素质，但是人数不宜过多，提高人员的素质能促进软件开发产品质量的提高和开发效率的提高。高素质的开发人员可以明显减少软件中的错误，而且项目组随着人数的增加，会因组内的交流和讨论造成额外的开销，因此应当保证软件项目组的人员少而精。

7. 不断改进软件开发过程

软件开发过程是将软件工程的方法和开发技术、开发工具综合起来，达到合理、及时地进行计算机软件系统开发的目的。开发过程定义了方法使用的顺序、要求交付的文档资料，为保证开发质量和项目变化所需要的管理，以及软件开发各个阶段进行的评审工作。为保证软件的过程能适应软件开发技术的进步，必须不断改进软件工程过程，应当积极主动地采用新的软件开发技术，不断总结经验。

通过将软件工程理论和方法应用于装甲车辆领域中，指导装备软件开发、运行、维护和引退的全过程活动。

2.2 软件生命周期

同通用软件产品或软件系统一样，嵌入式软件的开发过程也要经历从形成概念开始，经过开发、使用和维护，直到最后退役的全过程，一般称为软件生命周期（Software Life Cycle，SLC）。软件生命周期提供了一个描述软件项目所需实施的过程、活动和任务的基本框架。

软件生命周期根据软件项目所处的状态、特征以及软件开发活动的目的、任务，可以划分为若干个阶段。目前各阶段的划分尚不统一，但无论采用哪种划分方式，软件生命周期都应该包括软件定义、软件开发、软件使用与维护三个部分，并可以细分为可行性研究、项目计划、需求分析、概要设计、详细设计、编码实现与单元测试、系统集成测试、系统确认验证、系统运行与维护等几个阶段，这个流程就是软件生命周期的基本结构。在实际的软件项目中，根据所开发软件的规模、种类、复杂程度，软件开发组织的经验方法，以及采用的技术手段等因素，可以对各阶段进行必要的合并、分解或补充。

2.3 软件生命周期模型

选择恰当的软件生命周期模型进行软件研制，可以提高产品质量，降低项目管理难度，缩短研制周期，便于项目状态跟踪，为过程改进和度量提供依据，改善组织级的过程弱势，提高过程能力成熟度级别。根据装甲车辆行业规范的管理要求，软件生命周期一般从可行性研究（或称系统分析）开始，逐步进行阶段性变化，直至通过确认测试并得到用户确认的软件产品为止，是典型瀑布模型的应用。瀑布模型是由 Winston Royce 于 20 世纪 70 年代提出的，是软件开发模型中最具生命力的模型，直到今天都一直被广泛采用。

2.3.1 软件生命周期模型的三个主要阶段

装甲车辆型号项目软件研制过程严格按照装备研制程序以及行业管理规定执行，按照软件工程化要求进行管理，软件研制随装备研制同步开展，一般包括软件方案、软件工程研制和设计定型三个阶段。

2.3.1.1　软件方案

在软件方案阶段，装甲车辆软件总体组织制定软件研制方案，开展系统需求分析与设计，编制系统/子系统规格说明、系统/子系统设计说明、软件产品规范、软件开发计划、软件质量保证计划、软件配置管理计划、软件测试计划研制软件等文档。软件研制方案由用户的业务主管部门组织评审。

软件方案评审通过后，软件总体组依据软件研制方案按软件配置项编制软件研制任务书。用户的业务主管部门对软件研制任务书组织评审，评审时应当有软件的论证、测评、使用单位和用户代表机构参加。

2.3.1.2　软件工程研制

在工程研制阶段，软件研制单位须建立软件开发库、受控库和产品库，完成软件需求分析、设计、实现、测试和试验工作。软件需求分析、设计、实现和测试的工作须由不同的人员承担。

2.3.1.2.1　软件需求分析

软件研制单位根据软件研制任务书进行软件需求分析，形成软件需求规格说明，制订软件开发计划、软件配置管理计划、软件质量保证计划和软件配置项测试计划等文件。需求分析的结果应经过用户组织的评审，信息系统设计人员、软件测试人员参加评审，若确定要进行第三方测试时，则还应请第三方测试单位的代表参加，必要时还应请最终用户方的代表参加。评审应对功能的正确性、完整性和清晰性，以及性能、接口、安全性等其他需求的响应情况给予评价。评审通过才可进行下一阶段的工作，否则应重新进行需求分析。

2.3.1.2.2　软件设计

软件研制单位根据确认的软件需求，开展概要设计和详细设计，编制软件设计说明，制订软件单元测试和集成测试计划。软件设计结果须评审，评审可由总体单位或软件专项组组织，也可由软件项目团队自行组织进行。评审对软件体系结构设计的合理性、软件单元流程设计、数据结构设计以及其他设计给予评价。评审通过才可进行下一阶段的工作，否则应重新进行软件设计。

2.3.1.2.3　软件实现

软件研制单位在软件设计评审通过后开展软件实现和单元测试工作。根据软件设计说明和软件编码规范进行软件实现，并实施软件单元测试。代码注释率不低于 20%，关键级软件单元规模不超过 60 行，重要级软件单元规模不超过 100 行，一般级软件单元规模不超过 200 行。

2.3.1.2.4 软件测试

软件实现后，需进行软件部件测试、配置项测试以及系统测试。编制软件测试说明、软件测试报告、软件产品规格说明、软件固件保障手册等文档。测试过程及测试结论需经评审。通过测试的软件随装备样机进行试验，试验完成后随装备转段。

2.3.1.3 设计定型

设计定型阶段需进行软件定型测评，并随所属装备进行设计定型基地试验和部队试验。软件定型测评申请一般单独申请，也可随所属装备进行申请。单独申请时，由装备研制总设计师单位会同用户代表机构向用户鉴定部门提出；随所属装备申请时，应在申请报告中对软件单独描述，包括所有软件配置项名称、用途、版本标识、开发语言、运行环境、规模、等级及研制单位等主要内容。

软件申请定型测评时，应已通过研制过程的内部测试，且软件技术状态已固化，软件相关文件资料齐套、数据齐全、符合国家军用标准，形成可供定型测评的完整版本。提交软件定型测评文件包括：

1）上级批复的装备研制总要求；

2）软件研制任务书；

3）系统/子系统规格说明、系统/子系统设计说明；

4）软件产品规范；

5）软件源程序、可执行程序及编译环境；

6）软件配置管理计划及软件配置管理报告；

7）软件质量保证计划及软件质量保证报告；

8）软件开发计划及软件研制总结报告；

9）软件需求规格说明；

10）软件设计说明；

11）软件测试计划；

12）软件测试说明；

13）软件测试报告；

14）软件用户手册或包含嵌入式软件的设备的操作使用手册；

15）重要研制阶段的评审报告，包括软件需求分析、软件设计、软件测试、正样鉴定阶段等的评审报告。

设计定型时，软件应具备下列条件：

1）装备通过软件定型测评、设计定型基地试验、部队试验。

2）通过装备定型试验的样机软件状态与通过软件定型测评的软件状态一致。

3）软件源程序、相关文档资料和数据完整、准确、一致，满足有关国军标要求。

4）软件研制工作符合工程化要求，软件配置管理有效。

用户鉴定部门收到设计定型申请后，适时安排审查。软件设计定型审查一般单独进行，也可随装备进行。软件审查的主要内容包括：

1）软件研制过程工程化实施情况。

2）软件指标要求的满足情况。

3）软件重大问题、解决措施及验证情况。

4）软件定型文档资料情况。

5）必要时，抽查或测试软件功能、性能。

软件通过设计定型审查后，由用户鉴定部门承办报批手续，完成设计定型工作。

2.3.2　软件生命周期模型的主要工程活动

装甲车辆嵌入式软件生命周期模型将软件项目的主要工程活动划分为系统需求分析与设计、软件配置项需求分析、概要设计、详细设计、软件实现、单元测试、部件测试、配置项测试、系统集成测试等过程活动，并且规定了它们自上而下、相互衔接的固定次序。开发过程中非常强调文档的作用，要求每一个活动都有明确的文档产品，并且要求每个阶段都要仔细验证，当评审通过，且相关产品都已称为基线后才能开展下一过程的活动。

软件生命周期模型如图2－1所示，主要包含以下过程活动：

2.3.2.1　系统需求分析与设计

在装甲车辆总体方案设计过程中，形成了软件系统组成方案，信息系统设计人员及部件设计人员应开展软件系统需求分析与设计过程的活动，根据（分）系统或部件任务要求，确定系统软硬件体系结构，合理划分软硬件功能，明确软件配置项的组成，确定各配置项及其功能、性能、安全性和可靠性要求，确定配置项之间的数据流、指令流、时序关系和接口信息关系，确定各软件配置项的关键等级，提出各计算机软件配置项的测试要求和验收交付要求，这一阶段软件研制人员应该参与，以了解系统的需求背景、软件运行的外部环境、软件与硬件的接口关系。这个阶段系统设计人员应编制系统规格说

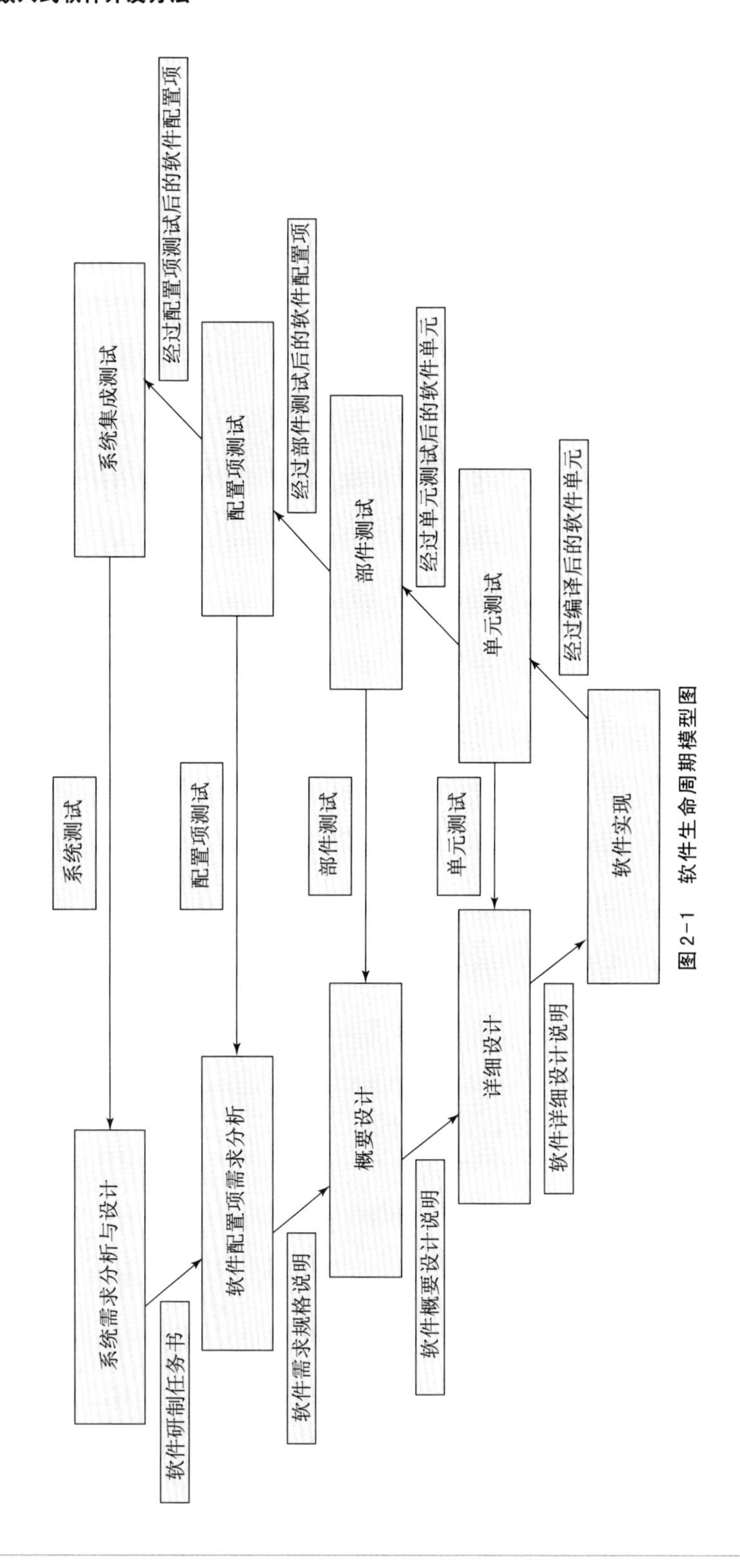

图2-1 软件生命周期模型图

明、系统设计说明，在过程完成前，应形成经过确认的各软件配置项的研制任务书。

研制任务书应包括任务的目的和用途；任务的主要内容和组成；任务的前提条件及技术指标要求；可靠性及质量等方面的要求；研制时间要求；产品及交付的清单及时间；验收交付方法；必要时，还要明确确认测试是否要独立进行，并确定承担者等。

2.3.2.2 软件配置项需求分析

软件配置项需求分析的依据是软件研制任务书及相关标准、型号约束文件等，以项目团队为主来定义软件的范围及必须满足的约束；确定软件的功能和性能及与其他系统的接口，最终形成软件需求规格说明，作为指导软件设计和软件测试的依据。应确保软件项目团队和信息系统设计人员之间对需求分析结果的理解的一致性和准确性。对于关键、重要软件应依据系统安全性需求，查找软件安全关键功能，确定安全性需求，提出软件安全保证措施要求（包括冗余、降级处理、故障处理与恢复、降级运行等），并在需求规格说明中明确标识。需求分析的过程应包括以下活动：

（1）分析需求。

首先分析软件要“做什么”，或具有哪些功能；然后逐步细化所有的软件功能，找出软件各元素间的联系、接口特性和设计上的限制，分析它们是否满足需求，剔除不合理的部分，增加需要的部分；最后，需求分析人员将它们综合成系统的解决方案，并对获取的需求进行一致性的分析检查，在分析、综合中逐步细化软件功能，划分成各个子功能，用图文结合的形式建立软件的功能模型。

（2）项目策划。

软件的项目策划一般与软件需求分析同步开展，根据确定的软件范围、要求的工作产品等安排项目的进度、资源等，同时还需要对软件配置管理、质量保证等工作内容进行计划安排。策划的结果是形成软件配置项的开发计划、质量保证计划和配置管理计划。

（3）配置项测试设计。

根据需求分析的结果，综合考虑软件的功能、性能以及测试要求，初步明确软件配置项测试的内容、资源及进度安排、测试方法和用例等。

（4）编写文档。

编写文档即编写与需求相关的文档，描述需求的文档称为软件需求规格说明。需求分析阶段的主要工作产品是软件需求规格说明，并提交给下一阶段，作为设计阶段的输入。

1）软件需求规格说明。

需求规格说明应全面覆盖软件研制任务书的所有要求，并避免二义性，即对同一描述不允许产生项目团队与系统设计人员的不同理解和不同解释。测试人员应了解该软件的背景和要求，可以对一些功能、性能指标是否可以测试或可验证做出判断。如果软件需求规格说明中的某些要求是不可测的，那么在测试时就无法完成该条要求的测试。此外对某些要求的测试可能要研究测试方法，研制或采购必要的测试工具或测试设备。在此阶段测试人员可以介入，以便进展到测试阶段时，相应的测试方法和测试工具已具备，能够尽早开展测试工作，使得测试工作能够顺利进行。

2）软件开发计划。

其主要内容应包括：产品（包括程序、文档、服务、验收标准、办法和计划）；阶段的划分；人员的组成；任务的分解和人员的分工；各阶段的时间安排；支持条件、分级管理时向上级交付的配置项名称等。

3）软件配置管理计划。

主要内容应包括：人员的组织和职责、配置项标识、配置控制的办法、配置纪实及配置审核等工作的安排。根据项目的具体要求，可以将配置管理计划的有关内容补充到软件开发计划中。

4）软件质量保证计划。

其主要内容应包括：质量保证方面的评审和审查计划以及质量保证人员的任务安排；对于分承制方的管理。在计划中一定要注意对评审和审查的安排，特别是计划周期安排上要有足够的时间，防止因时间不足造成评审不充分现象的发生。根据项目的具体要求，可以将质量保证计划的有关内容补充到软件开发计划中。

5）配置项测试计划。

这包括测试的目的、任务和设备；测试的安排和进度（包括必要的测试设备或工具的安排和进度）约束。

6）配置项测试说明。

这主要包括测试过程、被测试的特性、通过的准则、测试方法与测试用例等。这一部分的主体内容应尽可能在此阶段完成，在以后的工作中可以不断补充、完善，在测试阶段进行测试前全部完成并进行评审。

2.3.2.3 概要设计

概要设计是软件的总体设计。概要设计的产品为物理模型，包括软件概要设计说明、数据库设计说明和接口设计说明。如果说软件需求分析阶段是描述“要做成什么样的软件”（做什么），那么概要设计阶段则是描述“怎么做才能实现软件需求规格说明的要求”（怎样做）。这个阶段主要是根据软件需求规格说明来进行设计，建立软件的总体结构，按功能分解成若干软件部件（功能模块）。概要设计的过程具体如下：

（1）结构设计。

结构设计的目标是确定软件功能模块的组成，以及功能模块之间的关系，步骤如下：

1）功能分解。从实现角度把复杂的功能模块分解为一系列比较简单且易于理解的功能。

2）设计软件结构。将功能模块按其组成的层次进行设计。

3）数据库设计。从需求分析阶段中抽取数据并将其在数据库中表示出来。

（2）软件接口设计。

概要设计的接口设计是指在需求分析的基础上进一步明确系统的内部接口、外部接口和用户接口。接口设计的任务是描述系统内部各模块之间的通信、软件与其他软件之间的通信及软件与用户之间的通信。接口包含了数据流和控制等信息。因此，数据流和控制情况是接口设计的基础。

（3）部件测试设计。

概要设计还应初步确定软件部件的集成策略，并对集成的部件进行测试设计，包括测试的内容、计划安排、测试方法及测试用例等。部件测试的重点是软件接口。

（4）编写文档。

本过程应编写以下文档：

1）概要设计说明。

该文档的主要内容应有软件体系结构设计（包括需求规定、运行环境、处理流程、结构、功能需求与软件部件之间的关系等），接口设计（包括与用户的接口、外部接口、内部接口等），软件部件描述、运行设计（包括运行模块的组合、运行控制等），数据结构设计（可能包括数据库设计），出错处理设计（特别是出错信息及出错处理，甚至人工干预的设计等）和资源估计等。当软件规模较大时，可以将接口设计说明、数据库设计说明分离出来，形成独立的文档。

2）部件测试计划。

部件测试计划的形式和内容与配置项测试计划相同，但是要充分体现这部分测试的重点在于接口，这包括用户接口、外部接口和内部接口。

3）部件测试说明。

其内容与配置项测试说明类似，但要注意由若干个下层的软件部件组成上层的软件部件，而最大的软件部件就是软件配置项。

2.3.2.4 详细设计

详细设计是根据软件需求规格说明及概要设计说明，进一步细化设计，设计每个软件单元的内部细节，包括算法的实现和数据结构设计，特别是参数的传递关系，明确软件单元的输入/输出，为编码实现提供详细的说明。

概要设计所提供的软件部件，可能在详细设计时会进一步分解成若干软件单元，除了做好分解工作，还要对每个软件单元进行详细设计工作。当软件规模较小时，在软件研制计划中明确或经批准后，详细设计阶段和概要设计阶段可合并为设计过程，相应的文档也可合并为设计说明，但技术上的要求是一致的。

这一过程要完成的任务包括以下几个方面：

（1）软件单元设计。

用某种图形、表格、语言等工具将每个模块处理的过程用详细算法描述出来。确切的定义软件所需的数据类型，为以后的编写程序做好充分的准备。确定模块接口的细节，包括系统外部的接口和用户界面（UI），系统内部其他模块的接口，以及模块输入数据、输出数据及局部数据的全部细节。

根据软件的类型，还可能要进行以下设计：

1）代码设计。为了提高数据的输入、分类、存储、检索等操作，节约内存空间，对数据库中的某些数据项的值要进行代码设计。

2）输入/输出格式设计。

3）人机对话设计。对于一个实时系统，用户与软件频繁对话，因此，需要进行对话方式、内容、格式的具体设计。

（2）单元测试设计。

根据每个软件单元的详细设计，确定单元测试的内容及进度安排，并要为每一个单元设计出一组设计用例，以便在编码阶段对单元代码（即程序）进行预定的测试。

详细设计过程中应编写的文档如下：

1）详细设计说明。

该文档应有程序系统的组织结构（包括程序的调用关系、运行过程等）和程序单元的设计说明（包括功能、性能、输入、输出、算法、接口、存储分配、限制条件和出错处理等）。

2）单元测试计划。

单元测试计划，内容同配置项测试计划和部件测试计划。如果在详细设计时又将软件部件进一步分解为若干个软件单元，还应同步考虑它们的集成策略及部件测试安排。

3）单元测试说明。

单元测试说明的内容与配置项测试说明及部件测试说明的内容要求一致，主要针对每个被测软件单元的功能、输入/输出数据，设计多组测试用例。

2.3.2.5　软件实现及单元测试

软件实现是依据详细设计说明，按规定的编程格式要求进行编码、调试；依据单元测试计划及单元测试说明进行全面测试，验证软件单元与详细设计说明的一致性，该阶段的主要工作应有：

（1）每个软件单元按规定的编程格式要求编制并调试通过的源程序清单和目标程序。

（2）单元测试报告，每个程序单元按单元测试计划进行全面测试，包括静态分析、代码审查和动态测试等，测试后根据测试结果分析说明该软件单元与详细设计说明的一致性。单元测试主要参考软件详细设计阶段中形成的单元测试说明文档，对文档中设计遗漏的测试用例，应重新设计，以求达到充分测试。

2.3.2.6　部件测试

部件测试阶段依据概要设计说明及部件测试计划，将经过单元测试的各个软件单元按层逐个组装起来构成软件部件，并进行测试。这个阶段测试的重点在于各软件单元及软件单元的各种接口。

该阶段应编写的文档是部件测试报告，报告内容的重点是说明各种接口测试的完备性。当测试中发现某个软件单元有错，则设计者要分析原因及错误所在，若是编码有误，则修改编码并进行回归测试后再次进行部件测试。若是详细设计有错则修改详细设计说明，并再修改编码，进行回归测试后再次进行部件测试。

2.3.2.7　配置项测试

配置项测试是依据软件需求规格说明、配置项测试计划，对经过部件测试的软件配置项进行测试，评价软件是否在功能、性能上达到了软件需求规格说明中的要求，并决定是否可以进行系统集成联调测试。

测试结束后应编写软件配置项测试报告，除了要描述测试的工作过程外，还要记录测试进行中的各种中间或最终结果，说明测试了什么功能或性能、测试中存在的缺陷等。最终应对测试的充分性给予评价，说明该软件所具有的功能、性能，存在的缺陷或不足，提出改进建议，对于可靠性、安全性、维护性等方面进行分析，并提出建议。

2.3.2.8 系统集成测试

系统集成测试由信息系统总体组负责，各软件配置项项目团队参与，在测试中由信息系统总体组详细记录测试的环境、测试的工作过程、各种测试结果及现象，并参与分析讨论出现问题的原因，提供修改的意见。

软件与系统接口的协调性以及特殊情况的处理能力应是系统测试关注的重点，测试环境应尽可能接近于真实环境。

对于发现的软件问题，需要修改软件后再进行系统测试，特别要注意需再次通过以前进行的与修改部分相关的测试，确保未修改部分的功能、性能不变，至于是否增加新的测试用例要仔细分析，一般需要增加新的测试用例来验证修改的正确性。

2.4 一般管理要求

目前，装备研制质量控制要求越来越高，软件项目团队需要完成的工作内容也越来越细。装甲车辆型号项目研制过程中一般应成立软件专项组，在总设计师领导下负责软件工程化管理等相关工作。

软件专项组一般由型号项目总设计师单位牵头组织成立，成员包括信息系统总体组以及各软件项目团队代表。软件专项组负责建立软件专项组工作流程、管理流程，制订软件专项组工作计划，组织软件开发技术培训，实施软件项目开发管理，编制软件计划，协调组织各系统软件研究工作，组织软件项目的评审与产品交付。

软件项目组应根据软件专项管理的有关规范要求，负责对本单位软件的工作量、规模、进度、计算机资源等方面进行估计，制订本单位的软件开发计划，并依据开发计划对软件项目实施跟踪与监督工作，协调并参加软件的内部评审；组织建立本单位软件的开发环境、测试环境与配置环境；如图 2 – 2 所示，成立本单位的软件工程组、软件测试组、软件配置管理组和软件质量保证组，并分配职责，其中软件测试组与质量保证组应是独立于软件项目的软件工程组。软件工程组负责软件开发和维护活动（即需求分析、设计、编码及调试等）；软件质量保证组负责软件质量保证工作（制订软件质量保证计划、实施软件质量过程控制、编写软件质量保证报告）；软件配置管理组负责软件配置管理工作（制订配置管理计划、建立基线和三库、编写软件配置管理报告等）；软件测试组负责软件测试工作（制订测试计划、组织、实施测试等）。

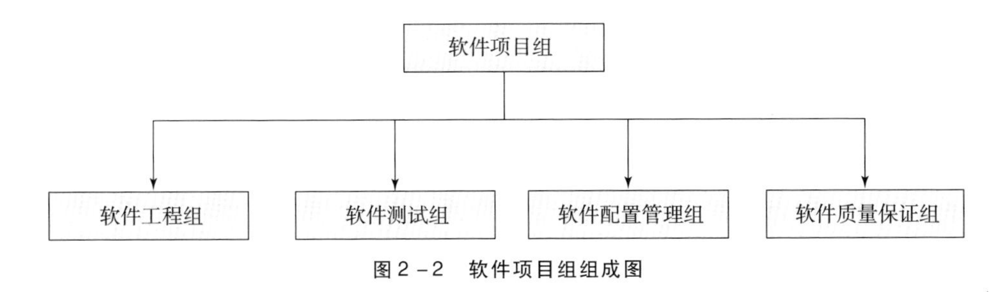

图 2－2　软件项目组组成图

第 3 章

需求分析

3.1 需求分析的过程及任务

3.1.1 为什么进行需求分析

在软件工程的发展历史中，很长一段时间里人们一直认为需求分析是整个软件工程中最简单的一个步骤，但在过去的十几年中越来越多的人认识到它是整个软件开发过程中最关键的一个过程。在型号项目系统需求分析或配置项需求分析阶段，如果需求分析人员未能完整、准确地认识到用户或系统的设计需求，那么最终的软件产品实际上不可能达到用户的指标要求，或者将导致项目的延期或返工，不能按期完成项目。所谓磨刀不误砍柴工，做好需求分析能够起到事半功倍的效果。需求分析是软件工程中的关键过程，是软件计划阶段的重要活动，是软件生命周期中的一个非常重要的环节。需求分析之所以重要，是因为它具有决策性、方向性和策略性的作用，它在软件开发过程中具有举足轻重的作用。多项研究表明，需求方面的问题是项目失败最重要的原因，在一个型号项目软件系统的开发中，它的作用要远远大于其他工程过程，所以一定要提高对需求分析的重视程度。但现实中，需求分析的重要性却经常被低估，需求规格说明中经常存在被忽视、被模糊、不完整甚至定义自相矛盾的地方。通常，需求缺陷都是在此后的软件开发阶段中被发现，需求缺陷发现得越晚，所需要的移除成本越高，因此，我们在软件开发中应该尽早发现并移除需求缺陷。

需求分析是指在需求开发过程中，对所获取的需求信息进行分析，及时排除错误和弥补不足，确保需求规格说明能够正确地反映用户的真实意图。需求来源于用户的一些“需要”，这些“需要”被分析、确认后形成完整的文档，这份文档详细地说明了产品“必须或者应当”做什么。需求分析是分析系统在功能上需要“实现什么”，而不是考虑如何去“实现”。需求分析的目的是把用户对待开发软件提出的“要求”或“需要”进行分析和整理，确认后形成描述完整、清晰与规范的文档，确定软件需要实现哪些功能，完成哪些工作。此外，软件的一些非功能性需求（如软件性能、可靠性、响应时间、可扩展性等），软件设计的约束条件，运行时间与其他软件的关系等也是软件需求分析的目标。开发软件最困难的工作就是准确地说明开发什么，进而编写出详细的需求，包括所有面向用户、面向机器和其他系统的接口。

需求分析是一项重要的工作，也是最困难的工作，该阶段工作有以下特点：

（1）开发人员与用户很难进行交流。

在软件生命周期中，只有软件计划阶段是面向用户的，其他阶段都是面向技术问题的。需求分析时对用户的业务活动进行分析，明确在用户的业务环境中如软件系统应该“做什么”。但是在开始时，开发人员和用户双方都不能准确地提出系统要“做什么”。因为软件开发人员不是用户问题领域的专家，不熟悉用户的业务活动和业务环境，又不能在短期内搞清楚；而用户不熟悉计算机应用的有关问题。由于双方互相不了解对方的工作，又缺乏共同语言，所有在交流时存在着隔阂。

（2）用户的需求是动态变化的。

对于装甲车辆这种大型而复杂的软件系统，用户很难精确完整地提出它的功能和性能要求。一开始只能提出一个大概、模糊的功能，只有经过长时间的反复认识才逐步明确。有时进入设计、实现阶段才能明确，更有甚者，到开发后期还在提新的要求。这无疑给软件开发带来困难。

（3）系统变更的代价呈非线性增长。

需求分析是软件开发的基础。假定在该阶段发现一个错误，解决它需要用一小时的时间，到设计、实现、测试和维护阶段解决，则要花2.5、5、25、100倍的时间。因此，对于装甲车辆软件系统而言，首先要进行可行性研究。开发人员对用户的要求及现实环境进行调查、了解，从技术、经济和社会因素三个方面进行研究并论证该软件项目的可行性，根据可行性研究的结果，决定项目的取舍。

3.1.2 需求分析的过程

软件需求分析阶段的工作产品是“软件需求规格说明”。“软件需求规格说明”的编写是一项复杂的任务。为了完成好这项任务，一般都需要将编写过程划分成几个工作步骤，每一个步骤完成一个相对简单和独立的任务。软件需求分析工作过程要明确整个任务由哪几个步骤组成、实施这些步骤的先后顺序以及各个步骤的具体内容。软件需求分析阶段的工作过程有其通用的规律，即它必须包括软件需求的准备、编写、检查和管理等工作，但在工作步骤的划分以及顺序的安排上有不同的模式。软件需求分析阶段工作由以下四个基本工作步骤和一项任务组成，如图 3－1 所示。

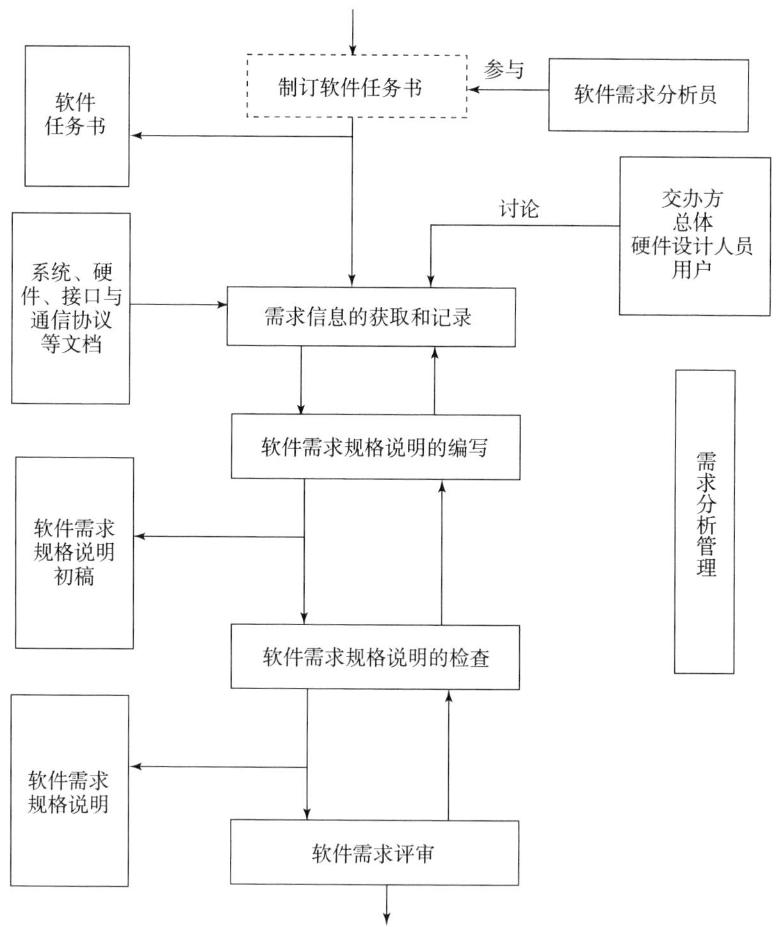

图 3－1 软件需求分析阶段的工作过程

（1）软件需求信息的获取和记录。

（2）软件需求规格说明的编写。

（3）软件需求规格说明的检查。

（4）软件需求评审。

这四个基本步骤的执行原则上是顺序进行的，但是在后面步骤发现的问题往往要追溯到前面的步骤。其中前三个步骤之间的关系更加密切，我们也可以把它们当作一个大的步骤，即“需求定义”步骤实施。

软件需求分析的工作过程所包含的一项任务是需求分析管理。它是跨越软件需求分析阶段和软件开发其他阶段的任务。

在开展需求分析的具体工作之前，我们还需要具备一些工作条件，否则需求工作会遇到许多困难。这些前提条件是：

（1）软件需求分析人员参与软件任务书的制定活动，对于需求文档的要求有基本的理解。

（2）已经有了一个符合有关规定的软件任务书或用户需求。

（3）对于需求文档的格式已经有了明确的规定或选择。

软件需求分析人员对于有关的应用领域已经有所了解。

3.1.2.1　需求信息的获取和记录

此步骤的主要目的是搜集、理解和记录与需求有关的信息。开始执行这个步骤的首要条件是软件需求分析人员得到了软件研制任务书以及其他有关文档（如系统设计文档、硬件设计文档、接口需求与通信协议等）。软件研制任务书就是软件的用户需求。当这一文档不太完善、不太清晰或者不太容易被软件需求分析人员所理解时，软件需求分析人员在阅读的过程中要通过各种方式不断地与系统设计人员或者用户进行交流。特别需要强调的是，对于软件需求分析人员自己认为已经理解的需求，还需要得到系统设计人员或者用户的确认。如果软件需求分析人员缺乏关于这个应用领域的背景知识，那么对软件需求分析人员提前进行培训是必不可少的工作。

需求信息的获取主要依靠软件需求分析人员的经验来完成，很少有成套的方法和工具支持。对于缺乏工作经验的软件需求分析人员，应该注重以下几方面：

（1）了解该型号项目的背景，软件所在系统的组成，与该软件有关的其他分系统的主要功能，这些分系统与该软件的关系，相互交流的信息。

（2）根据软件研制任务书以及与系统设计人员或用户的交流，理解该软件完成的主要功能。

（3）对各个主要功能进行详细了解和记录。

（4）将各个主要功能的具体内容分解成若干个子功能。

（5）搜集和记录性能和其他非功能需求。

（6）搜集和记录设计约束。

为了完成好上述第一项工作，可以采用手工或者计算机辅助软件工程工具画出一个软件系统环境图，这种图往往比文字描述更直观、清楚。图 3 – 2 描述与该软件交流信息的外部环境（硬件、软件）以及相互间交流的信息。

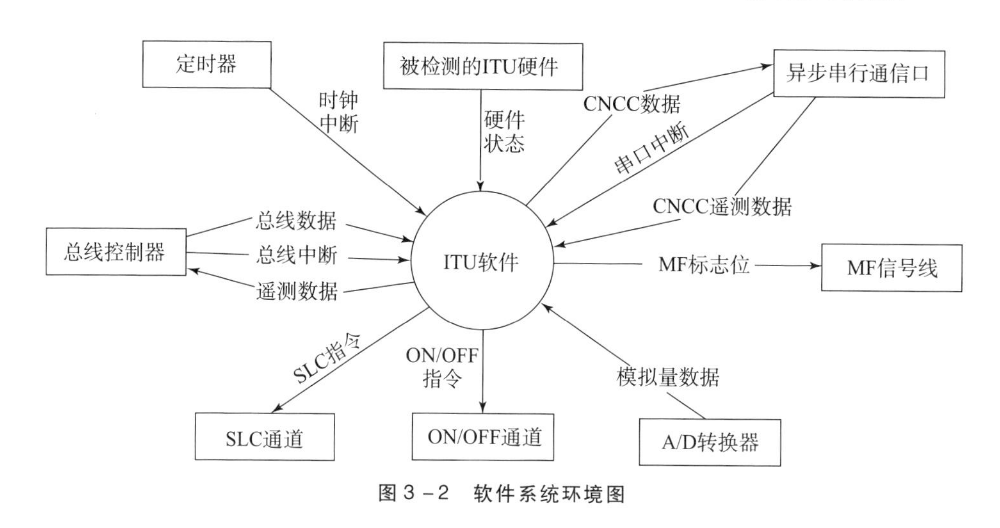

图 3 – 2　软件系统环境图

3.1.2.2　需求规格说明的编写

这个步骤是按照项目质量管理部门规定或者该型号软件开发计划的要求，编写“软件需求规格说明”初稿。编写的格式、内容以及质量均应符合这些规定和要求。这个初稿很有可能会存在一些不完善之处，需要通过需求文档检查后进行相应的修改，改正后才作为正式软件产品输出。

这个步骤的具体技术要求，将在本章的 3.4 小节进行详细介绍。

3.1.2.3　需求分析的检查与确认

软件需求确认是对软件需求分析阶段的产品——“软件需求规格说明”进行检查，以确保其质量。这种检查主要包括以下三个方面：

（1）检查“软件需求规格说明”是否覆盖软件研制任务书规定的所有需求。

（2）检查“软件需求规格说明”在正确性、无歧义性、完整性和一致性等方面是否符合要求。

（3）检查“软件需求规格说明”的文档是否与规定的文档要求一致。

需求文档的检查是一项十分重要的工作，也是一项难度很大的任务。国外在这方面开展了大量的研究，也提出了许多方法和一些工具。但是如何在技术基础比较薄弱的环境中实施需求文档的检查工作，还需要不断地通过实践进行探索和提高。检查方法可以大致分为人工检查和建模分析检查。

需求文档的检查验证是软件需求分析人员自己必须做的一项工作。随着软件工程化的进展，重要软件的需求文档还应该交给第三方进行检查验证。检查验证的技术和工具越来越先进，其严格程度越来越高。

3.1.2.3.1　人工检查

（1）重点检查的内容：

①编制依据。是否给出了该文档所依据的标准、规定和其他文档。如果对所采用的标准或规定进行了裁剪和增添，是否给出了必要的说明。

②编制过程。该文档是否得到了软件用户、软件测试方等各方面的检查和同意，检查的具体内容包括：

系统设计人员或者用户认为该需求符合他们的要求；

测试方认为可以依据该文档制订配置项测试计划，并实施配置项测试；

软件设计者认为该文档所提供的内容齐全，可以据此进行软件设计和实现；

校对、审核和标准检查的责任是否明确，他们是否认真地履行了自己的责任；

编写和修改过程是否按照项目规定要求进行管理；

需求文档是否有版本号，对所有的修改是否有详细的记录；

是否将需求文档及其编写、修改过程纳入配置管理中；

编写过程中采用了哪些质量保证措施和比较严格的人工检查措施等。

③在整个文档中名词、术语和数据项等的称呼是否都一致（即对同一个事物应该采用严格相同的称呼）。

④计算机软件配置项（Computer Software Configuration Item，CSCI）的工作模式（状态）是否进行了描述，描述是否正确（状态划分、状态定义及功能、状态转移的条件、状态的描述与文档中其他部分的描述之间的一致性）。

⑤文档中对功能需求的描述。文档的概述部分以及逻辑模型（数据流图——如果文档中有数据流图的描述的话）对功能的描述与文档中功能需求的具体描述是否一致：概述中的功能应该比较抽象、全面和概括，功能需求中的描述应该具体、全面。

是否对工作模式做了正确的、充分的描述；

对功能是否做了层次化的分解；

功能分解是否充分，最底层的功能是否是一个单一的简单功能；

各级分解中的各个功能的描述是否正确、充分。每个功能是否都有明确的输入、输出、处理和发生的条件；每个输入和输出是否都有明确的定义、来源和去处；各个输入和输出是否都在处理中被使用。

整个 CSCI、各个功能之间的输入和输出数据是否保持一致性关系。

⑥非功能需求。

是否给出了非功能需求，是否遗漏。

是否给出了意外事件的处理和故障处理等要求，是否遗漏。

安全性需求、安全关键性需求是否标识出来了（应建立在分析的基础上）。是否给出了安全性约束，是否足够。

可靠性需求。是否给出了定性的可靠性需求，这些需求是否足够。如果给出了定量的可靠性需求，这些需求是否建立在科学分析的基础上，是否可以被验证。

⑦软件研制任务书的所有要求是否都在软件需求中得到了落实。

⑧如果在文档中采用了数据流图、状态转移图和数据字典，那么它们的表达方式应该符合工业界的习惯，其内容应该是正确的、完整的和一致的，其中的数据项及处理应该与描述的功能需求一致。

⑨文档汇总的需求内容是否有重复描述的现象。

（2）建议在文档中包含的内容和描述方式：

数据流图和状态转移图是提高需求文档质量的一种有效方法，建议采用它们。采用时，这些图本身应该正确。这些图中的数据与处理应该与文字描述的功能需求一致。

数据字典（Data Dictionary，DD）也是提高需求文档质量的一种有效方法，建议可以采用。数据字典应该与文字描述的功能需求中的数据项一致。

对功能进行文字标识和编号有利于理解和使用这些功能。建议每项功能都有一个文字标识，该标识由表示动作的词组组成，如采集电机接地状态、采集键盘操作等，不要采用单纯的名词作为功能的标识，如调焦状态、高飞电机状态等。除了文字标识之外，建议每项功能还有一个功能需求标号。

采用软件需求与软件研制任务书内容的追踪表，将研制任务书的内容与需求文档进行映射。

在文档最前面，建立一个需求文档更改记录。记录文档的版本号，修改时间和修改原因、修改内容、修改人等。

（3）需求文档中通常不应该包括的内容：

①应该放在项目开发计划或者质量保证计划中的内容。例如，人员安排、工作计划、采用的工具和方法、配置管理、软件验证和确认的具体内容。

②应该放在设计文档中的内容。需求编写者要认识到设计与需求文档内容之间的分界线，需求文档所描述的内容是从软件外部可以观察到的功能和行为（做什么、做到什么程度——速度、精度等）；设计文档所描述的内容是实现这些需求的软件构成，其内容是从软件外部观察不到的。但是用户提出的对设计的约束应该作为一个单独部分，包括在需求文档中。

③不可测试和验证的需求。

3.1.2.3.2　采用仿真模型检查

对于复杂的软件需求可以采用仿真方法对需求的正确性和完整性进行验证。对于装甲车辆中火控系统中的武器综合控制系统之类的系统，如果完全依靠人工进行分析和描述，难以保证系统的正确性。因此采用建模工具对任务或者需求进行仿真，一方面可以帮助软件开发人员更好的理解用户需求，另一方面也可以检查需求文档中的问题。

3.1.2.3.3　采用形式化方法进行检查

形式化方法是基于离散数学和数理逻辑的方法。形式化方法是一大类方法的总称，包含几十种不同的方法，例如，Z，B，Spin，PVS，RAISE，SCR，VDM等。这些方法有不同的特点，适用于不同的系统和目的。

由于形式化方法是建立在严格的数学基础上的，它可以对需求、设计和代码本身以及它们之间是否相符合进行严格的检查，为实现真正的软件工程化带来了希望。

目前在形式化方法的应用中仍存在着一些问题。一个问题是大多数方法都需要使用者具有良好的数理逻辑和形式化方法的基础，所以对于一般的软件开发人员来说是不容易学习和使用的；另一个问题是对较大的复杂系统的分析能力依然有限。例如有时会产生所谓的空间爆炸的问题，即形式化方法要分析的系统中状态空间的组合达到了非常大的数目，超过了计算机CPU和存储器的能力。

尽管形式化方法尚待成熟，但是它在国外的重要型号中已经有了许多成功应用的例子，其中应用最多的软件开发阶段是软件需求分析阶段。采用形式化方法对一些重要型号的软件需求检查后，发现不少严重的缺陷。在国外的一些软件开发标准中，形式化方法已经被规定为在重要软件的开发中必须采用或者强烈建议采用的分析方法。

3.1.2.4 需求评审

需求评审的目的是检查“软件需求规格说明”是否满足软件研制任务书的各项要求，并确定能否转入软件设计阶段。

评审对象包括“软件需求规格说明”和“配置项测试计划”。对“软件需求规格说明”的评审包括功能需求、性能需求、接口需求、数据需求、可靠性和安全性需求、环境需求等是否与研制任务书一致，以及定义是否明确。对“配置项测试计划”的评审包括测试进度的安排、测试环境、测试内容和要求、测试通过准则等是否正确和明确。

3.1.2.5 需求分析管理

需求分析管理是对软件需求分析阶段的工作产品以及该阶段以后对“软件需求规格说明”的修改活动的管理。它并不局限于软件需求分析阶段，而是贯穿于整个软件生命周期中。

3.2 需求分析的方法

3.2.1 结构化分析方法

结构化方法主要基于图形对系统进行描述，其借助于 CASE 工具会大大提高工作效率，并通过工具的一些自动检查功能，避免许多人为的错误，所以在确定方法时要考虑能否借助于工具的支持。

一些分析方法不仅可以用来描述和分析软件需求，还可以用来描述软件设计，或者在需求和设计之间形成一种平滑的过渡。当采用同一种方法进行需求分析和软件设计时，需求与设计之间的平滑过渡可以减少一些设计错误，提高设计效率。

3.2.1.1 结构化分析的主要作用

通过分析过程，开发人员可以加深对用户需求的认识和理解，发现用户需求的不足和缺陷。通过对数据流图的逐层分解，将软件需求功能分解成若干个层次的子功能，帮助编写软件需求文档。

通过图形化的直观方法和 CASE 工具的自动检查功能，帮助需求分析人员对软件需求文档进行检查，提高软件需求文档质量。

图形化的结构分析是一种比基于文字的需求文档更好的表达和交流工具。它既可作为软件需求的图形化表达工具，又可以帮助软件需求分析人员、软件设计与编程人员、软件系统设计人员、用户、软件测试人员、软件维护人员进行技术交流。

在一些典型的结构化软件设计方法中，结构化分析常常是设计过程中不可缺少的第一步，设计过程是在结构化分析的基础上进行的。

3.2.1.2　结构化分析过程

对于一个传统的装甲车辆火控系统，设计人员会被其千丝万缕的关系迷惑，感觉到无从下手。传统的解决方法是把装甲车辆的火控系统分而治之，变成多个分系统，然后对每个分系统加以分析，这就是所谓的分解方式。结构化分析方法就是利用分解策略，把复杂的庞大系统分解成若干便于理解和分析的分系统。分解是指对于一个复杂的系统，为了将复杂性降低到可以掌握的程度，可以把大问题分解成若干小问题，然后分别解决。图3－3为自顶向下逐层分解示意图，顶层抽象地描述了整个系统，底层具体地画出了系统的每一个细节，而中间层是从抽象到具体的逐层过渡。抽象是指考虑问题最本质的属性，暂把细节略去。

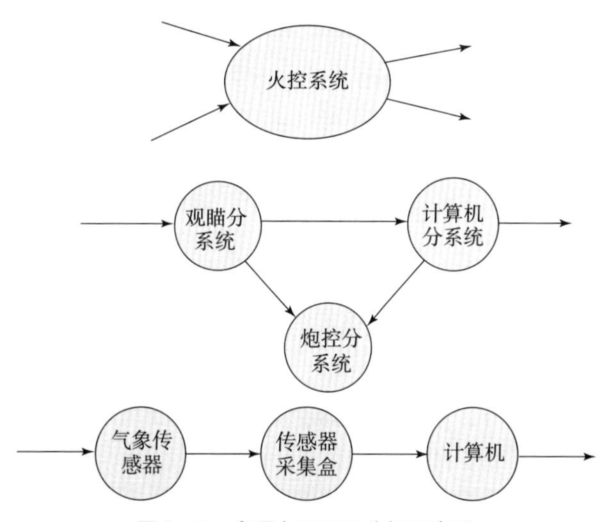

图3－3　自顶向下逐层分解示意图

结构化分析方法是一种传统的系统建模技术，其过程是创建描述信息内容和数据流的模型，依据功能和行为对系统进行划分，并描述必须建立的系统要素。理解当前的现实环境，获得当前系统的具体模型，进而从当前的具体模型抽象出当前系统的逻辑模型。分析目标系统与当前系统逻辑上的差别，建立目标系统的逻辑模型。模型的所有元素都可以直接映射到设计模型中。模型应关注在问题或者业务域内可见的需求，抽象的级别相对高。模型的每个元素都应能增加对软件需求的整体理解，并提供对信息域、功能和系统行为的深入理解。结构化分析模型的核心是数据字典，包含了软件使用或者生产的所有数据对象描述的中心库。结构化分析模型的中间层有三种视图：

（1）数据流图（DFD，Data Flow Diagram）服务于两个目的：一是关键数据在系统中如何被变换，二是描述对数据流进行变换的功能和子功能。

（2）实体—联系图（E-RD，Entity-Relationship Diagram）描述数据对象间的关系，用来进行数据建模活动的记号。

（3）状态转换图（STD，State Transition Diagram）指明所谓外部事件的结果，系统将如何动作。

3.2.2 原型化方法

原型化方法的理念是指在获取一组基本需求之后，快速地构造出一个能够反映用户需求的初始系统原型。让用户看到未来系统的概貌，以便判断哪些功能是符合要求的，哪些方面还需要改进，然后不断地对这些需求进行补充、细化和修改。不断迭代，反复进行，直到用户满意为止，并由此开发出完整的系统。简单地说，原型化方法就是通过不断地运行系统的“原型”来揭示、判断、修改和完善需求的分析方法。

原型化方法是一种循环往复、螺旋式上升的工作方法，它更多地遵循了设计人员认识事物的规律，因而更容易被设计人员掌握和接受。原型化方法强调用户的参与，特别是对模型的描述和系统需求的检验。它强调了用户的主导作用，通过开发人员与用户之间的相互作用，使用户的需求得到较好的满足，不但能及时沟通双方的想法，缩短用户和设计人员的距离，而且能更及时、准确地反馈信息，使潜在的问题能尽早发现并及时解决，增加了系统的可靠性和适用性。

简单地说，原型化方法是将系统调查、系统分析和系统设计合而为一，使用户一开始就能看到系统开发后是一个什么样子，而且用户参与了系统开发的全过程，知道哪些是有问题的，哪些是错误的，哪些需要改进等，能够消除用户的担心，并能够提高用户参与开发的积极性。同时，由于用户参与了开发的过程，有利于系统的移交、运行和维护。但需要注意的是，原型化方法的适用范围是比较有限的。它只对于小型、简单、处理过程比较明确、没有大量运算和逻辑处理过程的系统比较合适。对于大型的、复杂的系统不太适合，因为对于需要大量的运算、逻辑性较强的程序模块，原型化方法是很难通过简单的了解就能构造出一个合适的模型，供用户评价和提出修改建议。原型的构造是指形成原型所需做的工作，通过采用适当的功能选择以及构造原型的适当技术和工具来构造原型。例如，在进行乘员显控软件设计时，可以选择适合进行人机界面交互设计的设计软件开展原型开发工作，如VAPS、Altia Designer等，在构造一个原型时，应着眼于预期的评估，而非正规的长期使用。评估在原型方法中起决定性作用，在完成原型的构造后，通过用户对原型的评估来决定进一步的开发过程。

使用原型化方法进行需求分析的流程如下：

1. 快速分析，弄清用户的基本信息需求

第一步是在需求分析人员和用户的紧密配合下，快速确定软件系统的基本要求。也就是把原型所要体现的特性（界面形式、处理功能、总体结构、模拟性能等）描述出一个基本的需求规格说明。快速分析的关键是选取核心需求来描述，先放弃一些次要的功能和性能。尽量围绕原型目标，集中力量确定核心需求说明，从而能尽快开始构造原型。这一步的目标是要写出一份简明的骨架式说明性报告，能反映出用户需求的基本看法和要求。此刻，用户的责任是先根据软件系统的输出来清晰地描述自己的基本需要，然后分析人员和用户共同定义基本的需求信息，讨论和确定初始需求的可用性。

2. 构造原型，开发初始原型系统

在快速分析的基础上，根据基本需求规格说明应尽快实现一个可运行的系统。原型系统该优先考虑原型系统必备的待评价特性，暂时忽略一切次要的内容，例如安全性、健壮性、异常处理等。如果此时为了追求完整而把原型做得太大的话，一是需要的时间太多，二是会增加后期修改的工作量。因此提交一个好的初始原型系统需要根据系统的规模、复杂性和完整程度的不同而不同。这一步的目标是建立一个满足用户的基本需求并能运行的交互式应用系统。这个初始原型系统由开发人员建立。

3. 用户和开发人员共同评价原型

这个阶段是双方沟通最为频繁的阶段，是发现问题和消除错误理解的关键阶段。本步骤的目的是验证原型系统的正确程度，进而开发新的原型系统并修改原有的需求。由于原型系统忽略了安全性、健壮性、异常处理等约束，虽然这个原型系统集中反映了大部分的必备的特性，但这个原型依然不是很完整。

因此用户可以在开发人员的指导下试用这个原型系统，在试用的过程中考核和评价原型的特性，也可分析其运行结果是否满足需求规格说明的要求，以及是否实现了用户的期望。在试用的过程中也可以纠正以前沟通交流时错误的理解和需求分析中的错误，并且增补新的要求和提出全面的修改意见。

总之，原型化方法是通过强化用户参与软件系统开发的过程，让用户获得软件系统的亲身体验，找出隐含的需求分析的错误。原型化方法鼓励改进和创新，通过开发人员和用户的不断交流来提高用户需求实现的质量和软件产品的质量，最终达到提高用户满意度的目的。

乘员显控终端是装甲车辆的重要组成部分，在乘员显控终端软件的需求分析阶段经常应用原型化方法来进行需求开发，尤其是当软件需求不明确、需求变化比较多的时候，通过原型化方法可以快速构建乘员终端软件模型，方便明确软件需求。

对软件的功能提出相对明确的需求对于用户来说还是可能做到的，但对于界面来说，用户提出的需求基本只是对界面的期望，是一种比较模糊的抽象说明。在软件开发的需求分析阶段，为了明确和验证需求，根据一个原始的需求模型，以非常低的成本实现一个可运行的软件系统，该软件只关注功能，不考虑开发工具、性能、容错、未来实际运行平台等。然后通过运行该软件原型，反复与用户交流，修改与验证原型，使原型的功能能够充分符合用户真正的需求，也尽可能修正一些用户在初始时提出的一些可能存在错误的需求。在明确了需求之后，原型可能会被丢弃，不过部分实现的代码，可能会在将来的开发中不断精化、重用。在需求分析阶段，可以采用丢弃原型方法。丢弃原型的开发过程通常包括需求收集、原型开发和原型评估三个阶段，在对丢弃原型进行评估之后，决定下一步采取的开发策略。如果评估结果良好，可以在此基础上进行进化原型的开发；如果结果不理想，可以根据原型开发过程中收集到的信息，编制需求规格说明文件，在后续的软件开发过程中根据明确的需求按照传统的工程化方法来进行开发。

在描述界面需求时，首先要说明软件的具体用户、用户对于软件功能的要求等。界面的需求主要包括界面的风格、界面的布局等。原型的原始需求可以用 UML 的用例图进行描述，用例图可以描述用户与软件之间的交互，用例也是软件开发过程中其他活动的基础，软件的用例应该尽早建立，如果能在项目的早期确立用例，则整个开发过程都将受益。

根据乘员显控终端软件的设计思想及设计要求，以及乘员任务剖面及乘员界面的原始需求描述，对乘员显示界面进行初步原型设计。应用界面设计工具如 Zinc Designer、Qt 等绘制乘员显控终端的显示界面。根据初步的需求描述，明确系统显示屏的分辨率，所有界面中的图形元素局限在分辨率范围内。根据乘员各阶段任务的不同，将需要提供给乘员的信息综合，划分为不同的显示窗口，分层设计；同一显示窗口中的信息也要依据信息的重要程度分别布置。乘员显控界面的布局设计不仅包括提供信息的各类仪表、文本框等图形元素，同时也包括乘员操作的各类按钮、文本输入框等操作界面。在完成了界面的布局设计后，界面上的每个独立元素如仪表、文本框等根据系统状态变化为乘员提供相应的信息提示。完成界面元素的状态转换定义后，需要描述乘员界面对乘员操作的响应，包括鼠标、键盘或触摸屏等。完成的乘员界面原型，不仅可以描述乘员界面的风格和布局，同时通过界面元素的状态变化、激励以及界面元素之间的交互作用，还可以进行乘员操作过程的完全运行。乘员终端软件原型可以作为与用户进行沟通交流的信息平台，不断完善用户的需求定义，需求定义的变化可以通过界面设计工具对乘员终端软件原型进行迭代演进，逐步靠近用户的最终需求。图 3－4 所示为驾驶员终端软件界面原型。

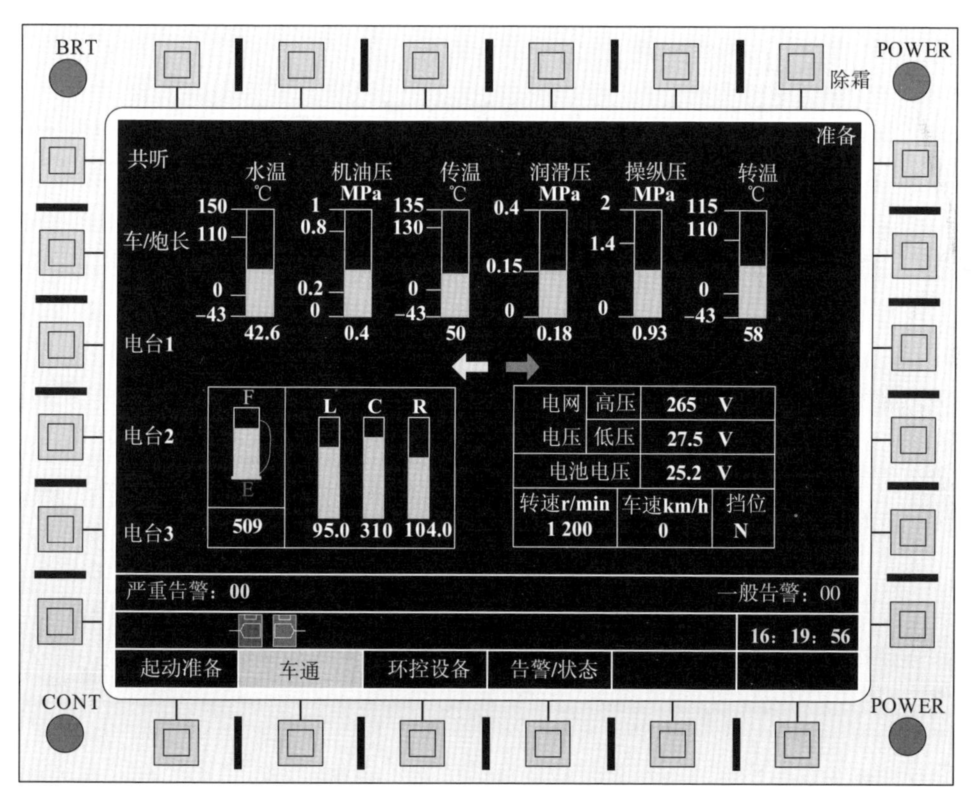

图 3－4　驾驶员终端软件界面原型

3.2.3 面向对象分析方法

面向对象分析方法是一种系统分析方法，是一种采用面向对象技术进行系统分析和需求定义的重要方法。面向对象分析方法与结构化分析方法有较大的区别。面向对象分析方法强调的是在系统调查资料的基础上，针对面向对象方法所需要的素材进行的归类分析和整理，而不是对管理业务现状和方法的分析。面向对象分析的关键在于理解问题空间并将其模型化。面向对象分析方法采用人们认识客观事物和理解现实世界过程中常用的基本法则：认识对象及其属性；认识对象的整体及其组成部分；对象的形成及类的区分；对问题空间进行理解并抽象成模型。面向对象分析方法的核心是利用面向对象的概念和方法为软件需求建造模型，它包含面向对象的图形语言机制以及用于指导需求分析的面向对象方法学。客观世界中的应用问题都是由实体及其相互关系构成的，可以将客观世界中与应用问题有关的实体及其属性抽象为问题空间中的对象。面向对象的需求分析方法通过提供对象、对象间消息传递等语言机制让设计人员在解空间中直接模拟问题空间中的对象及其行为。

3.2.3.1 面向对象分析方法的主要原则

（1）抽象。

从许多事物中舍弃个别的、非本质的特征，抽取共同的、本质的特征，就叫作抽象。抽象是形成概念的必需手段。抽象的原则有两方面的意义：第一，尽管问题域中的事物是很复杂的，但是需求分析人员并不需要了解和描述它们的一切，只需要分析研究其中与软件系统目标有关的事物及其本质特征。第二，通过舍弃个体事物在细节上的差异，抽取其共同特征而得到一批事物的抽象概念。抽象是面向对象方法中使用最为广泛的原则。抽象原则包括过程抽象和数据抽象两个方面。过程抽象是指任何一个完成确定功能的操作序列，其使用者都可以把它看作一个单一的实体，尽管实际上它可能是由一系列更低级的操作完成的。数据抽象根据施加于数据之上的操作来定义数据类型，并限定数据的值只能由这些操作来修改和观察。数据抽象是面向对象分析的核心原则，它强调把数据（属性）和操作（服务）结合为一个不可分的系统单位（即对象），对象的外部只需要知道它做什么，而不必知道它如何做。

（2）对象。

在真实世界中，对象只是一种简单的存在，但在编程语言中，每个对象都有一个唯一的句柄，借助这个句柄就可以引用对象。不同语言实现句柄的方式不同。对象是现实世界中个体或事物的抽象表示，是其属性和相关操作的封装。属性表示对象的性质，属性值规定了对象所有可能的状态。对象的操作是指该对象可以展现的外部服务。例如，装甲车辆可视为对象，它具有重量、发动机功率、火炮口径等属性。

（3）类。

类是一种抽象，描述了对于一项应用来说很重要的属性，并且忽略其余属性。类表示某些对象在属性和操作方面的共同特征。类的任何选择都是随意的，视应用而定。每个类都描述了由单个对象组成的无限组合。每个对象都是该类的一个实例，对于每种属性，对象都有自己的取值，但会和此类的其他实例共享属性名和操作。

（4）封装。

封装就是把对象的属性和服务结合为一个不可分的系统单位，并尽可能隐藏对象的内部细节。

（5）继承。

继承指的是多个类之间的一种分层关系，类之间的继承关系是现实世界中遗传关系的模拟，它表示类之间的内在联系以及对属性和操作的共享，即，父类拥有子类要精练和详细指定的通用信息。每个子类合并或称继承其父类的全部特征，并增加它自己所特有的特征。子类可以沿用父类（被继承类）的某些特征。子类也可以具有自己独有的属性和操作。在面向对象分析法中运用继承原则，就是在每个由一般类和特殊类形成的一般—特殊结构中，把一般类的对象实例和所有的特殊类的对象实例都共同具有的属性和服务，一次性地在一般类中进行显示的定义。在特殊类中不再重复地定义一般类中已定义的东西，但是在语义上，特殊类却自动地、隐含地拥有它的一般类（以及所有更上一层的一般类）中定义的全部属性和服务。继承原则的好处是：使系统模型比较简练也比较清晰。

（6）聚集。

聚集，又称组装，现实世界普遍存在部分—整体关系。其原则是：把一个复杂的事物看成若干比较简单的事物的组装体，从而简化对复杂事物的描述。

（7）关联。

关联是人们思考问题时经常运用的思想方法，通过一个事物联想到另外的事物。能使人产生联想的原因是事物之间确实存在着某些联系。

（8）消息。

消息传递是对象与其外部世界相互关联的唯一途径。对象可以向其他对象发送消息以请求服务，也可以响应其他对象传来的消息，完成自身固有的有些操作，从而服务于其他对象。对象之间只能通过消息进行通信，而不允许在对象之外直接地存取对象内部的属性。通过消息进行通信是由于封装原则引起的。在面向对象分析方法中要求用消息连接表示出对象之间的动态联系。

(9) 粒度控制。

一般来说，人们在面对一个复杂的问题域时，不可能在同一时刻既能纵观全局，又能洞察秋毫。因此需要控制自己的视野：考虑全局时，注意其大的组成部分，暂时不详查每一部分的具体细节；考虑某部分的细节时则暂时撇开其余的部分。

(10) 行为分析。

现实世界中事物的行为是复杂的，由大量的事物所构成的问题域中的各种行为往往相互依赖、相互交织。

3.2.3.2 面向对象分析方法的三种模型

(1) 功能模型。

用例模型作为输入。

(2) 对象模型。

对用例模型进行分析，把软件系统分解成互相协作的分析类，通过类图/对象图/描述对象/对象的属性/对象间的关系，是系统的静态模型。

(3) 动态模型。

描述系统的动态行为，通过时序图/协作图描述对象的交互，以揭示对象间如何协作来完成每个具体的用例，单个对象的状态变化/动态行为可以通过状态图来表达。

3.2.3.3 面向对象分析的主要优点

(1) 加强了对问题域和系统责任的理解。

(2) 改进与分析有关的各类人员之间的交流。

(3) 对需求的变化有较强的适应性。

(4) 支持软件复用。

(5) 贯穿软件生命周期全过程的一致性。

(6) 实用性。

(7) 有利于用户参与。

3.2.3.4　面向对象分析方法的步骤

1. 确定对象和类

这里所说的对象是对数据及其处理方式的抽象，它反映了系统保存和处理现实世界中某些事物的信息的能力。类是多个对象的共同属性和方法集合的描述，它包括如何在一个类中建立一个新对象的描述。

2. 确定结构

结构是指问题域的复杂性和连接关系。类成员结构反映了泛化—特化关系，整体—部分结构反映了整体和局部之间的关系。

3. 确定主题

主题是指事物的总体概貌和总体分析模型。

4. 确定属性

属性就是数据元素，可用来描述对象或分类结构的实例，可在图中给出，并在对象的存储中指定。

5. 确定方法

方法是收到消息后进行的一些处理方法：方法要在图中定义，并在对象的存储中指定。对于每个对象和结构来说，哪些用来增加、修改、删除和选择一个方法本身都是隐含的，而有些则是显式的。

3.3　需求分析工具

3.3.1　数据流图

数据流图，又称为DFD，是描述系统内部处理流程、用于表达软件系统需求模型的一种图形工具，亦即描述系统中数据流程的图形工具。它是结构化分析方法中使用的工具，它以图形的方式描绘数据在系统中流动和处理的过程，由于它只反映系统必须完成的逻辑功能，所以它是一种功能模型。数据流图采用功能分解的方法来进行系统分析，并在不同层级上将复杂的问题逐步分解展开。它非常适用于事务处理系统和其他偏重功能性的应用。在结构化分析方法中，数据流图是需求分析阶段产生的结果，具体如图 3－5 所示。

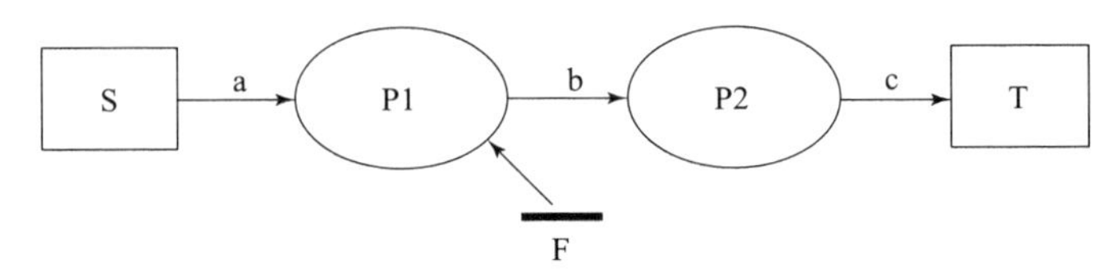

图 3－5　数据流图示例

DFD 由方框、T 形符号、椭圆、线上注释文字几种要素构成。方框表示数据来源和去向，T 形符号表明存放数据处，椭圆表示加工行为，线表示时序关系，线上注释文字表明数据项。图 3－5 的 DFD 图表明数据流 a 来自源点 S，经过 P1 加工后变成数据流 b，P1 在加工时需要访问文件 F，数据流 b 经 P2 加工处理后变成数据流 c，数据流 c 去到终点 T。

它标志了一个系统的逻辑输入和逻辑输出，以及把逻辑输入转换到逻辑输出所需的加工处理。然而，数据流图不是传统的流程图或者框图，数据流也不是控制流。数据流图是从数据的角度来描述一个系统，而框图是从对数据进行加工的工作人员的角度来描述软件系统。

数据流图显示软件系统将输入和输出何种形式的消息，数据如何通过软件系统前进以及数据将被存储在何处。它不显示关于进程计时的信息，也不显示关于进程将按顺序还是并行运行的信息，且不像传统的关注控制流的结构化流程图，或者 UML 活动工作流程图，它将控制流和数据流作为一个统一的模型。数据流图从数据传递和加工的角度，以图形的方式刻画数据流从输入到输出的移动变换过程。

3.3.1.1　数据流图内容

（1）指明数据存在的数据符号，这些数据符号也可指明该数据所使用的媒体。

（2）指明对数据执行的处理符号，这些符号也可指明该处理所用到的机器功能。

（3）指明几个处理和数据媒体之间的数据流的流线符号。

（4）便于读、写数据流图的特殊符号。

在处理符号的前后都应是数据符号。数据流图以数据符号开始和结束，数据流图有两种典型结构，一是变换型结构，它所描述的工作可表示为输入、主处理和输出，呈线性状态。另一种是事物型结构，这种数据流图成束状，即一束数据流平行流入或流出，可能同时有几个事务要求处理。

3.3.1.2 数据流图的几种元素

（1）数据流。

数据流是由一组数据项组成的数据序列，通常用带标识的有向弧表示。在数据流图中数据流用带箭头的线表示，在其线旁标注数据流名。在数据流图中应该描绘所有可能的数据流向，而不应该描绘出现某个数据流的条件。数据流可以由单个数据项组成，也可以由一组数据项组成。数据流可以从加工流向加工，从源点流向加工，从加工流向终点，从加工流向文件，从文件流向加工。流向文件或从文件流向加工的数据流可以不指定数据流名，但要给出文件名，因为文件可以替代数据流名。两个加工之间允许有多个数据流，这些数据流是并列关系，无须标识它们之间的数据流动关系。此外由于数据流的好坏与DFD的易理解性密切相关，因此每个数据流要有一个合适的名字。

（2）加工行为。

对数据进行的操作我们称之为加工行为。加工描述输入数据流到输出数据流的变换。每个加工用一个定义明确的名字标识。至少有一个输入数据流和一个输出数据流，也可以有多个输入数据流和多个输出数据流，采用椭圆符号表示。加工与数据流或文件相连。加工行为的命名应反映加工的作用，加工行为的命名原则如下：

最高层的加工命名可以使用软件系统名字，如××车辆综合电子信息系统；

加工的名字最好由一个谓语动词加上一个宾语组成，如校验正确性；

不得使用空洞或含糊的动词作为加工名，如统计、分类等；

当遇到未合适命名的加工时，可以考虑将加工分解，如校验并解析串行数据信息，就可以分解为校验串行数据信息、解析串行数据信息。

（3）F文件。

文件是存放数据的逻辑单位，通常用图形符号分别表示写文件、读文件和读写文件。另外在这个图形符号中还要给出文件名。文件的命名最好与文件中存放的内容相对应，文件名可等同于数据流名。

（4）源点和终点。

源点和终点用于表示数据的来源和最终去向，通常用图形方框表示。源点和终点代表软件系统外的实体，如人和其他软件系统等，主要说明数据的来源和去处，使DFD更加清晰。源点和终点一般是与系统关联的系统和用户，对于理解系统边界是有帮助的。

3.3.1.3 分层的数据流图

根据层级数据流图可以分为顶层数据流图、中层数据流图和底层数据流图。除顶层数据流图外，其他数据流图从零开始编号。

顶层数据流图只含有一个加工表示整个系统，输出数据流和输入数据流为系统的输入数据和输出数据，表明软件系统的范围，以及与外部环境的数据交换关系。

中层数据流图对父层数据流图中某个加工进行细化，而它的某个加工也可以再次细化，形成子图。中间层次的多少，一般视软件系统的复杂程度而定。

底层数据流图是指其加工不能再分解的数据流图，其加工称为“原子加工”。

3.3.1.4 数据流图的主要原则

（1）数据流不能重名。

一个加工的输出数据流不应与输入数据流同名，即使它们的组成成分相同。

（2）数据守恒。

一个加工所有的输出数据流中的数据必须能从该加工的输入数据流中直接获得或者说是通过该加工能产生的数据。

（3）加工的双向性。

每个加工必须既有输入数据流，又有输出数据流。

（4）数据流的载体。

所有的数据流必须以一个外部实体开始，并以一个外部实体结束。外部实体之间不应该存在数据流。

3.3.1.5 数据流图的画法

（1）确定系统的输入/输出。

由于软件系统究竟包含哪些功能可能一时难以明确提出，可使范围尽量大一些，把可能有的内容全都包括进去。此时，应该向用户了解“软件系统从外界接收什么数据”“软件系统向外界输出什么数据”等信息，然后，根据用户的答复确定数据流图的外围。

（2）由外向里画系统的顶层数据流图。

首先，将软件系统的输入数据和输出数据用一连串的加工连接起来。在数据流的值发生变化的地方就是一个加工。接着，给各个加工命名。然后，给加工之间的数据命名。最后，给文件命名。

(3) 自顶向下逐层分解，绘出分层数据流图。

对于大型的软件系统，为了控制复杂性、便于理解，需要采用自顶向下逐层分解的方法进行，即用分层的方法将一个数据流图分解成几个数据流图来分别表示。

3.3.1.6　键盘采集系统的数据流图

(1) 先画顶层数据流图。

顶层数据流图只包含一个加工，用以表示待开发的软件系统，然后考虑该系统有哪些输入数据、输出数据流。顶层数据流图的作用在于表明待开发的软件系统的范围以及它和周围环境的数据交换关系。

图 3－6 所示为键盘采集系统顶层数据流图。

图 3－6　键盘采集系统顶层数据流图

(2) 再画下层数据流图。

不再分解的加工称为基本加工。一般将层号从 0 开始编号，采用自顶向下、由外向内的原则。画 0 层数据流图时，分解顶层流图的系统为若干子系统，决定每个子系统间的数据接口和活动关系。例如图 3－6 中的键盘采集系统按功能可分为两部分，一部分是键盘采集，另一部分是键值发送，两部分通过键值存储文件联系起来。0 层数据流图如图 3－7 所示。

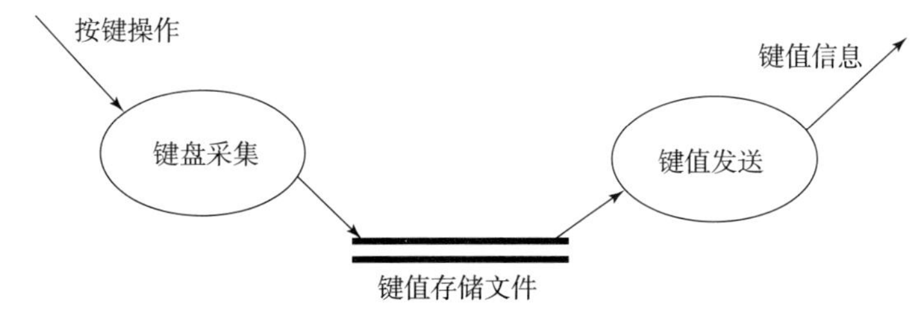

图 3－7　键盘采集系统 0 层数据流图

(3) 注意事项。

①命名，不论数据流、数据存储还是加工，适合的命名易于人们理解其含义。

②画数据流而不是控制流。数据流反映系统“做什么”，不反映“如何做”，因此箭头上的数据流名称只能是名词或者名词短语，整个图中不反映加工的执行顺序。

③一般不画物质流。数据流反映能用计算机处理的数据，并不是实物，因此对目标系统的数据流图一般不要画物质流。

④每个加工至少有一个输入数据流和一个输出数据流，反映出此加工数据的来源与加工的结果。

⑤编号。如果一张数据流图中的某个加工分解成另一张数据流图时，则上层图为父图，直接下层图为子图。子图及其所有的加工都应编号。

⑥父图与子图的平衡。子图的输入/输出数据流同父图相应加工的输入/输出数据流必须一致，此即父图与子图的平衡。

⑦具备数据存储。当某层数据流图中的数据存储不是父图中相应加工的外部接口，而只是本图中某些加工之间的数据接口，则称这些数据存储为局部数据存储。

⑧提高数据流图的易懂性。注意合理理解，要把一个加工分解成几个功能相对独立的子加工，这样可以减少加工之间的输入、输出数据流的数目，增加数据流图的可理解性。

3.3.2 E-R图

E-R图也称实体—联系图（Entity Relationship Diagram），提供了表示实体类型、属性和联系的方法，用来描述现实世界的概念模型。E-R图是用来建立数据模型的工具。数据模型是一种面向问题的数据模型，是按照用户的观点对数据建立的模型。它描述了从用户角度看到的数据，反映了用户的现实环境，而且与在软件系统中的实现方法无关。数据模型中包含3种相互关联的信息：实体（数据对象）、实体的属性以及实体彼此间的联系。

E-R图是描述现实世界关系概念模型的有效方法，是表示关系概念模型的一种方式。用“矩形框”表示实体型，“矩形框”内写明实体名称；用“椭圆图框”表示实体的属性，并用“实心线段”将其余相应关系的“实体型”连接起来。用“菱形框”表示实体型之间的联系成因，在“菱形框”内写明联系名，并用“实心线段”分别与有关实体型连接起来，同时在“实心线段”旁标上联系的类型。连线可以是实体与属性之间；实体与联系之间；联系与属性之间（对于一对一联系，要在两个实体连线方向上各写1；对于一对多联系，要在一的一方写1，多的一方写N；对于多对多关系，则要在两个实体连线方向各写N，M。）

3.3.2.1 E-R图要素

（1）实体。

客观上可以相互区分的事物就是实体，实体可以是具体的人和物，也可以是抽象的概念与联系，是对软件必须理解的复合信息的抽象。复合信息是指具有一系列不同性质或属性的事物。关键在于一个实体能与另一个实体相区别，具有相同属性的实体拥有相同的特征和性质。用实体名及其属性名集合来抽象和刻画同类实体，在E-R图中用矩形表示，矩形框内写明实体名。比如59式坦克、99式坦克都是实体。如果是弱实体的话，在矩形外面再套实线矩形。

（2）属性。

属性指实体所具有的某一特性，一个实体可由若干个属性来刻画。属性不能脱离实体，属性是相对实体而言的。其在E-R图中用椭圆形表示，并用无向边将其与相应的实体连接起来。比如坦克的发动机功率、火炮口径等都是属性。如果是多值属性的话，在椭圆形外面再套实线椭圆；如果是派生属性则用虚线椭圆表示。

（3）联系。

联系也称关系，信息世界中反映实体内部或实体之间的关联，实体内部的联系通常是组成实体的各属性之间的联系，实体之间的联系通常是指不同实体集之间的联系。其在E-R图中用菱形框表示，菱形框内写明联系名，并用无向边分别与有关实体连接起来，同时在无向边旁标上联系的类型（1∶1，1∶n或m∶n）。

3.3.2.2 E-R图作图步骤

（1）确定所有的实体集合。

（2）选择实体集应包含的属性。

（3）确定实体集之间的联系。

（4）确定实体集的关键字，用下划线在属性上标明关键字的属性组合。

（5）确定联系的类型，在用线将表示联系的菱形框联系到实体集时，在连线旁注明1或n（多）来表示联系的类型。

3.3.3 数据字典

前文提到的数据流图虽然描述了数据在系统中的流向和加工的分解，但不能体现数据流内容和加工的具体含义。数据字典是指对数据的数据项、数据结构、数据流、数据存储、处理逻辑等进行定义和描述，其目的是对数据流图中的各个元素做出详细的说明。简而言之，数据字典是描述数据的信息集合，是对系统中所有数据和元素的定义的集合。数据字典以一种准确的、无二义性的说明方式为系统的分析、设计及维护提供了有关元素的一致的定义和详细的描述。数据字典和数据流图就可以构成软件系统的逻辑模型，是软件需求规格说明中的主要组成部分。

数据字典由数据流图中所有元素的严格定义组成。数据字典的作用是给数据流图上每个成分加以定义和说明，使得每一个成分的名字都有一个确切的解释。换句话说，数据流图上所有的成分的定义和解释的文字集合就是数据字典，数据流图中出现的每个数据流名、文件名称、加工名都在数据字典中有一个条目以定义相应的含义，而且在数据字典中建立的一组严密的、精确的、无二义性的定义，这很有助于改进需求分析和用户的沟通。通过查看数据字典可以明确数据流图中每一个元素的含义。数据字典是系统中各类数据描述的集合，是进行详细的数据收集和数据分析所获得的主要成果。数据字典通常包括数据项、数据结构、数据流、数据存储和处理过程五个部分。其中数据项是数据的最小组成单位，若干个数据项可以组成一个数据结构。数据字典通过对数据结构的定义，来描述数据流、数据存储的逻辑内容。

（1）数据项。

数据流图中数据块数据结构中的数据项说明，数据项是不可再分的数据单位。对数据项的描述通常包括以下内容：

数据项描述 = {数据项名，数据项含义说明，别名，数据类型，长度，取值范围，取值含义，与其他数据项的逻辑关系}。其中“取值范围”“与其他数据项的逻辑关系”定义了数据的完整性约束条件，是设计数据检验功能的依据。若干个数据项可以组成一个数据结构。

（2）数据结构。

数据流图中数据块的数据结构说明。数据结构反映了数据之间的组合关系。一个数据结构可以由若干个数据项组成，也可以由若干个数据结构组成，或由若干个数据项和数据结构混合组成。对数据结构的描述通常包括以下内容：

数据结构描述 = {数据结构名，含义说明，组成：{数据项或数据结构}}。

（3）数据流。

数据流图中流线的说明。数据流是数据结构在系统内传输的路径。对数据流的描述通常包括以下内容：

数据流描述 = {数据流名，说明，数据流来源，数据流去向，组成：{数据结构}，平均流量，高峰期流量}。其中“数据流来源”是说明该数据流来自哪个过程，即数据的来源。“数据流去向”是说明该数据流将到哪个过程去，即数据的去向。“平均流量”是指在单位时间（每天、每周、每月等）里的传输次数。“高峰期流量”则是指在高峰时期的数据流量。

（4）数据存储。

数据流图中数据块的存储特性说明。数据存储是数据结构停留或保存的地方，也是数据流的来源和去向之一。对数据存储的描述通常包括以下内容：

数据存储描述 = {数据存储名，说明，编号，流入的数据流，流出的数据流，组成：{数据结构}，数据量，存取方式}。其中“数据量”是指每次存取多少数据，每天（或每小时、每周等）存取几次等信息。“存取方法”包括是批处理，还是联机处理，是检索还是更新，是顺序检索还是随机检索等。另外“流入的数据流”要指出其来源，“流出的数据源”要指出其去向。

（5）处理过程。

数据流中功能块的说明。数据字典中只需要描述处理过程的说明性信息，通常包括以下内容：

处理过程描述 = {处理过程名，说明，输入：{数据流}，输出：{数据流}，处理：{简要说明}}。其中“简要说明”主要说明该处理过程的功能及处理要求。功能指该处理过程用来做什么（并不是怎么样做，即并不描述具体的输入数据流如何变换成为输出数据流的过程）；处理要求包括处理频度要求，如读写文件、执行的条件、执行效率要求、内部出错处理、单位时间里处理多少事物，多少数据量，响应时间要求等，这些处理要求是后面设计的输入级性能评价的标准。

信息系统中的驾驶员终端软件不但要通过数字化仪表的方式显示当前的车辆状态，如发动机水温、发动机机油压力等，而且还要通过电子地图的方式显示车辆当前定位信息以及规定的车辆导航线信息等。电子地图通过读取在硬盘上存放的地图数据，以图形化的方式在显示屏上构建当前区域的地理信息。地图数据按层级分解的方式存放，首先按实际地理区域划分为不同的地图，在同一地图数据中，按图层组织数据，如公路层、居民区层等，各层数据再按点、线、面等不同类型组织详细的数据文件。

在驾驶员终端软件中，地图数据对象可以标识为表的形式，如表3－1所示，表头反映了该数据对象包含地图编号、地图名称、地图范围、数据文件目录等属性。属性定义了数据对象的性质，其中的编号是数据对象的“标识符”。

表 3-1 数据对象地图

地图编号	地图名称	地图范围	数据文件目录
1	北京	116.1488，39.80091 116.5680，40.02999	Data/bj
2	湛江	110.522，20.885 110.783，21.128	Data/zj

实体—关系图标识了一组基本的构成成分，如数据对象、属性、关系和各种类型指示符。图 3-8 表示了点图元与线图元之间的关系。图中有点图元和线图元两个数据对象，点图元的属性包括编号、经度、纬度，线图元的属性有编号、点个数。点图元与线图元之间的关系是：一个线图元可以包含多个点图元。

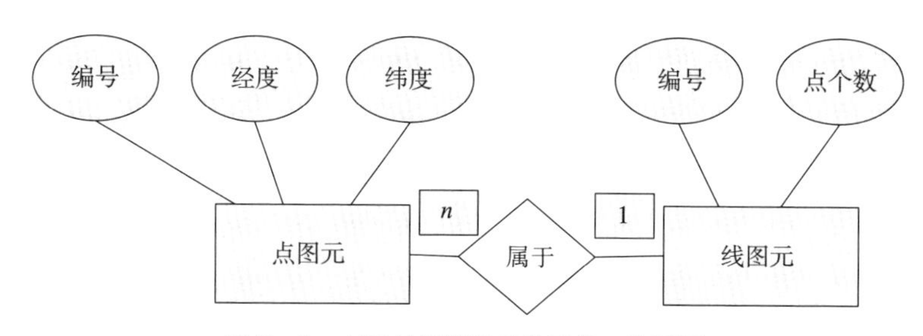

图 3-8 点图元和线图元的实体—关系图

3.3.4 状态转换图

软件系统是一个包含功能行为、数据操作和状态转换的综合体。在任何时刻实时系统和流程控制应用都处于一个数量有限的状态集合中的某一个状态。用自然语言来描述一系列复杂的状态转换时，非常可能忽略允许的状态变化，也很可能包含一些不允许的状态变化。取决于需求规格说明的组织方式，与状态—驱动行为相关的需求也可能分散在需求规格说明的不同部分，这导致了设计人员很难全面系统地理解软件行为。

状态转换图是用一种简明、完整、无歧义的方式来表述一个对象或者一个系统的各个状态。状态转换图直观表示了状态之间可能的转换。通过描绘系统的状态及引起系统状态转换的事件，来表示系统的行为。此外，状态转换图还指明了作为特定事件的结果系统将做哪些动作。

3.3.4.1 状态

状态是任何可以被观察到的系统行为模式，一个状态表示系统的一种行为模式。状态规定了系统对事件的响应方式。系统对事件的响应，既可以是一个（或一系列）动作，也可以是仅仅改变系统本身的状态，还可以是既改变状态又做动作。

状态分为初态（即初始状态）、中间状态、终态（即最终状态）。

3.3.4.2 事件

事件是某个特定时刻发生的事情，它是对引起系统做动作或（和）从一个状态转换到另一个状态的外界事件的抽象。比如，用户按下了战斗显控装置上的“弹种”按键，这就是一个事件。简而言之，事件就是引起系统做动作或（和）转换状态的控制信息。

3.3.4.3 符号

如图3－9所示，初态用实心圆表示，终态用一对同心圆（内圆为实心圆）表示。中间状态用圆角矩形表示，可以用两条水平横线把它分成上、中、下3个部分。上面部分为状态的名称，中间部分为状态变量的名字和值，下面部分是活动表，上面部分是必须有的，中间和下面部分是可选的。

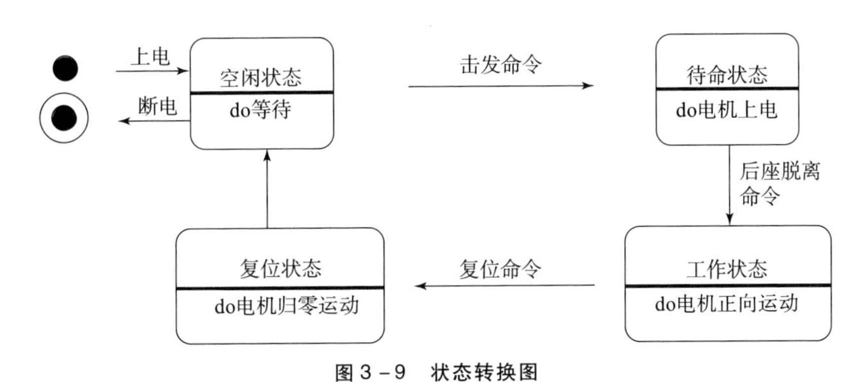

图3－9 状态转换图

活动表的形式：事件名（参数表）/动作表达式。其中，事件名可以是任何事件的名称。在活动表中经常使用下述3种标准事件：entry、exit和do。entry事件指定进入该状态的动作，exit事件指定退出该状态的动作，而do事件则指定在该状态下的动作。需要时可以为事件指定参数表。活动表中的动作表达式描述应做的具体动作。

状态图中两个状态之间带着箭头的连线称为状态转换，箭头指明了转换方向。状态的变迁通常是由事件触发的，在这种情况下应该在表示状态转换的箭头线上标出触发转换的事件表达式；如果在箭头线上未标明事件，则表示在源状态的内部活动执行完后自动进行状态转换。

事件表达式的表示方式：事件说明［守卫条件］/动作表达式

事件说明是事件名（参数表）：

守卫条件是一个布尔表达式。若同时使用事件说明和守卫条件，则表明当且仅当事件发生且布尔表达式为真时，状态转换才发生。如果只有守卫条件没有事件说明，则只要布尔表达式为真时，状态就发生转变。

动作表达式使一个过程表达式，当状态转换开始时执行该表达式。

3.4 需求规格说明的编写及评审

3.4.1 需求规格说明的主要内容

根据 GJB 438B—2009《军用软件开发文档通用要求》的规定，软件需求规格说明主要包括需求、合格性规定和需求可追踪性三个章节。

3.4.1.1 需求

3.4.1.1.1 CSCI 要求的状态和方式

本节根据 CSCI 是否具有不同的运行状态或方式，如空闲、就绪、活动、事后分析、训练、降级、紧急、后备、战时、平时等，描述每种状态或方式下软件功能、性能和其他非技术需求是否有所不同。应说明每种状态或方式与软件需求的对应，如没有多种状态或方式应如实描述。

3.4.1.1.2 CSCI 能力需求

本节将 CSCI 的软件能力需求分若干模块进行划分和描述，采用如图 3－10 的形式描述软件功能组成，并对各功能分小节分别进行说明。应先描述初始化功能模块具有哪些能力，包括响应时间、吞吐时间、其他时限约束、时序、精度、容量、优先级别、连续运行需求和在基本运行条件下允许的偏差，若此需求有异常条件、非许可条件或超限条件下的条件限制，也应对此进行描述。可用列表形式进行说明，如表 3－2 所示。

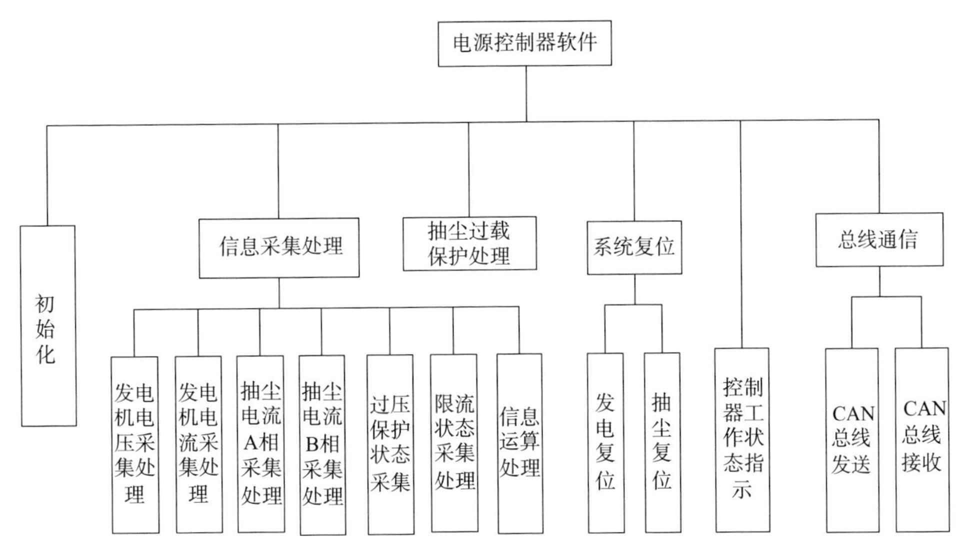

图 3－10　软件功能模块组成图

表 3－2　需求描述

小节号	CSCI 的功能		功能描述	处理	输入	输出
	名字	项目唯一标识号				
	—	—	电源控制器软件完成上电初始化	I/O 初始化：方向寄存器初始时化，确定 I/O 口输入输出方向，输入 5 个，输出 5 个；数据寄存器初始化，确定输入引脚的状态或输出引脚的状态量，输入/输出数据初始值全部为 0。AD 初始化：ADC 转化模式设置为固定通道连续变换。定时器初始化：初始化定时器单元 GPT1，主定时器 T3 设定为 100 ms 定时模式。初始化全部完成后，返回状态，正常为 1，不正常为 0。软件初始化完成时间不大于 1 s	上电	初始化状态

3.4.1.1.3 CSCI 外部接口需求

本节描述 CSCI 与外部涉及共享、提供或交换数据的其他实体的接口关系，包括与用户、外部系统等。外部接口关系可分别以图表形式表现，见图 3－11。并在下一节以文字和表格的形式描述上述各个接口的接口类型、格式、接口协议和接口数据需求等，填写接口需求表（表 3－3）。

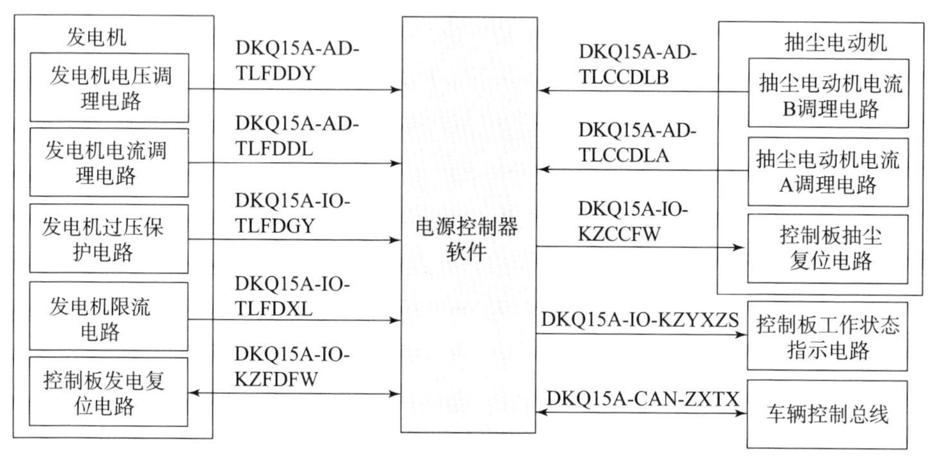

图 3－11 外部接口关系图

表 3－3 接口需求表

接口名称	与发电机电压调理电路接口			
接口标识符	DKQ15A－AD－TLFDDY			
接口类型	AD 接口			
格式	模拟量，10 位转换，采样频率 10 ms			
接口协议	软件通过 AD 端口 1 采集模拟量电压信号。信号来源为信号调理板发电机电压调理电路，信号定义为发电机电压，范围 0～350 V			
接口数据元素说明				
数据元素名称	数据类型	数据长度	值域范围	备注
发电机电压	Unsigned int	2B	0～400	

3.4.1.1.4 CSCI 内部接口需求

本节描述各功能模块间的接口需求。

CSCI 内部接口关系如图 3－12 所示：

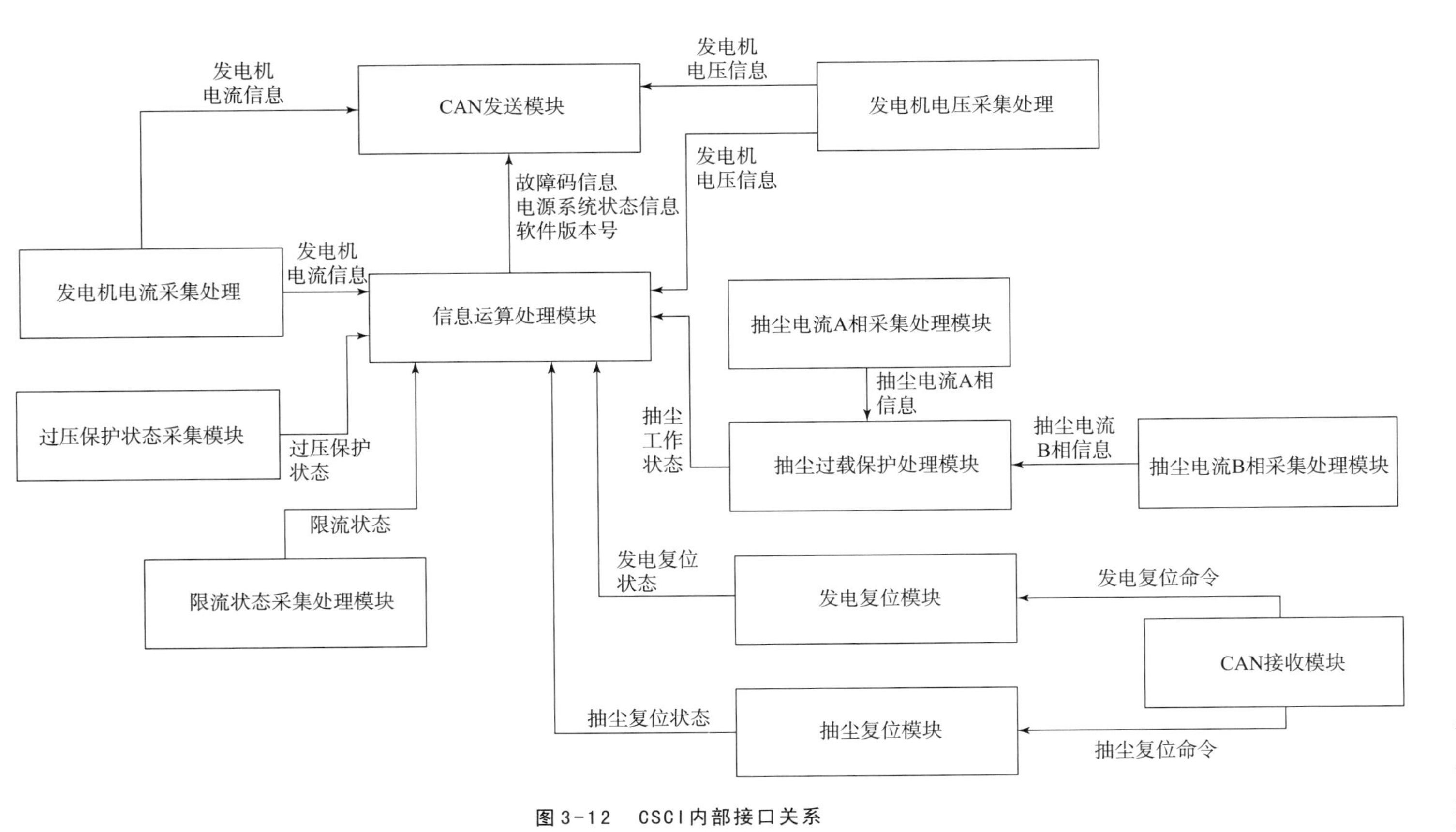

图3-12 CSCI内部接口关系

3.4.1.1.5 CSCI 内部数据需求

本节以表格的形式逐一描述 CSCI 内部所有数据元素（包括数据库和数据文件）的需求，CSCI 内部数据元素需求表见表 3－4。

表 3－4 CSCI 内部数据元素需求表

数据元素标号	名称	所属接口	数据元素格式	数据元素长度	极限值/值域	精确度
D－01	发电机电压信息	发电机电压采集处理—信息运算处理	Unsigned int	2B	0～400	1
D－02	发电机电流信息	发电机电流采集处理—信息运算处理	Unsigned int	2B	0～600	1
D－03	……					

3.4.1.1.6 适应性需求

如果有，本节描述软件在进行安装和运行时系统环境变量参数要求。

3.4.1.1.7 安全性需求

本节描述为防止或尽可能降低对人员、财物和物理环境产生意外危险的 CSCI 需求。如某软件是否设计了对于运行和内部数据造成破坏的防护措施、身份验证、输入信息的合法性检查、误操作防护、信息删除警示、数据库访问权限控制等。

3.4.1.1.8 保密性需求

本节描述与维护保密性有关的 CSCI 需求，具体包括 CSCI 必须在其中运行的保密性环境、所提供的保密性的类型和级别、CSCI 必须经受的保密性风险、减少此类风险所需的安全措施、必须遵循的保密性政策、CSCI 必须具备的保密性责任、保密性认证/认可必须满足的准则等。

3.4.1.1.9 CSCI 环境需求

本节描述软件运行的计算机硬件和操作系统的要求，包括客户端和服务器的环境要求。

3.4.1.1.10 计算机资源需求

计算机硬件需求。本节描述软件运行的计算机硬件（不含服务器）的配置需求。

计算机硬件资源使用需求。本节描述允许软件使用的最大计算机硬件能力。

3.4.1.1.11　培训需求

本节从以下方面对培训需求进行考虑：

- 开发方在软件中是否提供在线帮助功能
- 开发方在开发方或需方现场对软件操作人员是否需要进行软件的使用培训
- 在需方进行培训时，需方是否需要提供培训教室及培训所需的计算机设备
- 在开发方进行培训时，开发方是否需要提供培训教室及培训所需的计算机设备
- 开发方是否需要提供培训教师和培训教材

3.4.1.1.12　软件保障需求

本节可引用项目合同中有关系统验收交付方面的要求。例如：电源控制器软件在移交总体组后，若运行出现问题，则研制单位应进行问题分析与定位，填写问题报告单，并及时改正问题，对软件版本进行升级。

3.4.1.1.13　验收交付和包装需求

本节可描述使用光盘存储和包装软件的安装系统，并对安装光盘进行必要的标识、封装、防震等保护处理。可人工携带光盘介质以满足移交用户安装、检查、测试、验收等需求。

3.4.1.1.14　需求的优先顺序和关键程度

本节将第 3 章定义的软件功能需求、接口需求、安全性和保密性需求逐一进行重要程度和关键程度分级，排列优先次序。

3.4.1.2　合格性规定

软件使用的合格性验证方法包括：

演示：运行依赖于可见的功能操作的 CSCI 或部分 CSCI，不需要使用仪器、专用测试设备或进行事后分析。

测试：使用仪器或其他专用测试设备运行 CSCI 或部分 CSCI，以便采集数

据供事后分析使用。

分析：对从其他合格性方法中获得的积累数据进行处理，例如进行测试结果的归纳、解释或推断。

审查：对 CSCI 代码、文档等进行可视化检查。

特殊的合格性方法。任何应用到 CSCI 的特殊合格性方法，如：专用工具、技术、过程、设施、验收限制。

3.4.1.3 需求可追踪性

本节将每一个 CSCI 需求与软件研制任务书中的要求进行正向及逆向追踪，包括需求的章节以及需求的名称。

3.4.2 需求规格说明的编写要点

软件需求规格说明是对软件研制任务书的任务分解，将软件研制任务书中的功能点及要求分解成若干个功能模块，清楚地描述软件产品做什么，以及产品的约束条件。它为软件设计提供了一个蓝图，为系统验收提供了一个标准集。

需求规格说明的编写要点如下：

1）正确性：软件需求规格说明应正确翻译用户的真实意图，正确性是软件需求规格说明最重要的属性。为了确保各项需求是正确的，开发人员和用户必须对软件需求规格说明进行确认。

2）完整性：软件需求规格说明应写明全部必要需求。应该包括该系统包含的全部的用户需求；规定每种输入输出的软件响应。

3）一致性：软件需求规格说明中的各项功能和性能要求应该是相容的，不能互相发生冲突。如描述同一对象，不能存在两种以上的不同术语；要求的某一数据的内部属性不能产生矛盾；两个规定的处理在时间上不能产生矛盾。

4）清晰性：清晰的需求让人易读易懂，文档的结构和段落应清晰，上下文应连贯，文档的语句应准确，内容表述应明确。

5）可验证性：软件需求规格说明中的每个功能、性能需求应具有明确的验证标准，以验证是否满足用户的需求。

6）可修改性：软件需求规格说明中的组织结构在需求发生变化时，对需求的修改能够保证其完整和一致。应将软件需求规格说明中的内容用列表、索引和表格等形式表示，在某个需求发生变化时，就可以方便地对软件需求规格说明中必须修改的部分进行定位和修改。

7）可追踪性：在软件系统开发中，每个需求在软件需求规格说明中可以追溯其来源。实现可追踪性的常用方法是对软件需求规格说明中的每个段落按层编号，每个需求给予唯一编码，并进行标识，在需求可追踪性章节对软件需求规格说明和软件研制任务书进行正向和逆向的追踪。

3.4.3 需求评审

软件需求评审指在软件需求规格说明、软件开发计划、软件配置管理计划、软件质量保证计划和软件配置项测试计划编写完成后，由装备主管部门组织，软件论证、测评、使用单位和用户代表等单位参加的活动。

软件需求评审的内容包括：

a）提供的文档资料是否齐全。

b）软件需求规格说明的需求分析方法、工具使用是否合适。

c）软件需求规格说明是否完全覆盖了研制任务书的要求（包括功能、性能、数据和接口）。

d）软件需求规格说明中的需求是否具有可测量与验证性。

e）软件需求规格说明是否明确了对软件的可靠性和安全性要求。

f）软件需求规格说明是否明确了对软件的维护性要求。

第 4 章

软件设计

需求分析阶段完成的需求规格说明包括对要实现软件的信息、功能和行为方面的描述，这是软件设计的基础。对此采用任一种软件设计方法都将产生系统的总体结构设计、系统的数据设计和系统的过程设计。采用不同的软件设计方法会产生不同的设计形式。数据设计把信息描述转换为实现软件所要求的数据结构；总体结构设计只在确定软件各主要部件之间的关系；过程设计完成每一部件的过程化描述。软件设计也可看作将需求规格说明逐步转换为软件源代码的过程。从工程管理的角度软件设计可分为概要设计和详细设计两大步骤。概要设计是根据需求确定软件和数据的总体框架，详细设计是将其进一步精化为软件的算法表示和数据结构。概要设计和详细设计又由若干活动组成，除总体结构设计、数据结构设计和过程设计之外，乘员显控软件等嵌入式软件还包括一个独立的界面设计活动。

4.1　概要设计

4.1.1　为什么需要概要设计

需求分析使我们了解了做什么，而概要设计就是从整体上解决怎么做的问题。需求分析完成后就已经给出了软件用户的需求，但用户的需求常常是零散的功能点且没有很好的逻辑关系让软件开发者去理解。软件开发最终需要将用户的逻辑需求通过编写代码来实现，所以我们需要在了解软件用户的需求后，以软件实现为出发点从整体上进行思考和设计，将软件用户的逻辑需求转变为能用软件代码来实现的设计。如果在需求分析阶段后没有设计的环节或者是设计得很草率，都会使处在编码阶段的开发人员各自为政，导致开发出来的项目难以维护、拓展，甚至导致项目失败。例如，实现乘员显控界面登录功能的软件开发人员在没有概要设计的情况下自行理解“登录”就只需要用户名和密码，从而在自己负责的代码中只设计了这两个参数，却不知道身份识别的功能模块会使用到“用户的类型”信息。这就使得该软件开发人员不但得修改自己的代码，而且还影响其他同组人员的开发。

概要设计的重要性在于它能站在开发的角度进行整体上的考虑和设计，以弥补每个开发人员在理解上的片面性。通过概要设计可以将开发工作贯穿起来，使开发变得逻辑合理，所以它在整个软件工程中的作用是不可替代的。

4.1.2 常用的软件体系结构

概要设计主要完成软件结构设计，它的主要目标是建立整体性的系统物理模型，将功能分解为控制层次，上层模块调用下层模块，使软件产品容易修改和扩充。这种控制层次也称为程序结构，能够表示出软件部件（或单元）的组织形式和控制的层次关系。它不表示软件过程情况（如任务的顺序、准确的决策点、决策顺序和循环操作等），仅表示各个模块的相关性。

装甲车辆嵌入式软件常用的结构可分为无操作系统的嵌入式软件结构和有操作系统的嵌入式软件结构。

1. 无操作系统的嵌入式软件结构

嵌入式系统中基于 DSP、单片机等处理器平台的部件如装弹机控制箱、发动机控制器等，为确保其有较快的响应速度，通常不采用操作系统，可使用一些简单的结构如带中断的轮询结构来实现。在此结构中，由中断程序处理特别紧急的硬件需求，并设置标志，主循环轮询这些标志，根据需求处理后续任务。相比单纯的轮询结构，此结构可对高优先级任务进行更多的控制。由于硬件的中断信号会使微处理器停止正在执行的操作，而中断程序中的所有操作比主程序任务代码的优先级更高，所以中断程序可获得更及时的响应。

2. 有操作系统的嵌入式软件结构

乘员显控软件、指控软件等，由于系统功能复杂，一般采用嵌入式实时操作系统作为应用软件的运行平台，这类软件的设计应考虑实时操作系统所提供的任务调度机制，将软件功能合理划分为多个任务，并合理确定任务的优先级。任务间的通信及同步可采用操作系统提供的信号量、消息队列、管道、共享内存等方式。

4.1.3 常用设计原则

1. 模块化设计原则

模块化是将软件的某些要素组合在一起，构成一个具有特定功能的子系统，将这个子系统作为通用性的模块与其他子系统进行多种组合，构成新的系统，产生多种不同功能或相同功能、不同性能的系列系统。模块是具有独立功能和输入/输出的标准部件。这里的部件一般包括分部件、组合件和零件等。在驾驶员终端软件设计中可以根据软件外部接口类型，将软件划分为 AD 采集模块、DIO 采集模块等。模块化可以同时满足系统的功能属性和环境属性，可以缩短系统研发与制造周期，提高产品质量，快速应对用户需求变化。

2. 抽象化设计原则

抽象化就是我们对某类事物共性的描述。概要设计可以看成对软件解决方法的抽象，而后面的详细设计则是将其具体化到开发中。在进行软件设计时，抽象与逐步求精、模块化密切相关，可帮助我们定义软件结构中模块的实体，由抽象到具体地分析和构造出软件的层次结构，提高软件的可理解性。

3. 独立性设计原则

模块独立性是抽象、模块化和信息隐藏概念的直接产物。模块独立性是指计算机软件配置项中每个模块功能专一，并尽可能少地与配置项中其他模块交互。换言之，应将软件设计成每个模块只涉及需求的一个特定子功能，而且与软件其他部分的接口一样简单。

结构化设计采用两个准则衡量模块独立性：内聚和耦合。

➢ 内聚

内聚（Cohesion）是信息隐藏概念的外延，是模块完成任务的整体统一性的度量。内聚的模块在一个软件过程中完成一项工作，而且很少需要与程序的其他部分执行的过程进行交互。理想化的内聚模块应该是只做一件事。

➢ 耦合

耦合（Coupling）是模块间相互关联程度的度量。两个模块间紧耦合意味着模块与模块存在着很强的影响或依赖关系。

结构化设计的模块应是高内聚、低耦合。实际上不必过分强调模块的耦合与内聚的分类和精确的级别度量，应该基于模块独立性的概念，从模块功能单一的要求入手，分析模块间耦合的潜在后果，把握好整体设计。

4.1.4　结构化设计方法

4.1.4.1　结构化设计的概念和原则

面向数据流设计方法（也叫结构化方法）是根据系统数据流图建立系统逻辑模型，再进行结构设计的方法。通过把一个复杂问题的求解过程分阶段进行，而且这种分解是自顶向下、逐层分解的，从而使得每个阶段处理的问题都控制在人们容易理解和处理的范围内。

结构化设计方法是以自顶向下、逐步求精、模块化为基点，以模块化、抽象、逐层分解求精、信息隐蔽化和局部化及保持模块独立为准则，设计软件的数据架构和模块架构的方法学。

4.1.4.2 数据流图

结构化设计方法给出一组帮助设计人员在模块层次上区分设计质量的原理与技术。它通常与结构化分析方法衔接起来使用，以数据流图为基础得到软件的模块结构。

结构化设计方法的设计原则如下：

（1）使每个模块尽量只执行一个功能。

（2）每个模块用过程语句调用其他模块。

（3）模块间传送的参数做数据用。

（4）模块间共用的信息尽量少。

驾驶员终端软件在加载显示相应的地图文件时，根据地图图层配置文件及该图层中的图元配置数据，建立各种图元数据的列表，然后加载各图元的详细数据，并在界面上显示当前地图信息。可以建立如图4－1所示的数据流图。根据该数据流图，可以将这一功能分解为图层配置数据处理、图元配置数据处理、图元详细数据处理等软件模块。

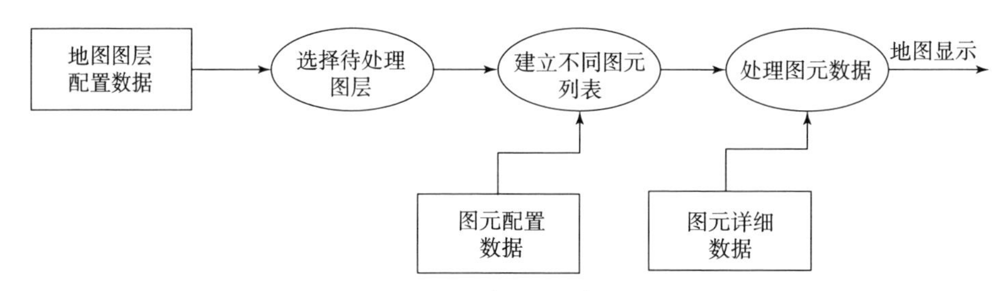

图4－1 图层数据处理数据流图

4.1.5 基于实时操作系统的软件设计

在基于实时操作系统的嵌入式系统中，基于任务的软件结构化设计，有利于使设计简明并可检验。设计时应注意任务划分不可过细，过细的任务划分将使软件中的任务数量增加，且由于任务间存在的通信和同步问题，将会使设计复杂化。任务分解的出发点是系统中对象和功能的异步特性，任务内部不允许并发。通过对软件行为模型的数据转换和控制转换进行分析，存在并发执行的转换要设计成单独的任务，顺序执行的转换可以划分到同一个任务中，并要进一步设计任务间通信和同步的接口。

4.1.5.1 外部接口任务

依据外部接口设备的硬件特征和输入数据特征来划分任务，应参考以下原则：

1）外部接口设备的硬件特征。

由外部用户主动要求触发的输入接口通常采用中断处理方式；被动的输入接口通常采用定时轮询方式。

2）输入数据的特征。

模拟数据一般采用定时轮询的处理方式，设计时应根据系统依赖输入数据的关键程度和数据本身变化情况，确定处理周期。

3）应该为每一个异步输入接口创建一个异步输入接口处理任务，输入处理触发后，通常需要毫秒级响应接收数据，以防数据丢失。

4）定时轮询的输入任务由周期定时器触发，设计时根据数据变化周期确定轮询周期。

5）当系统中存在有多个任务需要对同一个外部输入/输出设备进行访问时，应设计一个资源监控任务对输入/输出设备的数据完整性进行管理。

4.1.5.2 内部功能任务

内部功能任务的结构化设计应参考：

1）周期性的数据处理功能应划分到一个单独的任务中，由定时器周期触发。

2）由其他任务产生的信号触发的异步数据处理功能，设计一个单独的异步任务，由信号触发。

4.1.5.3 任务间的同步与通信

完成软件的任务结构化设计后，应为各个任务确定优先级，便于实时操作系统调用。对于严格要求执行完成最后期限的任务，按任务的关键程度划分优先级；对于非时间关键的计算集中型任务，作为低优先级或后台任务执行。

软件中的多个并发任务间需要的数据流、控制流，通过任务间的消息通信、信号同步等形式，使任务能协调工作。

4.1.6 面向对象设计方法

4.1.6.1 面向对象的概念

随着软件复杂程度的进一步提高，低耦合、高内聚的要求进一步提高，促进了面向对象开发思想的发展。面向对象分析与设计的实质是一种系统建模技术。在进行系统建模时，把被建模的系统的内容看成是大量的对象。因此包含在模型中的对象取决于对象模型要代表什么，即要处理问题的范围。这种模型通常很容易理解，因为它直接和现实有关。面向对象思想的实质不是从功能上或处理的方法上来考虑，而是从系统的组成上进行分解。面向对象方法通过对问题进行自然分割，利用类及对象作为基本构造单元，以更接近人类思维的方式建立问题领域模型，使设计出的软件能直接地描述现实世界，构造出模块化的、可重用的、可维护性好的软件。

4.1.6.2 面向对象的模型

面向对象分析方法通过对对象、属性和操作（作为主要的建模成分）的表示来对问题建模。

1. 对象及其关系

对象是现实世界中个体或事务的抽象表示，是面向对象开发模式的基本成分。对象是指将属性（数据/状态）和操作（方法/行为）捆绑为一体的软件结构，代表现实世界对象的一个抽象。属性表示对象的性质，属性值规定了对象所有可能的状态。一般只能通过执行对象的操作来改变。操作描述了对象执行的功能，若通过消息传递，还可以为其他对象使用。对象之间存在着一定的关系，对象之间的交互与合作，构成了更高级的行为。

2. 类和实例

类是一组具有相同属性和相同操作的对象的集合。类的定义包括该类的对象所需的数据结构（属性的类型和名称）和对象在数据上所执行的操作（方法）。实例是从某个类创建的对象，它们都可以使用类中提供的函数。对象的状态则包含在实例的属性中。实例化是指在类定义的基础上构造对象的过程。

3. 消息

对象间只能通过发送消息进行联系，外界不能处理对象的内部数据，只能通过消息请求进行处理。

4. 封装性

封装是一种组织软件的方法，它的基本思想是把客观世界中联系紧密的元素及相关操作组织在一起，构造具有独立含义的软件实现，使其相互关系隐藏在内部，而对外仅仅表现为与其他封装体间的接口关系。

5. 多态性

多态性是指在一般类中定义的属性或操作被特殊类继承之后，可以具有不同的数据类型或表现出不同的行为，使得同一个属性或操作在一般类及其各个特殊类中具有的语义，即不同的对象收到同一消息可以产生完全不同的结果。

6. 继承

类可分层，下层子类与上层父类有相同特征，称为继承。继承是类的特性，表示类之间的关系。继承使得程序员对共同的操作及属性只说明一次，并且在具体的情况下可以扩展细化这些属性及操作。

7. 面向对象软件开发的一般思路

面向对象开发方法是对软件开发过程所有阶段进行综合考虑而得到的，从生存周期的一个阶段到下一个阶段所使用的方法与技术具有高度的连续性，各阶段开发出的部件都是类，是对各个类的信息的不断细化的过程。类成为面向对象分析、设计和实现的基本单元。

面向对象软件开发的一般思路如图 4－2 所示。首先进行面向对象的分析，通过对具体客观对象的抽象，建立应用领域的面向对象模型，识别出的对象反映了与待解决问题相关的一些实体及操作。其次进行面向对象的设计，建立软件系统的面向对象模型，这个软件系统能实现识别的需求。然后进行面向对象的程序实现，使用面向对象的程序设计语言来实现设计。

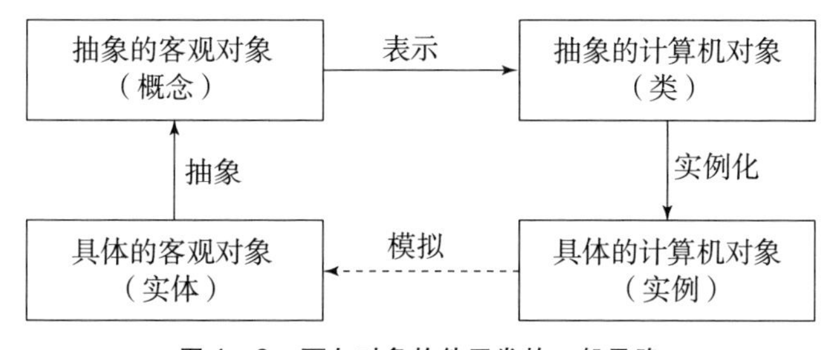

图 4－2　面向对象软件开发的一般思路

4.1.7　驾驶员终端软件概要设计实例

驾驶员终端软件运行于嵌入式实时操作系统 VxWorks 平台，主要功能为通过 DIO 接口及 AD 接口采集车辆运行数据，并将数据通过仪表显示的方式在人机界面上显示给驾驶员观察判断。

根据软件功能要求、系统接口以及操作系统的任务管理，可以如图 4－3 所示，将驾驶员终端软件划分为地理信息显示、车况信息显示、AD 信息处理、DIO 信息处理等部件。在软件完成相应硬件初始化后，分别创建 AD 信息处理、DIO 信息处理、车况信息显示等任务。其中 AD 采集任务和 DIO 采集任务的优先级设定为略高于界面显示任务的优先级。各任务间通过共享内存的方式进行通信。

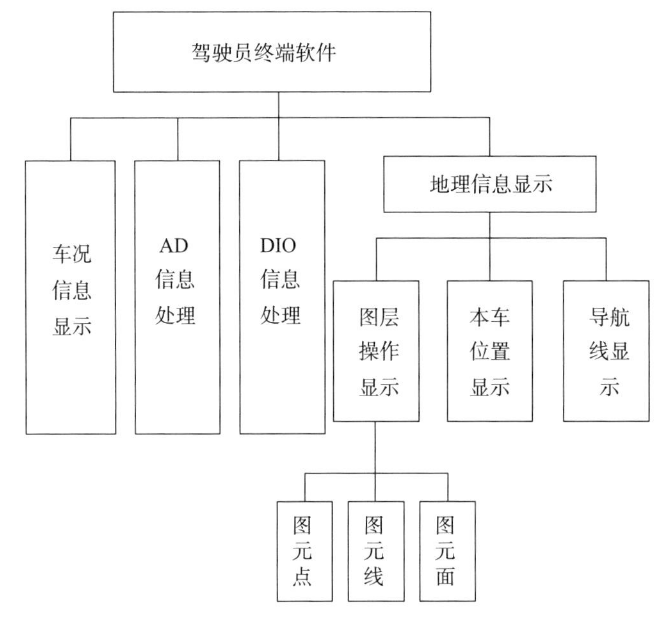

图 4－3　驾驶员终端软件部件框图

AD 采集任务和 DIO 采集任务均采用循环方式，在一个循环周期内，轮询各路数据总线接口，将采集到的数据通过确定的计算公式进行计算，转换为实际的车辆运行数据，并保存至相应的共享内存变量空间。

车况信息显示任务基于 Zinc 图形库进行设计。Zinc 图形库是采用面向对象思想设计的一套对人机界面的显示内容进行管理的窗口系统，提供了 ZafWindow、ZafLabel、ZafText 等图形界面元素，应用程序可以从图形库中继承实现自己的子类窗口，并根据需要设计相应的画图、事件处理等函数，实现不同的显示效果。车况信息显示任务依据定时器产生的中断事件，根据共享内存中的车况数据，及时更新界面上显示的仪表信息。

车况信息显示部件根据需求分析阶段采用原型分析方法得到的人机界面显示原型，开展相关概要设计工作。可以将人机显示界面按显示内容划分为水温窗口、机油压力窗口、传动油温窗口等仪表窗口，以及告警窗口、按钮窗口等。下面以水温窗口为例说明设计过程。

水温窗口为从 ZafWindow 继承的子类窗口，ZafWindow 继承自 ZafWindowObject 和 ZafList，ZafWindowObject 继承自 ZafElement。类继承关系如图 4 – 4 所示。

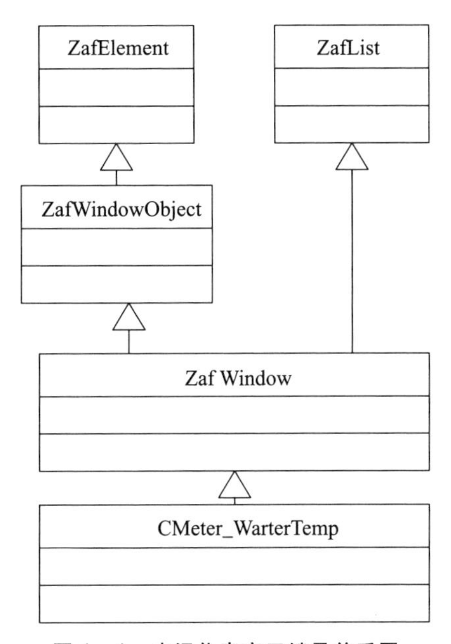

图 4 – 4　水温仪表窗口继承关系图

CMeter_WaterTemp 的属性除继承自 ZafWindow 的属性外，新增属性如下：

```
Int iMeterMinValue;//用于指示水温的最小示数
Int iMeterMaxValue;//用于指示水温的最大示数
Int iMeterWarnValue;//用于水温告警的示数范围
…
```

重新设计开发 ZafWindow 的虚拟化函数 virtual ZafEventType Draw (const ZafEventStruct &event, ZafEventType ccode)，用于在界面更新时，由窗口管理系统调用。

在主界面窗口初始化时，生成 CMeter_WaterTemp 的一个实例，并指定窗口的位置，在周期更新界面时，CMeter_WaterTemp 的 Draw 函数会自动调用，根据当前车况的实际数值更新仪表读数。

4.2 软件详细设计

4.2.1 为什么需要详细设计

在开发过程中，由于需求及设计不正确、不完整所导致的问题是项目进度拖延、失败的一个主要因素，而软件系统的一个重要特性就是需求和设计的不断构建和改进，在写详细设计文档的过程中，详细设计实际上是对系统的一次逻辑构建，可以有效验证需求的完整性及正确性。

如果没有详细设计这个过程，就从概要设计直接进入编码阶段，这时开发人员所能参考的资料就是需求规格说明、概要设计说明、数据库设计说明等，不能直接进行开发。详细设计文档可以作为需求人员、设计人员与开发人员的沟通工具，把概要设计无法体现的设计体现出来，包括整体设计对模块设计的规范，体现设计上的一些决策，例如，选用的算法，对一些关键问题的设计考虑等，使开发人员能快速进入开发，提高沟通效率，减少沟通成本等。

对于系统功能的调整、后期的维护，详细设计文档提供了模块设计上的考虑、决策，包括模块与整体设计的关系、模块所引用的数据库设计、重要操作的处理流程、重要的业务规则实现设计等信息，提供了对模块设计的概述性信息，阐明了模块设计上的决策，配合代码注释，可以相对轻松读懂原有的设计。

4.2.2 详细设计与概要设计的区别

概要设计是详细设计的基础，必须在详细设计之前完成，概要设计经审查确认后才可以开始详细设计。详细设计必须依照概要设计来进行，详细设计方案的更改不得影响概要设计方案。如果需要更改概要设计，必须经过项目负责人的同意。详细设计应该完成详细设计文档，主要是模块的详细设计方案说明。

概要设计里面的数据设计重点应该在描述数据关系上，说明数据的来龙去脉。详细设计里的数据设计就应该是一份完善的数据结构文档，就是一个包括类型、命名、精度、值域、分辨率等内容的数据字典。

概要设计里的功能重点在于功能描述，对需求的解释和整合，整体划分功能模块，并对各功能模块进行详细的图文描述，应该让读者了解系统开发完后大体的结构和操作模式。详细设计则重点描述系统的实现方式，各模块详细说明实现功能所需的类及具体的方法函数，包括涉及的标准库函数等。

根据工作性质和内容的不同，概要设计实现软件的总体设计、模块划分、用户界面设计、数据设计等；详细设计则根据概要设计所做的模块划分，实现各模块的算法设计，实现用户界面设计、数据结构设计的细化。

4.2.3　详细设计的原则

为了得到高质量的软件系统，在详细设计阶段必须遵循一些基本原则，以确保能够在编码时得到高质量的参考文档。详细设计通常采用结构化程序设计方法，其设计过程应遵循以下原则。

1）模块的逻辑描述要清晰易读、正确可靠。

2）采用结构化设计方法，改善控制结构，降低程序的复杂程度，从而提高程序的可读性、可测试性、可维护性，其基本内容可归纳为如下几点：

①程序语言中应尽量少用 goto 语句，以确保程序结构的独立性。

②使用单入口单出口的控制结构，确保程序的静态结构与动态执行情况相一致，保证程序易理解。

③程序的控制结构一般采用顺序、选择、循环 3 种结构，确保结构简单。

④用自顶向下、逐步求精方法完成程序设计。

4.2.4　面向数据结构设计方法

装甲车辆嵌入式软件可根据软件所处理信息的特征来设计软件。在许多应用软件中信息都有清楚的层次结构，输入数据、内部存储的信息及输出数据都可能有独特的结构。数据结构既影响程序的结构又影响程序的处理过程，重复出现的数据通常由具有循环控制结构的程序来处理。层次的数据组织通常和使用这些数据的程序的层次结构十分相似。

面向数据结构的设计方法的最终目标是得出对程序处理过程的描述。这种设计方法并不明显地使用软件结构的概念，模块是设计过程的副产品，对于模块独立原理也没有给予应有的重视。因此，这种方法最适合于在详细设计阶段使用，也就是说，在完成了软件结构设计之后，可以使用面向数据结构的方法来设计每个模块的处理过程。虽然程序中实际使用的数据结构种类繁多，但是它们的数据元素彼此间的逻辑关系却只有顺序、选择和重复 3 类，因此，逻辑数据结构也只有这 3 类。如图 4 – 5 所示，可以应用改进的 Jackson 图来表示数据结构。

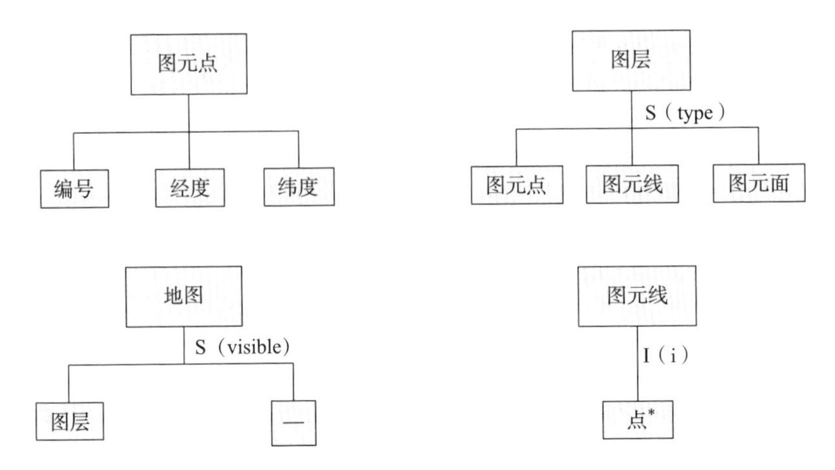

图 4－5　应用改进的 Jackson 图示例

注：＊表示该模块会被上层模块多次调用；S 表示上层模块选择调用下层模块的条件；—表示无模块或代码；I 表示上层模块循环调用下层模块的退出条件

1. 顺序结构

顺序结构的数据由一个或多个数据元素组成，每个元素按确定次序出现一次。

2. 选择结构

选择结构的数据包含两个或多个数据元素，每次使用这个数据时按一定条件从这些数据元素中选择一个。

3. 重复结构

重复结构的数据，根据使用时的条件由一个数据元素出现零次或多次构成。

4.2.5　程序流程图设计

程序流程图（Flow Diagram）又称为程序框图，是详细设计中使用最广泛的图形描述工具，是装甲车辆嵌入式软件开发中最常用的一种算法表达式，是一个软件的信息流、功能流或部件流的图形代表。它独立于任何一种程序设计语言，具有能随意表达任何程序逻辑的优点，比较直观、方便和清晰地描述过程的控制流程，易于学习掌握。

流程图是由一些图框和流程线组成的，其中图框标识各种操作的类型，图框中的文字和符号表示操作的内容，流程线表示操作的先后次序。其图形绘制简单，最常用的流程图结构是矩形和菱形。矩形称为处理，代表一个处理步骤；菱形称为决策，代表一个逻辑判断条件。

为了统一流程图所使用的符号，国际标准化组织提出并被中国国家技术监督局采纳，规定了一些程序流程图标准符号，如图4-6所示。

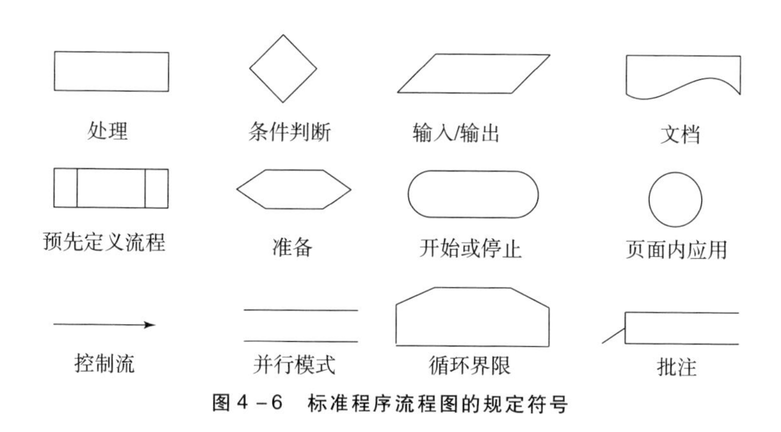

图4-6 标准程序流程图的规定符号

使用流程图描述结构化程序，规定任何复杂的程序流程图都可由以下5种控制结构组成：顺序性结构、选择型结构、While型循环结构、Repeat-Until型循环结构和综合嵌套型结构。

1. 顺序型结构

由几个连续的处理步骤依次排列构成，如图4-7所示。依次执行处理1、处理2，直到处理n。

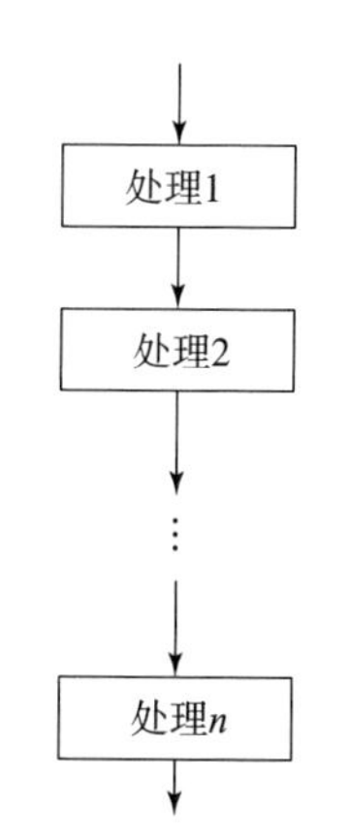

图4-7 顺序结构流程图

2. 选择型结构

选择型结构是流程图中最常用的结构，其结构构造有两种，一种是条件选择结构，又称为If-Then-Else结构，使用菱形表现逻辑判定条件，条件结果决定选择两个处理方框中的一个。具体来说，条件为真，处理Then部分控制线的方框；条件为假，处理Else部分控制线的方框，流程图如图4-8所示。另一种是多向选择结构，又称为Select-Case结构，是条件选择结构的扩展形式，列举多种判定情况，一个参数被连续的判定，然后根据参数的取值，选择执行其一，流程图如图 4 - 9 所示。

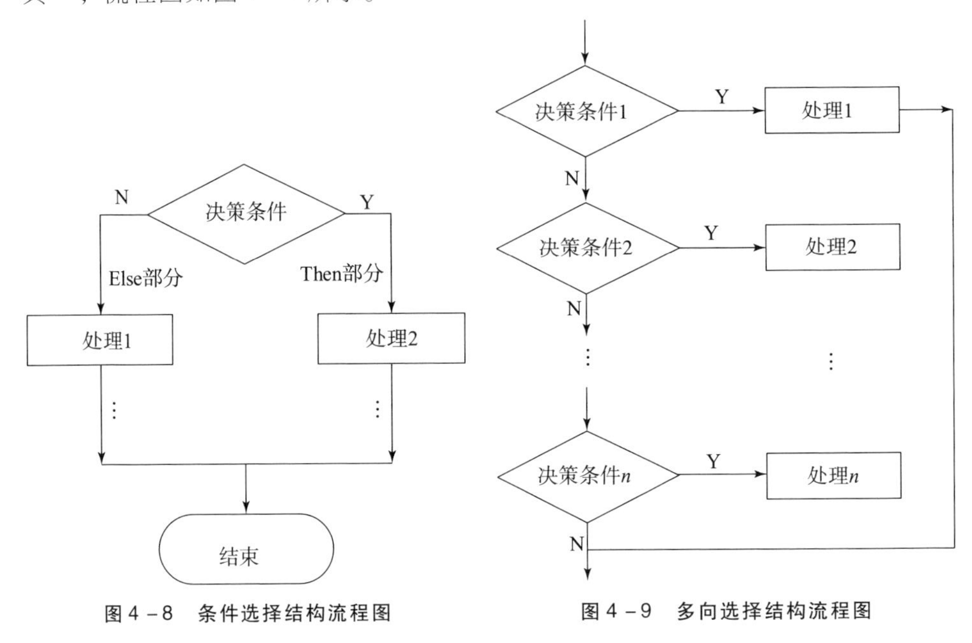

图 4 - 8　条件选择结构流程图　　图 4 - 9　多向选择结构流程图

3. While 型循环结构

While 型循环是先判定型循环，在循环控制条件成立时，重复执行特定的处理，如图 4 - 10 所示。先执行“循环条件”，如果为 Y（Yes，真）就执行“处理”，再执行“循环条件”，这样循环的去执行，直到执行“循环条件”为 N（No，假）时才退出循环。

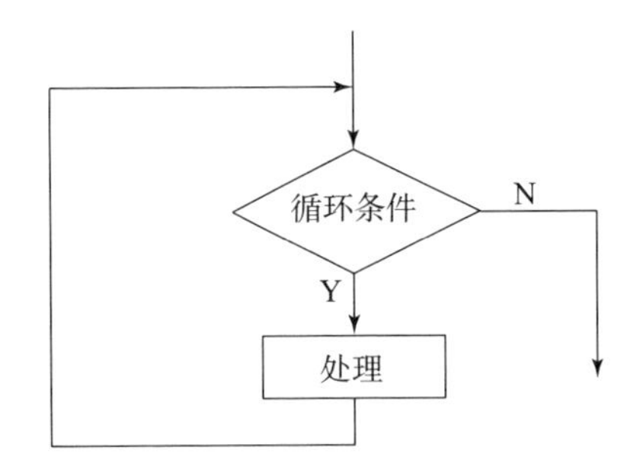

图 4 - 10　While 型循环结构流程图

4. Repeat-Until 型循环结构

Repeat-Until 型循环是后判定型循环，重复执行某些特定的处理，直到控制条件成立为止，如图 4 - 11 所示。先执行“处理”再执行“循环条件”，如果是 N（No，假）就再去循环执行“处理”，如果是 Y（Yes，真）就退出循环。与 While 型循环的区别是：在 While 型循环中是先判断再执行，而在 Repeat-Until 型循环中是先执行再判断，也就是说至少执行一次指定的操作。

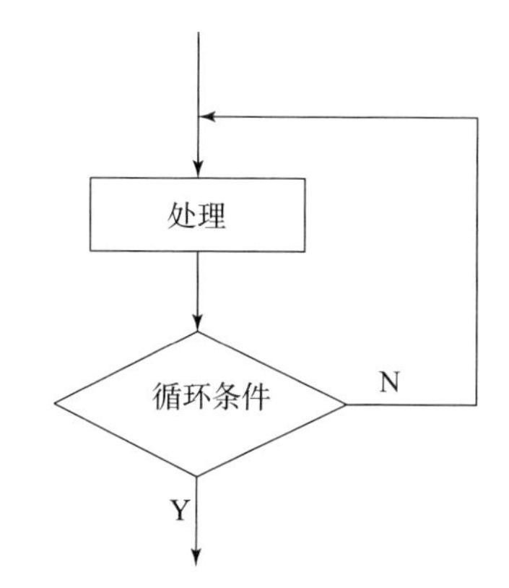

图 4 - 11　Repeat-Until 型循环结构流程图

5. 综合嵌套型结构

综合嵌套型流程图是将顺序型、选择型、循环型进行综合表现的流程图。此类型的流程图更能表现逻辑较为复杂的事务。

4.2.6　驾驶员终端软件详细设计实例

根据概要设计结果，驾驶员终端软件的 AD 信息处理任务主要完成 AD 接口的管理、数据读取处理等功能，以通过 AD 通道采集水温数据为例说明程序流程图。在系统设计中已明确水温数据的采集通道，以及采集到的电压值数据的转换关系。该软件单元主要执行以下功能：

1）初始化 AD 采集板卡。

2）设置 AD 采集通道的增益值。

3）读取相应通道的 AD 数据。

4）换算当前采集的电压值。

5）计算最近 5 次采集结果的平均值。

6）根据 5 次采集结果的平均值计算当前实际状态值。

7）如果当前的实际状态值在值域范围外，则按值域范围的极值处理。

根据软件单元的设计，可以设计如图 4 - 12 所示的程序流程图。

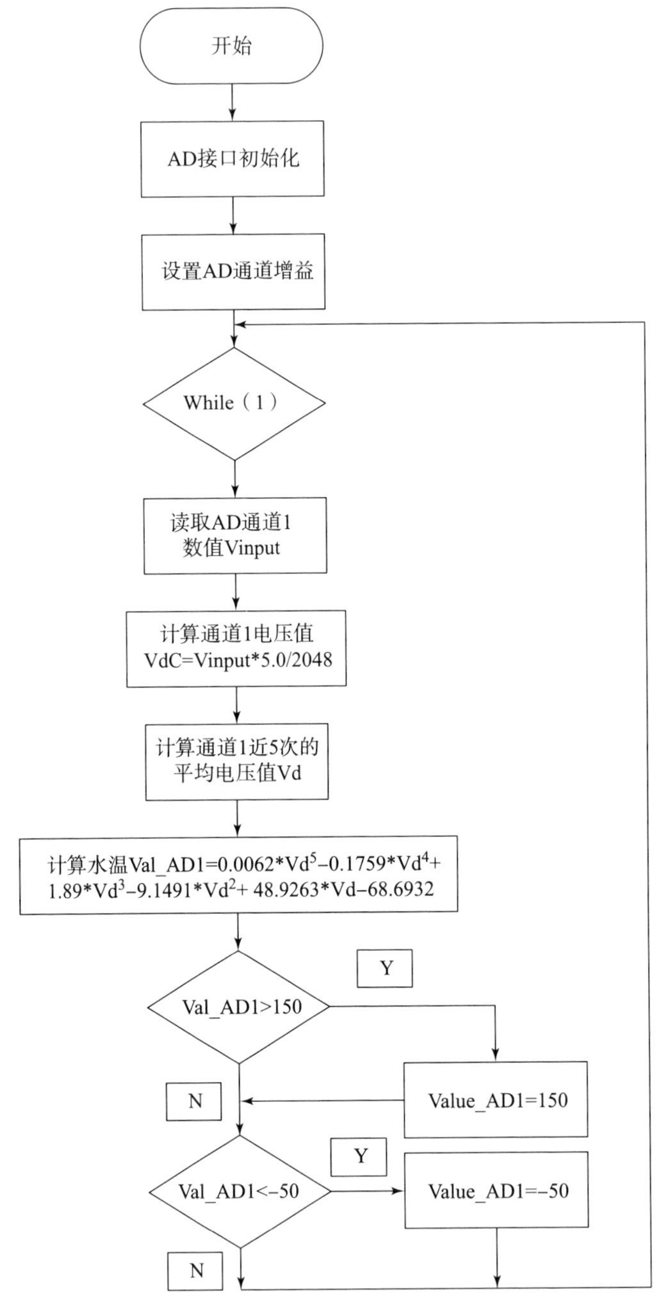

图 4－12　水温数据处理单元程序流程图

4.3　设计说明的编写及评审

4.3.1　设计说明的主要内容

根据 GJB 438B—2009《军用软件开发文档通用要求》的规定，软件设计说明主要包括 CSCI 级设计决策、CSCI 体系结构设计、CSCI 详细设计和需求的可追踪性四个章节。

4.3.1.1　CSCI 级设计决策

这里的设计决策是指实现用户需求 CSCI 所采用的方法。CSCI 级设计决策就是忽略其内部软件单元的实现方法，描述如何实现 CSCI 外部特性（如：输入输出、处理行为、数据显示等）和用户需求（如：安全性、保密性和私密性等）的方法。

4.3.1.1.1　CSCI 输入输出的设计决策

本节应明确说明软件将接收的输入和将产生的输出的设计决策，描述的内容包括与其他系统、硬件配置项（HardWare Configuration Item，HWCI）、CSCI 和用户的接口的输入输出方法。详情见表 4－1 和表 4－2。

表 4－1　CSCI 输入设计决策表

序号	输入名称	输入数据	输入方法	接收方式
1	发电机电压	发电机直流电压	AD 输入	10 ms 周期查询
2	发电机电流	发电机负载电流	AD 输入	10 ms 周期查询

表 4－2　CSCI 输出设计决策表

序号	输出名称	输出数据	输出方法	发送方式
1	电源系统状态信息	（1）发电机电压 （2）发电机电流	CAN 总线	100 ms 定时发送
2	软件版本号	软件版本号	CAN 总线	1 s 定时发送

4.3.1.1.2　CSCI 对每个输入的处理行为设计决策

本节针对上一小节中表 4－1 定义的每个输入，逐一描述 CSCI 对各输入信息的处理方法，详情见表 4－3。

表 4-3　CSCI 处理行为设计决策表

序号	输入名称	处理方法	处理结果	备注
1	发电机电压	AD 采样，滤波处理	上传总线	—
2	发电机电流	AD 采样，滤波处理	上传总线	—

4.3.1.1.3　CSCI 安全性设计决策

CSCI 的安全性是指防止其合法用户使用该 CSCI 时对系统或其中的信息造成不良影响，本条应针对该 CSCI 的软件需求规格说明中描述的安全性需求，逐一描述其采取的防护措施和方法，详情见表 4-4。

表 4-4　CSCI 安全性设计决策表

序号	安全性需求	采取的防护措施
1	电源控制器软件需要设置看门狗，狗叫时间由硬件决定软件不需设置。喂狗时间为 10 ms	单片机喂狗时间设置为 10 ms

4.3.1.1.4　CSCI 保密性设计决策

CSCI 的保密性主要是防止非法用户对 CSCI 的攻击。本节针对该 CSCI 的软件需求规格说明中描述的保密性需求，逐一描述其采取的防护措施和方法，详情表 4-5。

表 4-5　CSCI 保密性设计决策表

序号	保密性需求	采取的措施
1	身份验证	• 启动软件时，首先要求用户输入用户身份信息（用户名和口令），CSCI 对其进行比对识别后，合法用户方能够启动运行该软件；对非法用户将给予登录警示和记录，登录警示超过 3 次将退出； • 使用用户身份卡、读卡器和识别接口卡等设备对本 CSCI 运行的计算机设备的开关机及软件启动等操作进行控制
2	数据传输加密	使用线路保密机等设备，对 CSCI 需要对外交换的数据包进行加密传输； • 采取端端加密措施
3	数据存储加密	• 通过对数据库 DMP 文件的加密存放，对数据库中存储的数据进行加密； • 对数据库表中某些关键字段进行加密入库存储； • 对存放在计算机硬盘上的各种数据文件进行加密
4	数据库访问权限控制	• 利用数据库管理系统，对不同的用户分配不同的角色，并对其进行可访问信息的范围和访问权限的设置； • 对用户访问数据库的操作进行审计

4.3.1.1.5 CSCI数据显示的设计决策

本节分门别类地描述CSCI访问的所有数据（包括：数据库和数据文件中的数据）如何呈现给用户的方法，若有可为：使用文字、CELL表格、编辑框集合、地图与军标符号、图像等，也可以为打印机打印输出等。

4.3.1.2 CSCI体系结构设计

CSCI体系结构设计主要包括CSCI部件、执行方案、接口设计等。

4.3.1.2.1 CSCI部件

本节描述软件是由哪些单元或者软件单元集合组成的，如图4-13和表4-6所示。其中软件单元集合指由哪些软件单元组成，应赋予每个软件单元一个项目唯一的标识符并指明各单元之间的静态关系，每个软件单元的用途、开发状态/类型，如新开发或重用，以及分配的CSCI级设计决策。

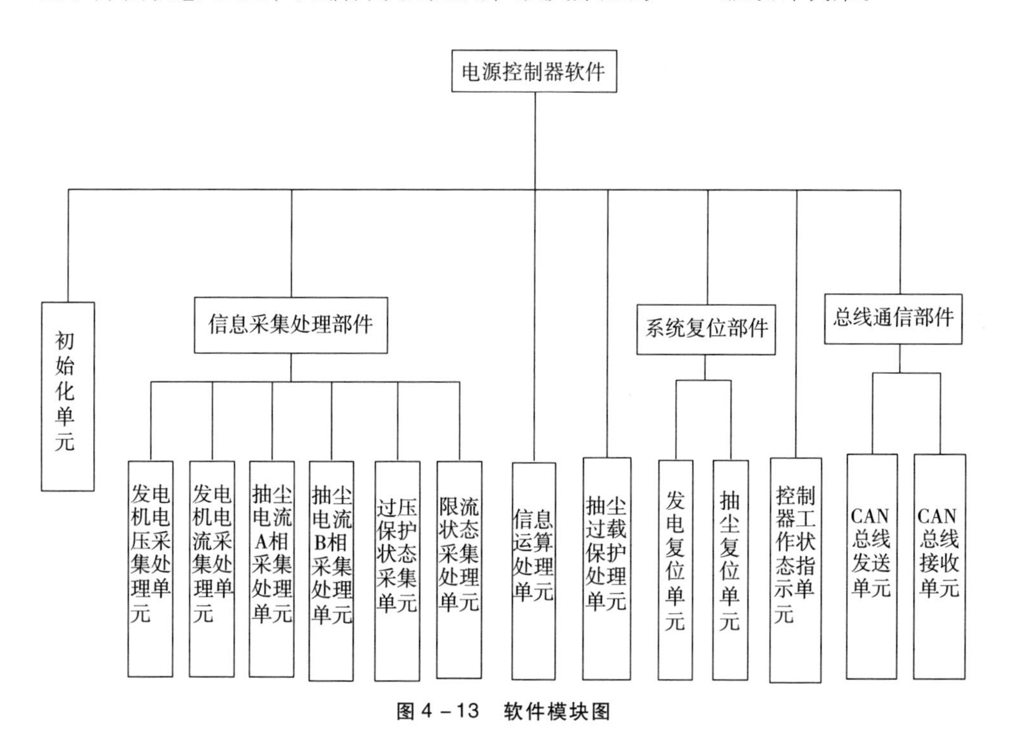

图4-13 软件模块图

表 4 –6　软件单元说明

序号	单元名称	标识符	用途	开发状态/类型	分配的 CSCI 级设计决策
1	初始化单元	CSU – DKQ – CSH	I/O 初始化 定时器 1 初始化 定时器 2 初始化 AD 初始化 CAN 初始化	新开发	3. 1 3. 2
2	发电机电压采集处理单元	CSU – DKQ – AD – FDDY	发电机电压采集，范围 0 ~ 5V，10 ms 定时器中断时完成 AD 转换。	新开发	3. 1 3. 2

4. 3. 1. 2. 2　执行方案

本节说明软件单元间的执行方案及动态关系，即 CSCI 运行期间软件单元间的相互作用情况，具体包括执行控制流程（图 4 – 14）、数据流（图 4 – 15）、动态控制序列、状态转换图、时序图、单元间的优先关系、中断处理、时序/排序关系、例外处理、并发执行、动态分配与去除分配、对象/进程/任务的动态创建/删除，以及动态行为的其他方面。

根据软件的特点，将本软件的执行方案按照以下几个控制过程进行描述：10 ms 定时器中断和主循环。

1. 10 ms 定时器中断

在 10 ms 定时器中断中，软件执行发电机电压采集处理、发电机电流采集处理、抽尘电流 A 相采集处理、抽尘电流 B 相采集处理、过压状态采集、限流状态采集处理、信息运算处理单元模块，并实现看门狗喂狗。

2. 主程序

软件在主程序中执行初始化模块后进入主循环，主循环执行抽尘过载保护模块。

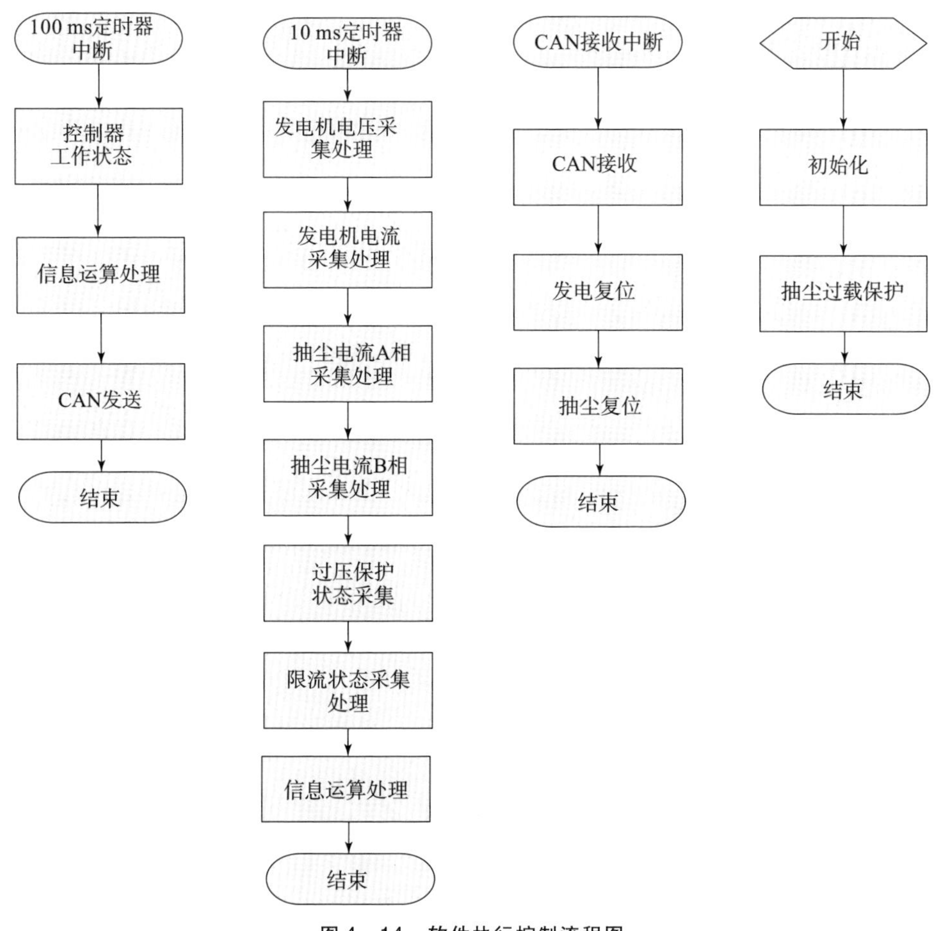

图4-14 软件执行控制流程图

4.3.1.2.3 接口设计

本节说明CSCI的外部接口关系，以及各单元间内部接口关系。

4.3.1.2.3.1 外部接口设计

本节描述软件CSCI的外部接口，包括：与用户、外部系统以及其他CSCI的接口。并对接口进行标识。外部接口关系图可参考3.4.1.1.3节，外部接口标识表如表4-7所示。接下来将以文字和表格的形式描述上述各个接口的接口类型、数据元素格式、数据元素长度、极限值等，如表4-8所示。

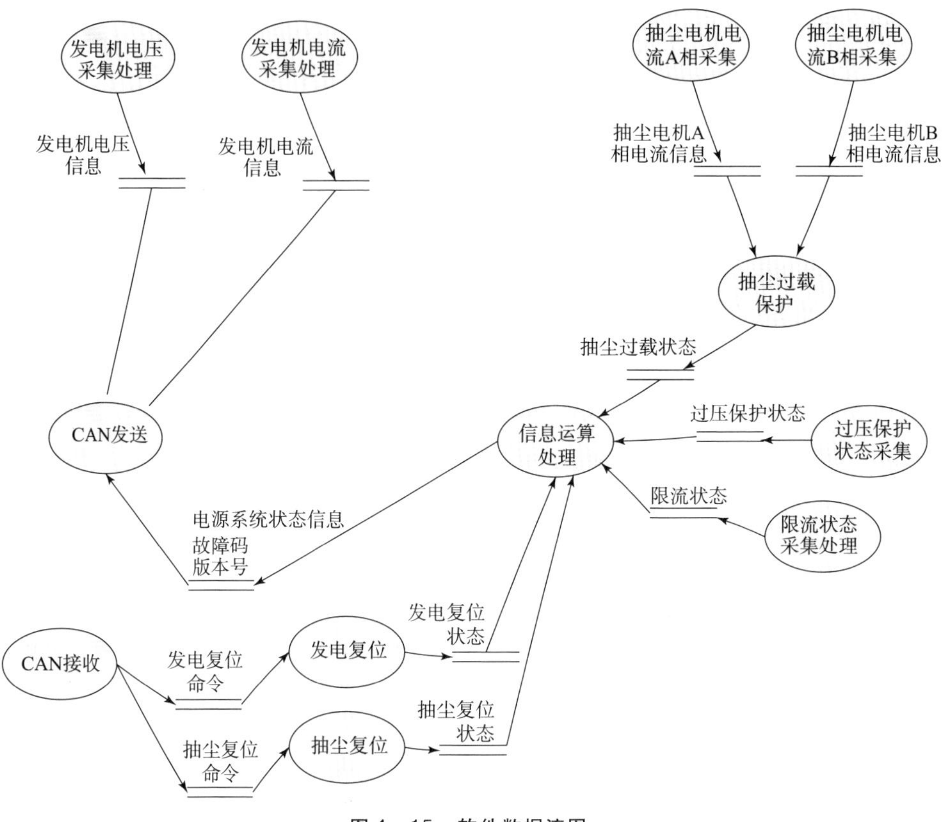

图 4－15　软件数据流图

表 4－7　外部接口标识

接口名称	接口项目唯一标识号	接口类型	接口功能和用途	发送方/接收方
与调理板的发电机电压采集接口	DKQ15A－AD－TLFDDY	AD 采集	软件通过 AD 端口 1 采集模拟量电压信号。信号来源为信号调理板发电机电压调理电路，信号定义为发电机电压，范围 0～5 V	调理电路/电源控制器软件

表 4－8　外部接口数据表

数据元素标号	名称	所属接口	数据元素格式	数据元素长度/B	极限值/值域	精确度
1	发电机电压	与调理板的发电机电压采集接口	Unsigned int	16	0×00～0×FFFF	1

4.3.1.2.3.2　内部接口设计

本节描述各软件单元（Computer Software Unit，CSU）之间的接口，并用图表等形式对各接口的标识、接口类型、接口功能等进行描述。内部接口图可参见3.4.1.1.4，内部接口标识表如表4－9。接下来将以文字和表格的形式描述上述各个接口的接口类型、数据元素格式、数据元素长度、极限值等，如表4－10所示。

表4－9　内部接口标识

接口名称	接口项目唯一标识号	接口功能和用途	发送方	接收方
发电机电压采集处理—信息运算处理	FDDY－XXYS	将发电机电压数据从发电机电压采集处理模块传递到信息运算处理模块	发电机电压采集处理模块	信息运算处理模块

表4－10　内部接口数据表

数据元素标号	名称	所属接口	数据元素格式	数据元素长度/B	极限值/值域	精确度
D－04	发电机电压信息	发电机电压采集处理—信息运算处理	Unsigned int	16	0×00～0×FFFF	10

4.3.1.3　CSCI详细设计

本节分小节对每个软件单元进行说明，包括：

1）单元设计决策，例如所使用的算法。

2）该软件单元设计中的任何约束、限定或非常规特征。

3）如果使用的编程语言不同于该CSCI所指定的语言，则应指出并说明使用它的理由。

4）如果该软件单元包含、接收或输出数据，应对它的输入、输出及其他数据元素和数据元素组合体进行说明。

5）如果该软件单元包含逻辑，则给出该软件单元所用到的逻辑，包括该软件单元执行启动时，其内部起作用的条件；将控制传递给其他软件单元的条件；对每个输入的响应及响应时间，包括数据转换、重命名以及数据传输操作；在软件单元运行期间的操作顺序和动态控制序列，包括顺序控制的方法、该方法的逻辑和输入条件、进出内存的数据传输异常和错误处理等。

软件从设计决策、处理流程、内部数据和异常处理四个方面对每个单元进行详细设计。例如 CAN 接收单元。

4.3.1.3.1 设计决策

本节描述软件单元 CSU 的实现方法，如：数据的输入/输出方法、数据处理的方法、使用的算法等。CAN 接收单元功能为接收 CAN 总线信息，将总线数据赋值给变量。如 CAN 接收单元在 CAN 接收中断中执行，如详情表 4－11 和表 4－12 所示。

表 4－11 CSU 输入设计决策表

序号	输入名称	输入信息	输入方法	备注
1	总线复位信息	CAN_HWOBJ[5]	寄存器	—

表 4－12 CSU 输出设计决策表

序号	输出名称	输出信息	输出方法	备注
1	复位命令	Can_data[]	全局变量	—

4.3.1.3.2 处理流程

本节用流程图和文字的形式描述软件单元 CSU 对每个输入的处理流程。CAN 发送单元处理流程见图 4－16。

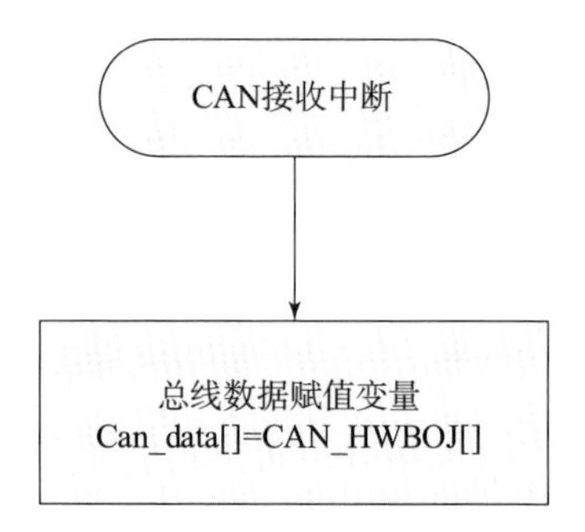

图 4－16 CAN 发送单元流程图

4.3.1.3.3 内部数据

本节描述软件单元 CSU 内部暂存的数据，包括临时数据、计算中间数据接口缓存数据、数据库数据等，并填写软件单元 CSU 内部数据表，内容应包括软件单元名称、软件单元标识符、内部数据元素说明、数据元素名称、标识符、数据类型、数据格式、值域范围、暂存形式等。电源控制器软件 CAN 发生单元无内部数据要求。

4.3.1.3.4 异常与错误处理

本节用流程图和文字的形式描述软件单元 CSU 对每项异常和错误的处理流程。电源控制器软件 CAN 发送单元接收到的系统复位信息 0XCF11527，总线数据应满足协议要求，0 字节 0～3 位数据为 0 或 1，超出范围不做处理。

4.3.1.4　需求可追踪性

本节明确说明本文档与软件需求规格说明的双向需求追踪关系，并明确说明追踪的软件需求规格说明的文档名称，对应的章节号及章节名称。填写软件正向设计追踪表和逆向设计追踪表。

4.3.2　设计说明的编写要点

软件设计说明是编码人员进行软件实现的依据，是后续软件开发和软件维护的基础，如果没有好的设计，则只能建立一个不稳定的系统结构。通过编写软件设计说明，确定软件设计的整个过程、软件设计原理。

软件设计说明的编写要点如下：

1）正确性：软件设计说明应对软件需求规格说明中的功能模块进行正确分解。

2）完整性：软件设计说明应写明全部必要设计。应该包括该软件包含的全部需求；规定每种输入/输出的软件响应。

3）一致性：软件设计说明中的各项功能和性能要求应该是相容的，不能互相发生冲突。

4）清晰性：清晰的设计让人易读易懂，文档的结构和段落应清晰，上下文应连贯，文档的语句应准确，内容表述应明确。

5）可验证性：软件设计说明中的每个功能、性能需求应具有明确的验证标准，以验证是否满足需求。

6）可修改性：软件设计说明的组织结构在需求发生变化时，对需求的修改能够保证其完整和一致。

7）可追踪性：在软件系统开发中，每个单元设计在软件需求规格说明中可以追溯其来源。实现可追踪性的常用方法是对软件设计说明中的每个段落按层编号，每个单元给予唯一编码，并进行标识，在需求可追踪性章节会对软件设计说明和软件需求规格说明进行正向和逆向的追踪。

4.3.3　设计评审

软件设计评审在软件设计说明和软件测试计划编写完成后，由项目管理部门组织，系统设计人员、软件质量保证人员、软件项目组、同行专家等参加，必要时邀请用户代表、项目负责人等参加，一般由系统设计人员或同行专家担任评审组长。

软件设计评审的内容包括：

a）设计覆盖了软件需求规格说明的全部内容。

b）满足接口设计要求，接口设计覆盖了接口需求规格说明的全部内容。

c）设计对软件部分的分解合理，满足模块化设计要求。

d）满足模块独立性要求，满足模块间的调用要求。

e）满足模块传入、传出要求；模块设计满足低耦合、高内聚的要求；软件的控制流、数据流设计明确，满足可靠性要求。

f）软件的性能和资源使用要求明确、合理，设计符合软件可靠性设计准则（关键、重要级软件）。

g）明确规定了每个单元所有的输入、处理和输出；详细规定了各单元间的接口（调用关系、数据流、控制流）。

h）对符号命名确定统一的规则并按规定使用。

i）尽量使用基本的控制结构来描述各软件单元的过程。

j）主要数学模型、算法和数据结构恰当。

第5章

基于 VxWorks 的嵌入式软件开发

5.1 VxWorks 操作系统

5.1.1 VxWorks 操作系统的结构

VxWorks 操作系统（以下简称“VxWorks”）是由 Wind River（风河公司）推出的一款实时多任务操作系统，包括了进程管理、存储管理、设备管理、文件系统管理、网络协议及系统应用等几个部分。操作系统本身只占用了很小的存储空间，并可高度剪裁，保证了系统能以较高的效率运行。VxWorks 体系结构框图如图 5-1 所示。

VxWorks 由以下几个主要部分组成：

高性能的实时操作系统核心—Wind

VxWorks 的核心称作 Wind，包括多任务调度、任务间的同步和通信，以及中断处理、看门狗和内存管理机制。一个多任务环境允许实时应用程序以多个独立任务的方式运行，每个任务都拥有独立的执行线程和它自己的一套系统资源。这些任务基于进程间通信机制同步、协调其行为。

Wind 使用中断驱动和基于优先级的任务调度方式，能够缩短任务上下文转换的时间开销和中断的时延。在 VxWorks 中，所有例程都可以被启动为一个单独的任务，任务管理机制可以对任务进行挂起、继续、删除、延时或改变优

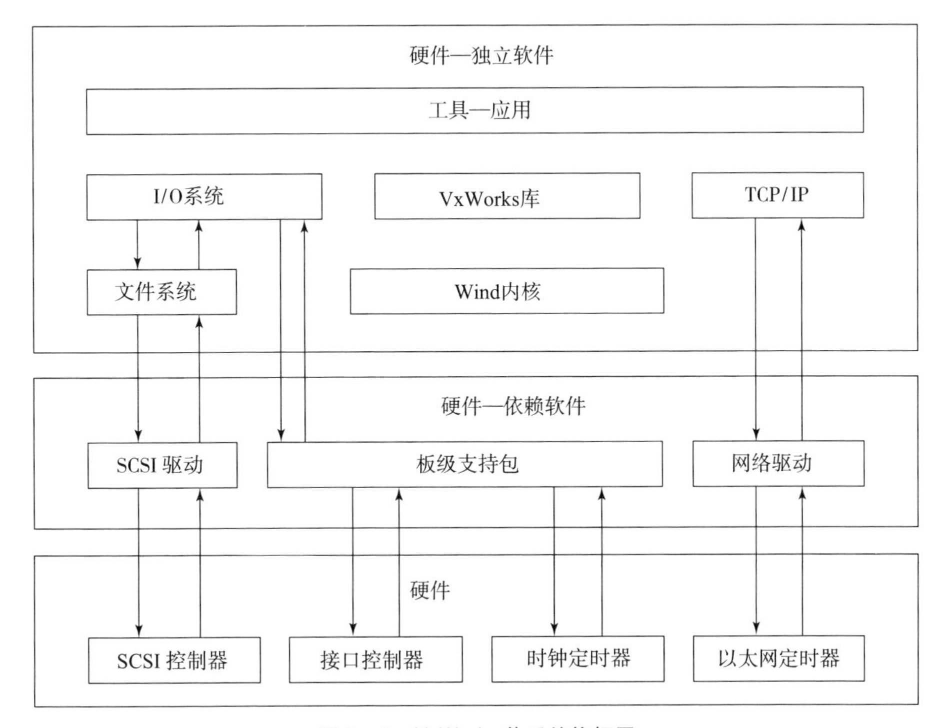

图 5－1　VxWorks 体系结构框图

先级等操作。

Wind 提供信号量作为任务间同步和互斥的机制。在 Wind 中有二进制信号量、计数信号量、互斥信号量和 POSIX 信号量等多种类型的信号量，分别针对不同的应用需求。对于任务间通信，Wind 还提供了诸如消息队列、管道、套接字等机制。

■ I/O 系统

VxWorks 提供了一个快速灵活的与 ANSI C 兼容的 I/O 系统，包括 UNIX 标准的缓冲 I/O 和 POSIX 标准的异步 I/O。VxWorks 提供支持多种网卡的网络驱动，用于任务间通信的管道驱动，支持 X86 平台的键盘和显示驱动，以及硬盘驱动等多种外部接口驱动程序。

■ 文件系统

VxWorks 提供的快速文件系统适合于实时系统应用。它包括几种支持使用块设备（如磁盘）的本地文件系统。这些设备都使用一种标准的接口，从而使得文件系统能够灵活地在设备驱动程序上移植。另外，VxWorks 也支持 SCSI 磁带设备的本地文件系统。

VxWorks I/O 体系结构甚至还支持在一个单独的 VxWorks 系统上同时并存几个不同的文件系统，如 DosFs 用于软硬盘，cdromFs 用于 CD - ROM 驱动器。

板级支持包 BSP（Board Support Package）

板级支持包为各种板卡的硬件功能提供了统一的软件接口，它包括硬件初始化、中断的产生和处理、硬件时钟和计时器管理、局域和总线内存地址映射、内存分配等。每个板级支持包包括一个 ROM 启动（Boot ROM）或其他启动机制。

网络包

VxWorks 提供了对其他网络和 TCP/IP 网络系统的“透明”访问，包括与伯克利套接字（BSD Socket）兼容的编程接口、远程过程调用（RPC）、远程文件访问（包括客户端和服务端的 NFS 机制以及使用 RSH、FTP 或 TFTP 的非 NFS 机制）以及 BOOTP 和 ARP 代理。

目标代理（Target Agent）

目标代理遵循 WDB（Wind Debug）协议，允许目标机与主机上的 Tornado 开发工具相连。在目标代理的默认设置中（图 5 - 2），目标代理是以 VxWorks 的一个任务——tWdbTask 的形式运行的。

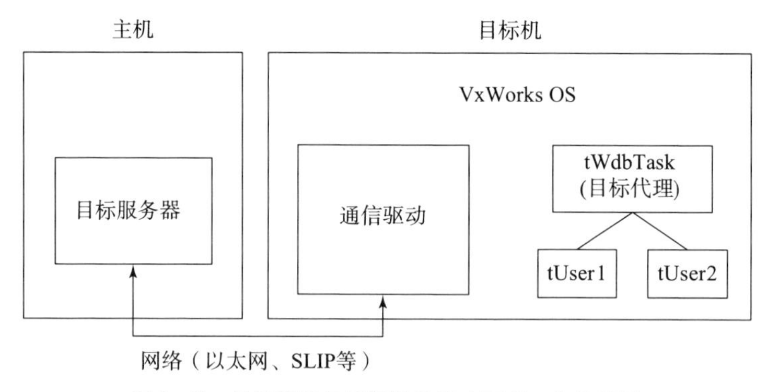

图 5 - 2　目标代理与目标服务器交互式工作示意图

目标服务器（Target Server）向目标代理发送调试请求。调试请求通常决定目标代理对系统中其他任务的控制和处理。默认状态下，目标服务器与目标代理通过网络进行通信，但是用户也可以改变通信方式。

■ **实用库**

VxWorks提供了一个实用例程的扩展集，包括中断处理、看门狗计时器、消息队列、内存分配、字符扫描、线缓冲和环缓冲管理、链表管理和ANSI C标准。

■ **基于目标机的工具**

基于VxWorks进行应用软件开发的集成开发环境是Tornado，在Tornado开发系统中，开发工具是驻留在主机上的，但是也可以根据需要将基于目标机的命令行界面（Shell）和装载/卸载模块加入VxWorks。

5.1.2 任务及任务状态

基于实时操作系统的应用软件，在设计时通常划分成独立的、相互作用的多个程序集合，对于每个程序，当其执行时，称之为任务。VxWorks上运行的任务可以直接或共享访问大多数系统资源，同时拥有独立的上下文环境来维护各自的控制线程。这些任务共同合作来实现整个软件的功能。多任务内核、任务控制、任务间通信和中断处理机制，是VxWorks的核心。

5.1.2.1 多任务管理机制

多任务管理机制能够使应用软件控制响应（模拟）多重的、离散的现实世界中的事件。VxWorks实时内核Wind提供了基本的多任务环境。在单CPU系统中，多任务环境构造出多个线程并发执行的假象。事实上，VxWorks根据一个调度算法，将Wind内核插入这些任务中执行。每个任务的上下文保存在任务控制块（TCB）中。一个任务的上下文包括以下内容：

- 任务的执行点，即任务的程序计数器
- CPU中的寄存器和浮点寄存器（可选）
- 动态变量和函数调用所需的堆栈
- I/O操作分配的标准输入、标准输出和标准错误输出操作
- 一个延时定时器
- 一个时间片定时器
- 内核控制结构
- 信号句柄
- 用于调试和性能监视的值

5.1.2.2　任务状态转变

VxWorks 内核 Wind 负责维护每个任务的当前状态。若应用程序调用了内核程序，任务将会从一个状态改变到另一个状态。任务创建时处于挂起状态，必须激活才能进入就绪状态。激活阶段相当快，因此应用程序应该先创建任务，并且及时地将其激活；另一种方法就是使用创建任务（Spawning）的原语，调用一个函数就能创建并激活任务。任务可以在任何一种状态下被删除。

Wind 内核的任务状态说明见表 5－1。对应的状态转换如图 5－3 所示。

表 5－1　任务状态说明

状态符号	描述
就绪（READY）	该状态时任务仅等待 CPU 状态，不等待其他任何资源
阻塞（PEND）	任务由于一些资源不可用而被阻塞时的状态
睡眠（DELAY）	处于睡眠的任务状态
挂起（SUSPEND）	该状态时任务不执行，主要用于调试。挂起仅仅约束任务的执行，并不约束状态的转换，因此 pended-suspended 状态时任务可以解锁，delayed-suspended 状态时任务可以唤醒
DELAY + S	既处于睡眠又处于挂起的任务状态
PEND + S	既处于阻塞又处于挂起的任务状态
PEND + T	带有超时值处于阻塞的任务状态
PEND + S + T	带有超时值处于阻塞，同时又处于挂起的任务状态
STATE + I	任务处于 state 且带有一个继承优先级

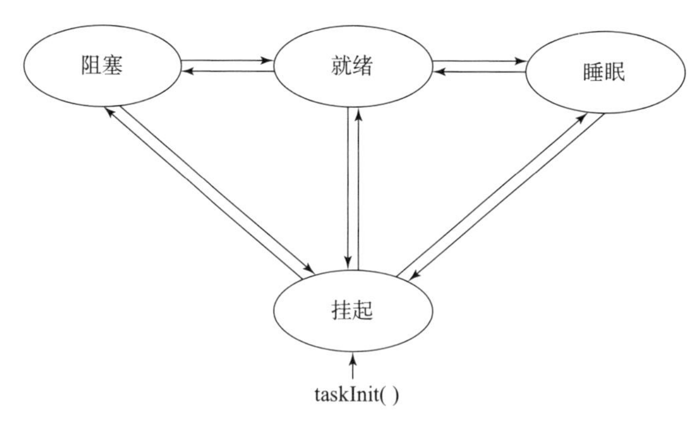

图 5－3　任务状态转换

5.1.2.3　Wind 任务调度

多任务系统需要使用一个调度算法把 CPU 分配给就绪的任务。在 Wind 内核中，默认算法是基于优先级的抢占式调度算法，当然也可以使用轮转调度算法。这两种算法都依赖于任务的优先级。Wind 内核里有 256 种优先级，优先级从 0 到 255，优先级 0 为最高，优先级 255 为最低。在创建任务时，需要分配给任务一个优先级，通过调用 taskPrioritySet( ) 可以改变任务的优先级。

5.1.2.3.1　抢占式任务调度

如果使用基于优先级的抢占式调度算法，在任一时刻 Wind 内核将 CPU 分配给处于就绪态的优先级最高的任务运行。之所以说这种调度算法是抢占的，是因为如果系统内核一旦发现有一个优先级比当前正在运行的任务的优先级高的任务转变为就绪态，内核立即保存当前任务的上下文，设置当前任务状态变为就绪，插入相应队列，并且切换到这个高优先级任务的上下文执行。

在图 5-4 中，任务 Task1 被高优先级的任务 Task2 抢占，Task2 又被 Task3 抢占，当 Task3 运行结束，Task2 继续执行，当 Task2 运行结束后，Task1 继续执行。

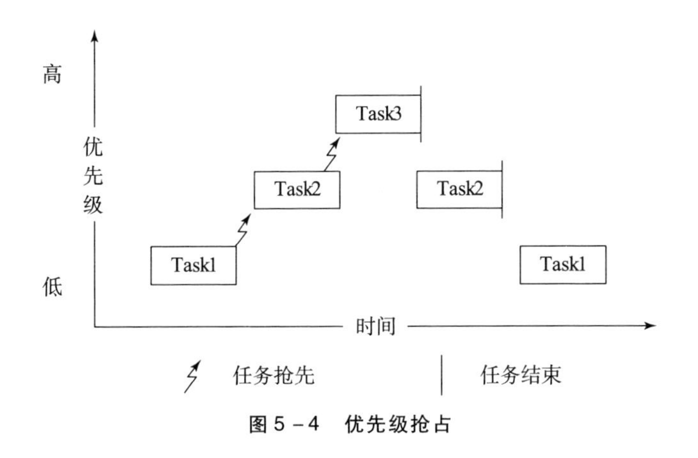

图 5-4　优先级抢占

这种调度算法的缺点是：当多个相同优先级的任务需要共享一台处理器时，如果某个执行的任务永不阻塞，那么它将一直独占处理器，其他相同优先级的任务就没有机会执行。但是使用轮转调度算法可以解决这一点。

5.1.2.3.2　轮转式任务调度

轮转调度算法对于所有相同优先级的任务，通过时间片获得相同的 CPU

处理时间。在一组相同优先级的任务里，每个任务将在一个规定的时间间隔或时间片内执行，因此每个任务不断轮转，各自执行一段相等的时间。使用轮转调度算法既不影响任务上下文的切换性能，也不影响其他内存的分配。

通过调用 kernelTimeSlice( ) 函数将启用轮转调度算法，其参数为时间片的长度或者一段时间间隔，即某个任务放弃 CPU 给另一个相同优先级的任务执行之前，系统允许该任务执行的时间长度。在相同的优先级队列中，在所有任务都执行一遍之前，没有任务会得到第二块时间片。

如果在使用轮转调度算法的基础上，对当前执行的任务使用抢占算法，系统时间片计数器将增加该任务的可执行时间长度。当规定时间段结束时，时间片计数器将清零，并根据优先级把该任务放到相同优先级任务队列的尾部。新加入优先级队列的任务放在队列尾部，该任务的时间片计数器初始化为零。

在任务的执行时间片内，如果该任务被阻塞或者被更高优先级的任务抢占，那么将保存其时间片计数值，并且在其重新执行时恢复计数。对于抢占情况，当抢占的高优先级任务完成执行后，只要没有其他更高优先级任务抢占执行，那么原任务将继续执行。而对于任务阻塞情况，根据任务优先级将其放在队列尾部。在轮转调度时，若禁止使用抢占，那么执行任务的时间片计数值维持不变。

图 5 - 5 所示为三个相同优先级任务 t1 、t2 和 t3 的轮转调度。任务 t2 被一个更高优先级的任务 t4 抢占。当 t4 执行结束后，t2 将在其中止处继续执行。

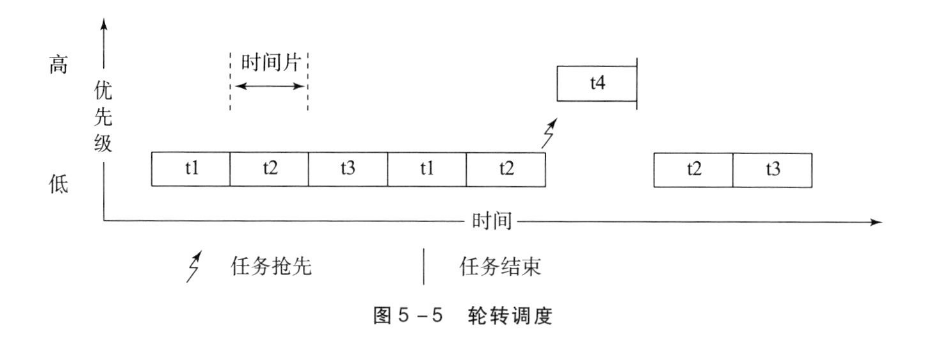

图 5 - 5　轮转调度

5.1.2.3.3　应用任务优先级的确定

所有应用任务的优先级应为 100 ~ 250；驱动程序关联的任务（与中断服务程序关联的任务）优先级应位于 51 ~ 99。例如，某个驱动关联任务从以太网芯片内复制数据失败，那么软件将不能获得数据。系统任务 netTask( ) 的优先级是 50，所以应用任务的优先级应分配在 50 以上，不然如果应用任务出错，网络连接就会出现死机，并阻止 Tornado 工具进行调试。

5.1.2.4　任务控制

VxWorks 提供了丰富的任务控制功能，这些函数调用包含在 taskLib 库中。这些函数提供了任务的创建、运行控制的方法。

5.1.2.4.1　任务的创建

表 5－2 列出了可用于任务创建的函数接口。虽然 VxWorks 提供了 taskInit() 和 taskActivate() 两个函数用于初始化、激活一个任务，但在应用程序开发过程中一般采用的是 taskSpawn() 函数创建并同时激活一个新任务。taskSpawn() 函数的参数包括任务堆栈大小、任务优先级、任务入口函数名、任务参数等，返回值为创建成功的任务 ID。

表 5－2　任务创建函数

函数调用	描述
taskSpawn()	创建并激活一个新任务
taskInit()	初始化一个新任务
taskActivate()	激活一个已初始化的任务

5.1.2.4.2　任务删除和删除安全

任务可以动态地从系统中删除。VxWorks 提供了用于删除任务和保护任务避免被删除的函数调用，见表 5－3。需要注意的是，在任务被删除之前，该任务必须释放它所持有的所有资源。

表 5－3　任务删除函数

函数调用	描述
exit()	终止任务调用，释放内存（仅对于任务堆栈和任务控制模块）
taskDelete()	终止指定任务，释放内存（仅对于任务堆栈和任务控制模块）
taskSafe()	保护调用任务免于删除
taskUnsafe()	解除任务删除保护

如果在任务创建时，入口程序指定返回，任务将隐含调用 exit()，而且任务也可以在任何时候通过调用 exit() 删除自身，任务的删除通常采用的就是这种方式。当一个任务需要删除其他任务时，可以通过调用 taskDelete() 接口。

当任务被删除时，不会通知给任何任务。VxWorks 提供了 taskSafe( ) 和 taskUnsafe( ) 这一对函数接口来防止非期望的任务删除操作。taskSafe( ) 保护任务不会被其他任务删除。任务分配的内存不会因为任务被删除而被释放，如调用 malloc( ) 分配的内存，必须由任务自身的代码释放。

5.1.2.4.3 任务运行控制

VxWorks 调试功能要求提供挂起和恢复任务的函数，用于冻结任务的执行状态。由于某种原因正在执行的任务可能要求重新启动、挂起、恢复。VxWorks提供了表 5－4 中的函数用于控制任务的执行。软件开发中常使用taskDelay 接口，使任务进入睡眠状态。如调用将任务延时 0.5 s：taskDelay(sysClkRateGet( )/2)；函数 sysClkRateGet( ) 返回系统时钟速率，单位是 tick/s。

表 5－4 任务控制函数

函数调用	描 述
taskSuspend( )	挂起任务
taskResume( )	恢复任务执行
taskRestart( )	重新启动任务
taskDelay( )	延迟任务，延迟单位为 tick
nanosleep( )	延迟任务，延迟单位为 ns

5.1.3 任务间同步及通信

VxWorks 提供了多种任务间同步及通信机制，以协调多个独立任务间的活动。在应用软件开发过程中，经常用到的任务间同步及通信机制包括：

- 共享内存，数据的简单共享
- 信号量，基本的互斥和同步
- 消息队列，同一个 CPU 内任务间消息的传递
- 套接字，任务间透明的网络通信

5.1.3.1 共享内存

任务间最常用的通信方法是访问共享内存。因为在 VxWorks 中所有任务存在于一个单独的线性地址空间中，所有任务间共享内存是最容易实现的。程序中定义的各种类型的任一全局变量，都可被所有任务直接访问。

5.1.3.2　信号量

信号量是 VxWorks 提供的用于任务间通信、同步和互斥的最优选择，虽然 VxWorks 提供了二进制、互斥、计数器三种类型的信号量，用于解决不同的问题，但在应用任务开发时，常用的还是二进制信号量，它不但可用于任务间的同步，也可用于任务间的互斥。互斥信号量主要是为解决内在互斥问题、优先级继承、删除安全和递归等情况而优化的特殊的二进制信号量。计数器信号量适合于一个资源的多个实例需要保护的情形。下面仅就二进制信号量的使用进行介绍。

Wind 提供了一套统一接口用于信号量的控制，信号量类型由创建函数确定。表 5 －5 列出了二进制信号量控制函数。

表 5 －5　二进制信号量控制函数

函数调用	描述
semBCreate( )	分配并初始化一个二进制信号量
semDelete( )	终止并释放一个信号量
semTake( )	获取一个信号量
semGive( )	提供一个信号量
semFlush( )	解锁所有正在等待信号量的任务

函数 semBCreate( ) 返回一个信号量 ID，该 ID 为随后其他信号量控制函数的使用提供句柄。在建立信号量时就已经确定信号量的类型，等待信号量的任务可以根据优先级顺序（SEM_Q_PRIORITY）或者先进先出顺序（SEM_Q_FIFO）排队。

二进制信号量可被用作一个标志：资源可用（Full）或者不可用（Empty）。当一个任务调用 semTake( ) 函数提取二进制信号量时，其结果依赖于被调用时信号量是可用的（Full）还是不可用的（Empty）。如果信号量是可用的（Full），调用 semTake( ) 将使信号量变为不可用，同时任务将继续执行。如果信号量不可用（Empty），调用 semTake( ) 的任务将被放置到一个阻塞队列中，处于等待信号量可用的状态。

当任务调用 semGive( ) 函数释放二进制信号量时，其结果依赖于被调用时信号量是可用的（Full）还是不可用的（Empty）。如果信号量是可用的（Full），调用信号量将不产生任何影响。如果信号量是不可用的（Empty）并且没有任务在等待它，那么信号量将变为可用（Full）。如果信号量不可用（Empty）并且有任务在等待它，那么阻塞队列中第一个任务将解除阻塞，同时信号量仍为不可用（Empty）。

5.1.3.3 消息队列

VxWorks 中任务间主要的通信机制是消息队列。消息队列允许长度可变、数目可变的消息排队。任何任务或 ISR 可以发送消息到消息队列。任何任务可从消息队列接收消息。多个任务可向同一个消息队列发送消息或接收消息。两个任务间全双工地通信一般需要两个消息队列，每个提供一个流通方向。消息队列创建与删除函数如表 5 - 6 所示。

表 5 - 6 消息队列控制函数

调用	描述
msgQCreate( )	分解并初始化一个消息队列
msgQDelete( )	终止并释放一个消息队列
msgQSend( )	向一个消息队列发送消息
msgQReceive( )	从一个消息队列接收消息

消息队列由函数 msgQCreate( ) 创建，以它能够排队的最大消息数目以及每个消息的最大字节长度作为参数。msgQCreate( ) 函数根据消息的数目和长度，预先分配足够的缓冲空间。

任务或 ISR 调用 msgQSend( ) 来向消息队列发送消息。此时如果没有任务在等待该队列中的消息，那么该消息进入消息队列的缓冲。如果有任务等待该队列的消息，那么这个消息立即提交给第一个等待的任务。任务调用 msgQReceive( ) 从消息队列接收消息。如果队列缓冲中已有可用的消息，那么第一个消息立即出队，并返回给调用者。如果没有消息可用，调用者将阻塞，进入等待该消息的任务队列排队。排队可以按两种顺序：任务优先级或 FIFO，这由队列创建时的参数决定。

msgQSend( ) 和 msgQReceive( ) 两个函数都可带有超时作为参数。当发送一个消息时，超时的含义是指当队列没有可用缓冲时，可以等待队列缓冲变为可用的 tick 长度。当接收一个消息时，超时的含义是指当队列没有消息立即可用时，可以等待队列消息变为可用的 tick 长度。和信号量一样，超时参数可以为 NO_WAIT (0)，意味着立即返回，或 WAIT_FOREVER (- 1)，意味着程序永远等待。

函数 msgQSend( ) 使用一个参数来指定消息的优先级，正常（MSG_PRO_NORMAL）或紧急（MSG_PRI_URGENT）。正常优先级消息追加到消息队列的尾部，紧急优先级任务添加到消息队列的首部。

5.1.3.4　任务间套接字网络通信

任务间套接字通信在单个 CPU 内，能够穿越背板、以太网或者任何网络上连接的组件进行通信。套接字通信能够发生在 VxWorks 任务和主机系统程序间。VxWorks 里，套接字是网络中的任务间通信的基本形式。在建立套接字时需指定数据传输的互联网通信协议，TCP 协议或 UDP 协议。

5.1.4　板级支持包 BSP

5.1.4.1　概述

在 VxWorks 系统中，板级支持包 BSP 可以简单描述为介于底层硬件环境和 VxWorks 之间的一个软件接口，它的主要功能是系统加电后初始化目标机硬件、初始化操作系统及提供部分硬件的驱动程序，具体功能包括：

（1）初始化。初始化指从系统上电复位开始直到 VxWorks 开始初始化用户应用时（即系统执行到 usrAppInit 函数处）的一段时间内系统所执行的过程。这个过程主要包括三个部分的工作。

- CPU 初始化。初始化 CPU 的内部寄存器（如状态寄存器、控制寄存器、高速缓存等）
- 目标机初始化。初始化控制芯片的寄存器（如 BUS、DMA、DRAM）、I/O 设备寄存器（驱动各设备），为整个软件系统提供底层硬件环境的支持
- 系统资源初始化。为操作系统及系统的正常运行做准备，进行资源初始化（如操作系统初始化、空间分配等）

（2）使 VxWorks 能够访问硬件驱动程序。这主要是指 BSP 包含部分的设备驱动程序和相关设备的初始化操作。

（3）在 VxWorks 系统中集成了与硬件相关（Hardware - dependent）的软件和部分与硬件无关（Hardware-independent）的软件。

5.1.4.2　BSP 的组成

BSP 包含的程序是提供 VxWorks 访问目标机硬件环境的主要接口。BSP 主要由下面几类文件组成。

■ 源文件

源文件主要是由用 C 语言编写的代码所组成的文件。同时，有一部分文件是由与体系结构相关的且执行最优化的汇编语言编写的代码组成的。例如 C 语

言编写的 bootConfig. c、usrConfig. c，汇编语言编写的 romInit. s、sysALib. s 文件等。

■ 头文件

头文件包含针对 CPU 板的硬件定义及内存定位定义的文件，例如 config. h、configAll. h 等文件。

■ Makefile 文件

Makefile 文件指控制构造所有类型映像的文件，例如 Makefile 文件。

■ 派生文件

派生文件包括由源文件、头文件等其他文件衍生而成的文件和 VxWorks 存档库模块。这些文件分为下面的几类：

- 硬件初始化对象模块
- VxWorks 引导对象模块
- VxWorks 映像
- VxWorks 二进制符号表

BSP 的组成文件主要包含在以下四个目录里。

- %WIND_BASE%\target\config\all
- %WIND_BASE%\target\config\comps\vxWorks
- %WIND_BASE%\target\config\comps\src
- %WIND_BASE%\target\config\< bspname >

5.1.5 多媒体支持包

风河公司提供了 WindML 即 Wind Media Libarary（媒体库），该组件库支持基于嵌入式系统的多媒体应用程序，为 VxWorks 提供基本的图形、视频和音频技术，具有较好的软件独立性和可移植性。

WindML 由 2 个组件构成：一是软件开发包 SDK（Software Development Kit），二是驱动程序开发包 DDK（Driver Development Kit）。SDK 用来开发应用程序，在图形、输入管理、多媒体、字体和内存管理等方面提供全面的 API 集合，使开发者所进行的开发与硬件平台无关。DDK 是位于 SDK 层和硬件之间的媒介层，用来实现驱动程序，能给出通用硬件配置所涉及的驱动，并提供 API 集，使开发者可以很快地从通用驱动中开发出适合需要的新的驱动。WindML 可以概括为图 5－6 所示的结构。

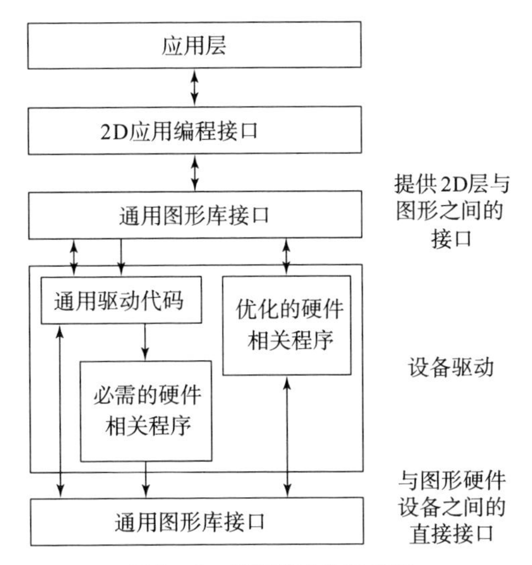

图 5-6　图形驱动体系结构

WindML 图形驱动主要通过 2D 层、板级支持包及操作系统和图形硬件设备三层进行通信。其中，2D 层与图形硬件设备驱动之间通过 UGL 图形接口（ugl_ugi_driver 结构）进行通信。驱动程序主要提供符合上层 UGL 图形接口、调用接口并能驱动显卡硬件的一些接口函数。

WindML 图形驱动开发的流程分为以下几个步骤：

1）板级支持包的相关配置。

在 config.h 文件中添加宏定义#define INCLUDE_WINDML，表示此 BSP 中包含了 WindML 模块。

在 sysLib.c 中，通过修改 sysPhysMemDes[ ] 结构数组，来映射图形设备到一个可用的 PCI 内存空间，即定义图形设备映射显存的起始地址和大小。

2）驱动程序的开发。

因为在安装了 WindML 开发组件后，在%WIND_BASE%/target/h/ugl/driver/graphics/chips 和%WIND_BASE%/target/src/ugl/driver/graphics/chips 目录下分别包含了 chips 系列图形设备驱动的头文件和源文件。所以主要的工作是修改驱动程序的源文件 udct8.c 和 udct8ini.c。

udct8.c 源文件中主要实现了创建设备、设备删除、设置显示模式等功能，是驱动程序的核心部分。

udct8ini.c 源文件是针对显示芯片的寄存器进行具体的配置，主要包含：

- 输出设备类型的设置，即 CRT 或平板显示器
- 帧缓冲颜色深度的设置，如 4、8 或 16 位

- 显示分辨率、刷新率的设置
- 行场同步信号的设置
- DAC 控制器的设置

3）对数据库文件的修改。

数据库文件保存在%WIND_BASE%/host/resource/windML/config/database 路径下，主要包括显卡名称，支撑的 CPU 类型，图形驱动的类型、路径以及显示信息等参数。这些配置参数会反映在 WindML 图形配置工具中。根据工程实际，针对 CPU 类型及显示信息做出相应的修改。

4）配置 WindML。

在 Tornado 开发环境下，利用 WindML 图形配置工具进行配置，编译生成目标文件。编译完成后会在目录%WIND_BASE%/target/lib 的相应编译器目录下生成 libwndml.a 和 wndml.o。

5）测试。

Tornado 开发环境下，添加“WindML components”组件选项框中选中组件“necessary 2D library”和“WindML graphics support(PCI device)”，并将生成的 libwndml.a 或 wndml.o 加入编译工程中。在重新编译生成 VxWorks 镜像后，可用 WindML 自带的演示程序对各个功能进行测试。

这部分功能完成后，就完成了最基本的 WindML 图形驱动开发，可以利用 SDK 完成后续的显示应用程序开发工作。

5.2 开发环境

5.2.1 开发环境简介

5.2.1.1 Tornado IDE

Tornado 集成开发环境是用于 VxWorks 应用软件开发的完整的软件工具平台，是交叉开发环境运行在宿主机上的部分，是开发和调试 VxWorks 系统不可缺少的组成部分。Tornado IDE 使用户创建和管理工程、建立和管理宿主机与目标机之间的通信以及运行、调试和监控 VxWorks 应用变得非常方便。Tornado IDE 主要包括以下工具：

（1）源代码编辑器（Editor）。

（2）C/C++ 编译器和 make 工具。

(3) 图形化的交叉调试器 (Debugger/Cross Wind/WDB)。
(4) C 语言命令 shell 工具 (WindSh)。
(5) 目标机系统状态浏览器 (Browser)。
(6) 集成仿真器 (VxSim)。
(7) 目标机软件逻辑分析仪 (WindView)。
(8) 宿主机目标机连接配置器 (Launcher)。
下面对集成开发环境中的这些主要工具做简要的介绍。

源代码编辑器 (Editor)

源代码编辑器具有如下特点:
(1) 标准的文档处理功能。
(2) C 和 C++ 语法关键字的突出显示。
(3) 调试程序时跟踪代码执行。
(4) 编译链接程序时错误及警告信息显示。

C/C++ 编译器和 make 工具

Tornado 中集成了 GNU 编译器来编译 C/C++ 程序。

图形化的交叉调试器 (Debugger/Cross Wind/WDB)

这是一个远程的源代码集成调试器，支持任务级和系统级调试，支持混合源代码和汇编代码显示，支持多目标同时调试。

C 语言命令 shell 工具 (WindSh)

Tornado 统一的命令解释器接口 WindSh 界面允许用户与目标组件互相作用，不同于其他的 shell 工具，Tornado 命令解释器能够解释和执行几乎所有的 C 语言表达式，包括函数的调用和名字在系统符号表中的变量引用。

目标机系统状态浏览器 (Browser)

Browser 是 Tornado 命令解释器 WindSh 的图形化工具。Browser 的主窗口显示目标系统的整个状态，它允许用户请求显示个别的目标机操作系统对象的状态，例如任务、信号量、消息队列、内存块和看门狗定时器。

集成仿真器 (VxSim)

VxSim 是一个较全面的 VxWorks 原型仿真器。这种集成仿真器 VxSim 支持

CrossWind、WindView 和 Browser，提供与真实目标机一致的调试和仿真运行环境。VxSim 仿真器作为核心工具包含在各个软件包中，因而允许开发者可以在没有 BSP 和目标机硬件的情况下，使用 Tornado 迅速开始应用软件开发工作。

■ **目标机软件逻辑分析仪（WindView）**

WindView 是一个图形化的可视诊断和分析用户目标机系统的工具，可使用户非常容易观察任务及中断程序之间的相互作用。WindView 主要向开发者提供目标机硬件上应用程序实际运行的详细情况。图形化地显示了任务、中断和系统对象相互作用的复杂关系。

■ **宿主机目标机连接配置器（Launcher）**

Tornado 的宿主机目标机连接配置器 Launcher，运行开发者设置和配置的开发环境，也提供对开发环境的管理和其他一些管理功能。

5.2.1.2 宿主机与目标机的接口

宿主机与目标机可以通过网络或串口连接起来，这样宿主机上运行的开发工具 Tornado 就可以与目标机上运行的程序进行通信，获取目标机上的信息。Tornado 下各工具与目标机系统的通信都是通过基于宿主机的目标机服务器和基于目标机的目标机代理来实现的。

■ **目标机服务器**

目标机服务器就是运行在宿主机一端的服务程序，负责管理开发工具和目标机之间的通信，它拥有目标机上运行程序的符号表，这样使用者可以在调试的时候查看变量、函数等，目标机服务器还可以完成下载目标模块的功能。

目标机服务器是 Tornado 开发工具与目标机系统进行通信的桥梁，有了目标机服务器的支持，可以使用 Debugger 调试目标机上运行的应用程序，用 WindSh 下载模块到目标机系统，获取目标机系统上任务的信息等。每个目标机都有一个目标机服务器，所有的宿主机工具都通过这个目标机服务器来访问目标机。目标机服务器的功能就是满足工具的请求，并把每个请求分成必要的目标机代理的处理项。

■ **目标机代理**

目标机代理是一个紧凑的执行单元，专门应答来自 Tornado 工具的请求。目标机代理对请求的应答需要通过目标服务器转发，这些请求包括内存处理、断点和其他目标事件的提醒服务、虚拟 I/O 支持和任务控制等。

目标机代理有两个目标控制模式：任务模式（应用级）和系统模式（系统级控制，包括 ISR 调试）。任一模式下都可以执行目标机代理，也可以按要求在两者间切换。

目标机代理本身是可裁减的，用户可以选择包括或排除某些特性。这允许最终产品的配置仍然可以进行现场测试，甚至在由于应用的限制只能分配很少的内存的情况下也可以做到。

5.2.2　创建 VxWorks 映像

5.2.2.1　创建 VxWorks 映像

只要创建了一个自定义的 VxWorks，用户就可以用它来启动目标机，然后下载并运行应用程序。创建 VxWorks 映像的具体步骤如下：

（1）在 Tornado IDE 中单击 Files→New Project 菜单项，出现创建工程对话框。

（2）选择创建 bootable VxWorks image 选项卡，然后单击“OK”按钮，屏幕上出现“Create a bootable VxWorks image”对话框。

（3）在“Create a bootable VxWorks image”对话框中相应的文本框中填写工程名、工程路径、工程描述以及选择工程的作业空间，然后单击“Next”按钮，屏幕上出现如图 5－7 所示的 BSP 和工程模板选择对话框。

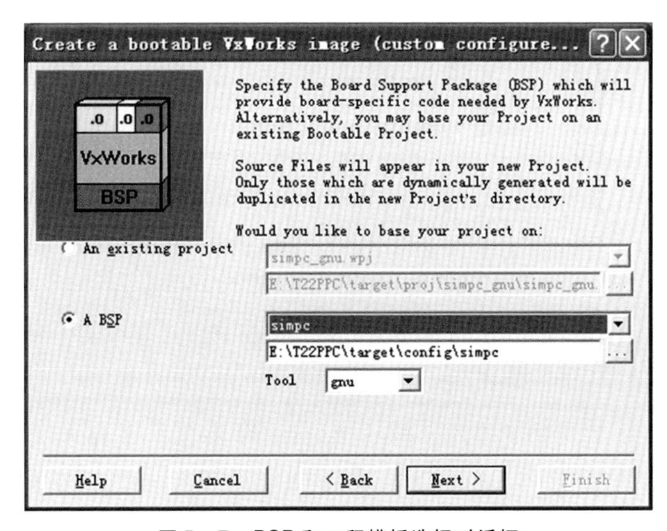

图 5－7　BSP 和工程模板选择对话框

（4）选择用户 BSP 类型或应用工程模板类型，然后单击“OK”按钮，出现创建工程最终确认对话框。单击“Finish”按钮，工程创建完毕。

5.2.2.2　配置 VxWorks 模块

在生成用户自定义 VxWorks 映像前，应根据自己应用和目标机的需要，对 VxWorks 模块进行配置。这些模块可以在工作空间的 VxWorks 选择卡下看到，包括 C++ 模块、应用模块、开发工具模块、目标机硬件模块、网络模块、操作系统模块等，如图 5-8 所示。在用户工程作业空间中可以对这些模块进行配置。当某个模块被选择时，它的名称以粗体字显示；当未被选择时，它的名称以普通字体显示；未安装时，以斜体显示。可以通过单击模块名称前的“+”号展开模块内容。

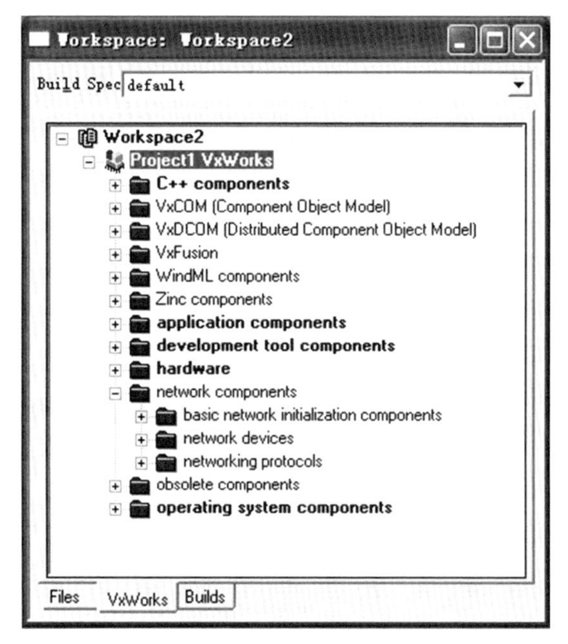

图 5-8　VxWorks 模块

添加 VxWorks 模块

要增加某个 VxWorks 模块，需先选中该模块再单击鼠标右键，弹出如图 5-9 所示的快捷菜单。从弹出的菜单中选择“Include‘COM Core’”，出现“Include Folder”对话框，从对话框中选中要添加模块的子模块项，然后单击“OK”按钮，出现“Include Component（s）”对话框。“Include Component (s)”对话框中显示添加的模块和模块所需要的其他支撑模块。单击“OK”按钮，模块添加完毕。

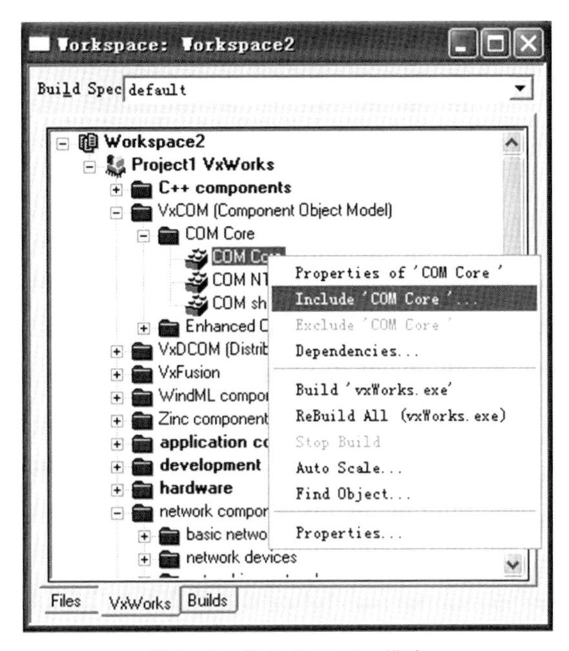

图 5－9　添加 VxWorks 模块

撤销 VxWorks 模块

撤销 VxWorks 模块与添加 VxWorks 模块相反，当不需要 VxWorks 的某个模块时，先选中该模块再单击鼠标右键，从弹出的菜单中选择“Exclude‘模块名’”来撤销该模块。

模块出错的处理

在配置 VxWorks 模块时，将一些模块添加到定制的 VxWorks 映像中时，模块之间可能发生冲突或缺少支撑模块，Tornado 将显示警告消息。发生冲突的模块名称以红色粗体显示。找到出错的模块，单击鼠标右键，从弹出的菜单中选择 Properties，将会看到模块属性对话框的错误信息。根据错误信息找到出错的原因，撤销不需要的子模块或增加缺少的子模块。

选择 VxWorks 映像的类型

在构造映像时系统默认的是基于 RAM 的映像。如果想构造其他类型的映像，可以通过 Builds 选项卡来进行类型选择。

双击 Build 选项卡中的 default 项，如图 5 - 10 所示，屏幕上出现如图 5 - 11 所示的属性对话框。

Workspace: Workspace2
Build Spec
default
Workspace2
Project1 Builds
default
Files
VxWorks
Builds

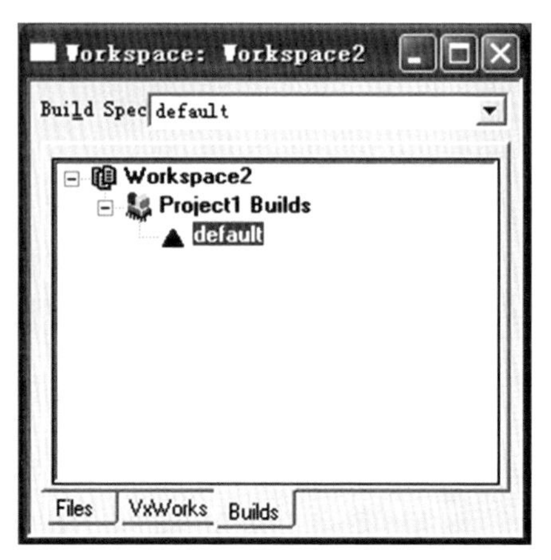

图 5 - 10　Builds 选项卡

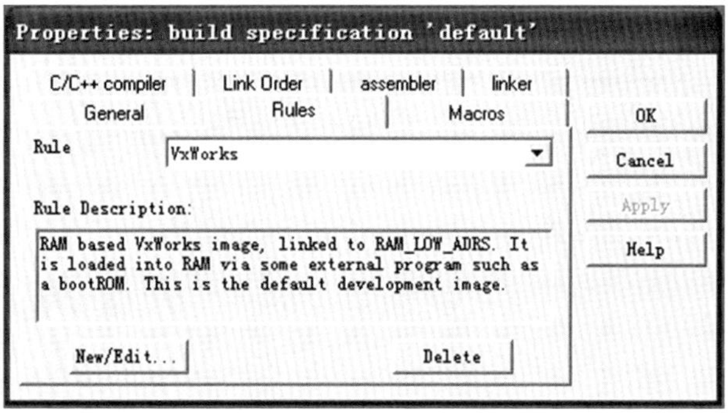
Properties: build specification 'default'
C/C++ compiler
Link Order
assembler
linker
General
Rules
Macros
Rule
VxWorks
Rule Description:
RAM based VxWorks image, linked to RAM_LOW_ADRS. It is loaded into RAM via some external program such as a bootROM. This is the default development image.
New/Edit...
Delete
OK
Cancel
Apply
Help

图 5 - 11　属性对话框

选择属性对话框中的 Rules 标签，在 Rule 下拉列表中选择自己需要构造的映像类型，单击“OK”按钮，选择映像类型完成。

几种常用的可选 VxWorks 映像有：

VxWorks——基于 RAM 的映像，需要通过一个 VxWorks boot ROM（引导程序）把它下载到目标机内存中才能执行。在开发环境中是默认的选项，主要在调试阶段使用。

VxWorks_rom——基于 ROM 的映像，在执行前把映像本身拷贝到目标机 RAM 中。这种类型的映像通常在启动阶段比较慢，但在目标机中执行时比 VxWorks_romResident 要快。

VxWorks_romCompress——基于 ROM 的压缩映像，在执行前把映像本身拷贝到目标机 RAM 中并解压。这种类型的映像在启动阶段比 VxWorks_rom 还慢，但在目标机中比 VxWorks_rom 所占的空间少，在目标机中执行时 VxWorks_rom 速度一样快。

VxWorks_romResident——基于 ROM 的驻留映像，仅仅在启动时把数据段拷贝到目标机 RAM 中。这种类型的映像在启动阶段比较快，通常用在 RAM 空间比较小的目标机上。它在目标机中执行时的速度比其他类型的映像要慢，原因是 CPU 访问 ROM 比访问 RAM 要慢。

5.2.2.3　构造 VxWorks 映像

VxWorks 映像的构造过程同构造可下载型应用一样。选择默认的编译和链接等选项，而 VxWorks 模块是用户自己定制的，映像类型也是用户自己选择的。映像成功构造后，被放置在用户工程目录下的构造规则对应的子目录下。

5.2.2.4　引导 VxWorks 映像

一旦配置好宿主机软件和目标机硬件，通常就得准备启动宿主机超级终端和引导目标机 VxWorks 映像。在启动前，需要选择目标机与宿主机之间的通信接口，通过串口线或网络等连接。

5.2.3　创建可下载的应用

（1）创建工程并编译下载。

启动 Tornado。创建一个可下载的（Downloadable）应用程序。创建新的项目，项目名称为 Project1，项目位置为 D:\noveri\Project1。使用默认的工具链为 SIMNTgnu。

（2）在工程项目中创建应用程序。

- 从 Tornado 的安装目录%WIND_BASE%\target\src\demo\start 下将 cobble.c 文件复制到项目所在的目录
- 在工作空间的“Files”选项卡的“Project1”上右击，选择快捷菜单中的“Add Files”，如图 5－12 所示。在出现的“Add Source File to Project1”对话框中选择“cobble.c”
- 在工作空间的“Project1 Files”目录下可以看到源文件和可以创建的可下载的目标映像文件“Project1.out”，如图 5－13 所示

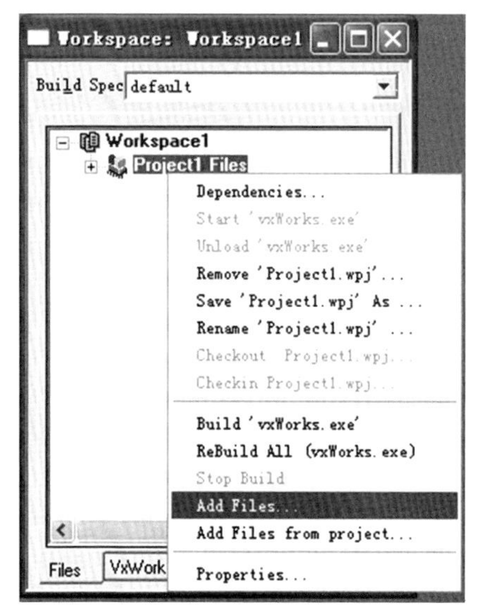

图 5-12　选择快捷菜单中的"Add Files"

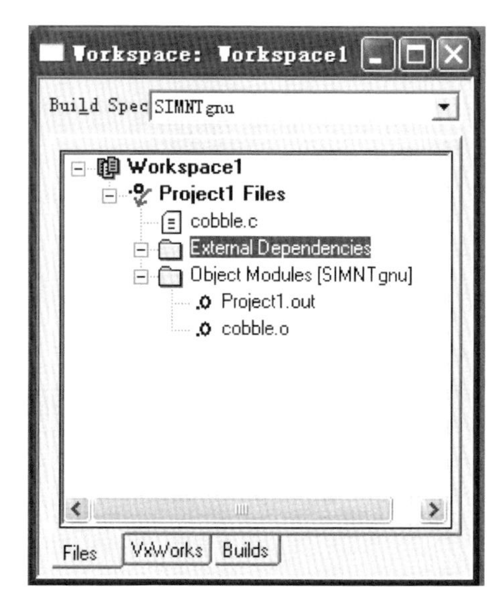

图 5-13　项目 Files 选项卡

（3）将项目编译链接生成程序映像。

● 首先查看默认的项目编译链接的属性。选择工作空间中的"Builds"选项卡，打开"Project1 Builds"目录，右击此目录下的默认创建名称"SIMNT-gnu"，在快捷菜单中选择"Properties"，如图 5-14 所示。

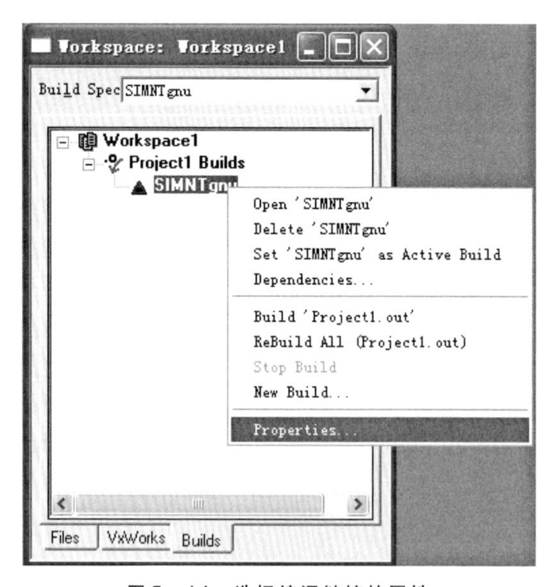

图 5-14　选择编译链接的属性

• 出现编译链接属性对话框，如图 5 - 15 所示。在此对话框中，可以设置编译、汇编、链接的选项。在“C/C ++ compiler”选项卡中，可以看到默认地选择了“Include debug info”复选框，此选项确保当编译项目的时候具有调试信息，而不是优化编译。单击“OK”按钮，关闭属性对话框

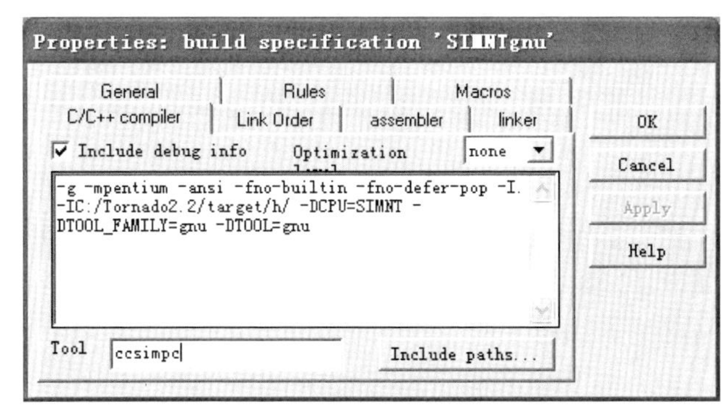

图 5 - 15　设置项目的编译链接属性

• 在工作空间中“Builds”选项卡中的“Project1 Builds”目录下，右击“SIMNTgun”，在快捷菜单中选择“Build‘Project1.out’”。Tornado 在创建之前，出现“Dependencies”对话框，如图 5 - 16 所示，告知 cobble.c 文件没有产生 Makefile 的依赖关系

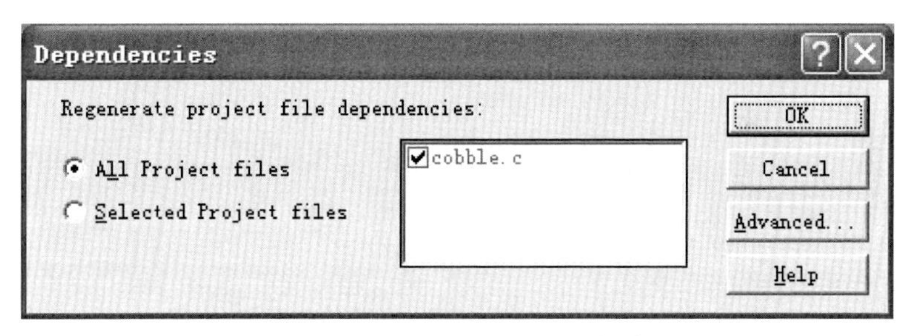

图 5 - 16　“Dependencies”对话框

• 单击“OK”按钮，开始创建项目。在“Build Output”窗口显示项目的编译链接信息，如图 5 - 17 所示。若“Build Output”窗口中显示了错误和告警信息，则双击错误和告警信息，就会打开相应的源文件，通过指针指示发生错误或告警所在行，进行相应错误的修改，完成后重新“Build”一次

（4）将程序映像下载到目标机中。

可以从工作空间的“File”选项卡上下载程序映像，并开始目标机——集成仿真器的运行调试。

```
Build Output
ccsimpc -g -mpentium -ansi -fno-builtin -fno-defer-pop -I. -IC:\Tornado2.2\target\h\ -DCPU
=SIMNT -DTOOL_FAMILY=gnu -DTOOL=gnu -c C:\Tornado2.2\target\src\demo\start\cobble.c
vxrm ..\prjObjs.lst
Generating ..\prjObjs.lst...
ccsimpc -r -nostdlib -Wl,@..\prjObjs.lst  -o partialImage.o
nmsimpc -g partialImage.o @..\prjObjs.lst | wtxtcl C:\Tornado2.2\host\src\hutils\munch.tcl
 -c simpc > ctdt.c
ccsimpc -c -fdollars-in-identifiers -g -mpentium -ansi -fno-builtin -fno-defer-pop -I. -IC
:\Tornado2.2\target\h\ -DCPU=SIMNT -DTOOL_FAMILY=gnu -DTOOL=gnu ctdt.c -o ctdt.o
ccsimpc -r -nostdlib -Wl,--force-stabs-reloc partialImage.o ctdt.o -o Project2.out

Done.
```

图 5－17 “Build Output” 窗口

• 打开工作空间窗口中的 “File” 选项卡，在 “Project0 Files” 上右击，选择快捷菜单中的 “Download ‘Project0.out’”，Tornado 提示启动一个仿真器

• 单击 “是” 按钮，出现如图 5－18 所示的 “VxSim Launch” 对话框。选择默认的 “Standard simulator” 选项

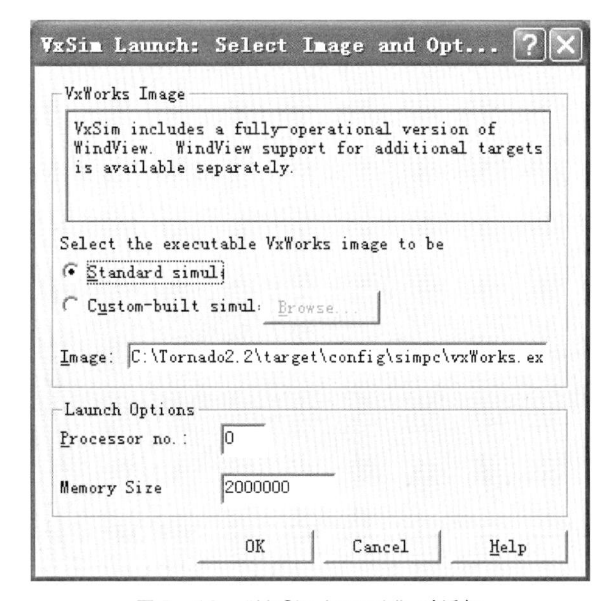

图 5－18 “VxSim Launch” 对话框

• 单击 “OK” 按钮，则目标仿真器 VxSim 启动，如图 5－19 所示

• 之后，出现启动目标机服务器对话框，提示需要启动一个目标服务器（Target Server），单击 “OK” 按钮，启动目标机服务器

• 目标机服务器管理所有的 Tornado 宿主机工具之间以及 Tornado 与目标之间的通信。目标服务器的名称约定为 “目标机名@宿主机名”。此时在 Windows 的任务栏上可以看到一个红色的图标表示目标服务器正在正常运行。双击 Windows 任务栏上的目标服务器图标，可以查看目标服务器日志

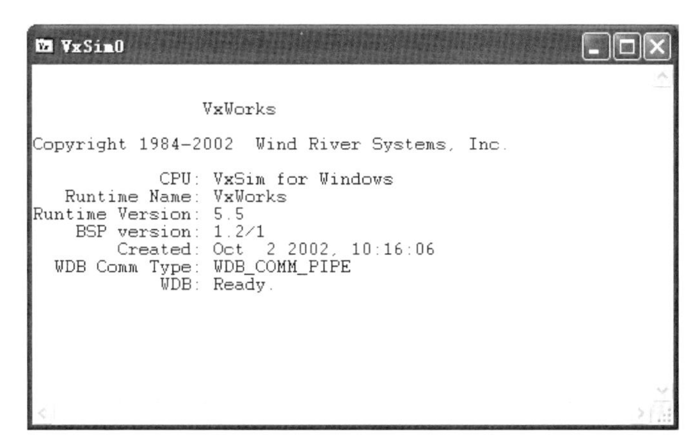

图 5-19　目标仿真器 VxSim

（5）配置与启动运行调试器。

在 Tornado 主窗口中选择菜单 "Tools"→"Options"→"Debugger"，在自动附着到任务 "Auto attach to tasks" 选项栏中选择 "Always" 单选按钮，以便当发生异常时调试器自动附着到任务上。单击 "OK" 按钮，关闭 "Options" 对话框。

单击 "Tornado Launch" 工具条上的 "Debugger" 调试器按钮，就可以开始使用 CrossWind 调试器。

5.3　设备驱动程序开发

5.3.1　外部设备的类型

5.3.1.1　VxWorks 中设备的分类

VxWorks 中的设备通常包括网络设备、磁盘设备、串并口、PCI 桥、VME 桥等。根据操作方式的不同，VxWorks 中 I/O 又分为基本 I/O 系统和缓冲 I/O 系统，操作系统为两种不同的 I/O 操作方式分别提供了不同的 C 语言函数库。基本 I/O 系统使用了与 UNIX 标准相兼容的 C 语言函数库，而缓冲 I/O 系统则使用了与 ANSI-C 标准相兼容的 C 语言函数库。

还有一些特殊类型的设备（如网络设备），由于其自身的特性，虽然不是通过标准 I/O 来进行存取的，但是也都有它们各自相关的规范。

5.3.1.2 VxWorks 中设备的命名

在 VxWorks 系统中，设备是被当作文件来管理的，而这种机制实际上就是仿照 UNIX 操作系统的设备管理机制。打开设备操作，是通过打开指定的文件来操作 I/O 设备。这个指定的文件可以表示一个非结构化的原始设备或者是具有文件系统的结构化的随机存储设备上的一个逻辑文件。在对设备命名时通常有一些约定的标准格式，大部分的设备名会以“/”开头，并使用“/”将设备名和文件名分开表示，在表 5-7 中列举了 VxWorks 系统中可能出现的设备名。

表 5-7 VxWorks 常用设备说明

状态符号	描述
/tyCo/0	串口设备
/fd0	磁盘驱动器
/ide/0	IDE 接口设备
/ata/0	ATA 接口设备
/pipe/0	管道设备
/sd0	SCSI 设备
/tffs0	Trueffs 闪存设备
/pcmcia0	PC 存储卡块设备

5.3.2 设备驱动程序结构

5.3.2.1 设备驱动程序概述

在 VxWorks 系统中输入/输出设备从宏观上被分为 3 种类型：字符设备、块设备和网络设备。这种分类的方法是根据设备硬件的本身特性来决定的。依据设备类型，VxWorks 下设备驱动程序的管理也被划分成 3 种模块：字符设备驱动程序模块、块设备驱动程序模块、网络设备驱动程序模块。每个模块对应一种设备类型，而每个模块中不同的设备包含的功能不一样，用户可以根据自己的需要在 VxWorks 下，创建不同的功能模块，实现系统的高性能和可裁剪性。

在 VxWorks 应用程序中，系统访问设备是通过 VxWorks 的 I/O 子系统操作的。对于字符设备和块设备 VxWorks 的 I/O 系统提供一些标准的 I/O 接口函数，而网络设备则提供另一套接口函数。这样设计的优点是应用程序开发人员在编写应用程序时不必关心底层设备硬件，就是通常所说的屏蔽底层硬件。在 VxWorks 的 I/O 系统中包含 3 张表：即文件描述符表、设备列表和设备驱动程序表。通过 VxWorks 提供的函数，用户可以在后两张表中注册和卸载设备及设备驱动程序。

5.3.2.2　VxWorks 提供的设备驱动模块

VxWorks 的 I/O 系统具有很强的灵活性，通过 7 个 I/O 函数管理设备驱动程序。VxWorks 提供的设备驱动程序所包含的主要模块，如表 5－8 所示。

表 5－8　VxWorks 提供的设备驱动模块

状态符号	驱动描述
ttyDrv	终端设备驱动程序
ptyDrv	虚拟终端设备驱动程序
pipeDrv	管道设备驱动程序
memDrv	虚拟存储设备驱动程序
nfsDrv	网络文件系统设备驱动程序
netDrv	远程文件访问网络驱动
ramDrv	RAM 磁盘驱动
scsiLib	SCSI 接口库
	其他特殊硬件设备驱动程序

5.3.3　字符设备驱动程序的开发

通过图 5－20 可以知道字符设备驱动程序主要由 7 个函数完成驱动程序与系统的衔接，即：

- xxDrv( )：驱动程序安装函数
- xxDevCreate( )：设备创建函数
- xxOpen ( )：打开函数
- xxClose( )：关闭函数
- xxRead( )：读函数
- xxWrite( )：写函数
- xxIoctl( )：I/O 控制函数

首先系统启动代码调用驱动程序安装函数，该函数通过调用 iosDrvInstall( ) 函

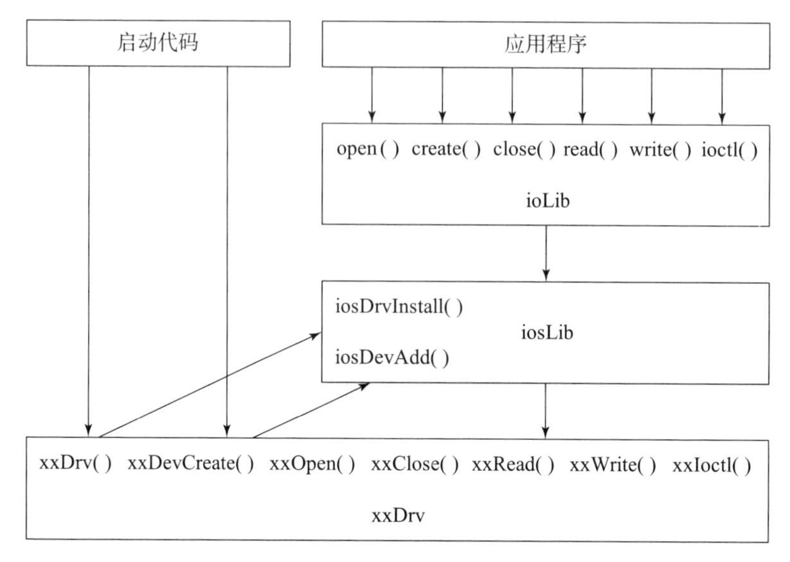

图 5-20　应用程序、I/O 系统及设备驱动程序之间的详细关系

数安装驱动程序；然后启动代码将调用设备创建函数创建设备，该函数通过调用 iosDevAdd( ) 函数为系统创建设备。经过上述操作后，用户可以调用 VxWorks 的标准 I/O 接口函数对设备进行操作，例如打开、关闭、读、写等，不过这些操作最终是由驱动程序来完成。

5.3.3.1　驱动程序安装函数

驱动程序安装函数的目的是将驱动程序的各个函数入口点添加到系统的驱动程序表中，提供给 I/O 系统访问。通常的实现方式如下

```
STATUS xxDrv(int args...);
```

在 xxDrv 接口中，要做下面的事情：

- 调用 iosDrvInstall( ) 函数将驱动程序入口点添加到系统的驱动程序表中
- 做一些必要的初始化

根据上面所要进行的操作，驱动程序编写者可以自行决定该函数的参数。这个程序必须在访问驱动程序之前调用，为驱动程序的访问做好准备。一般来说这个函数只应执行一次。下面是驱动程序安装函数的一个例子程序：

```
LOCAL int xxDrvNum = 0; /* 驱动程序索引号 */
STATUS xxDrv()
{
```

```
/* 首先判断驱动程序是否已经安装 */
if(xxDrvNum > 0)
  return(OK);
…/* 在这里添加驱动程序的初始化部分 */
/* 将驱动程序添加到驱动程序描述表中 */
if((xxDrvNum = iosDrvInstall(xxOpen,NULL,xxOpen,
   xxClose,xxRead,xxWrite,xxIoctl))== ERROR)
   return(ERROR);
return(OK);
}
```

这里要注意三点。

（1）几乎所有的函数入口点都可以用 NULL 来代替，这取决于驱动程序的编写。

（2）iosDrvInstall( ) 函数执行错误会返回 ERROR，而执行正确则返回一个驱动程序索引号。

（3）iosDrvInstall( ) 所返回的驱动程序索引号是用来创建设备的，所以一定要注意保存，最好使用一个全局变量。

5.3.3.2　设备创建函数

安装完驱动程序后的下一个步骤就是创建设备。创建设备由设备创建函数来完成，通常的实现方式如下：

```
STATUS xxDevCreate(char*devName,int arg...);
```

其处理过程如下。

（1）判断驱动程序是否已经安装，如果未安装则应返回错误并且设置错误号为“S_ioLib_NO_DRIVER”。

（2）为设备描述符分配空间并将其初始化。

（3）调用 iosDevAdd( ) 函数将设备添加到系统设备列表中。

（4）执行一些设备相关的初始化代码。

该函数的参数也是根据驱动程序的编写需要以及硬件需要而定的。如果将设备添加到设备列表的过程中，系统发现了重复设备则会返回错误，但驱动程序编写者可以不处理这个错误。下面是创建设备函数的一个例子：

```
STATUS xxDevCreate(char*devName,int arg…)
xx_DEV*pxxDev;   */设备描述符 */
/* 检查驱动程序是否安装 */
```

```
if(xxDrvNum<1)
{
  errno=S_ioLib_NO_DRIVER;
  return(ERROR);
}
/*分配并初始化设备结构*/
if((pxxDev=(xx_DEV*)malloc(sizeof(xx_DEV)))==NULL)
  return(ERROR);
bzero(pxxDev,sizeof(xx_DEV));

/*初始化必要的设备描述结构 pxxDev*/
/*执行设备的初始化*/
/*将设备添加到设备列表*/
if(iosDevAdd(&pxxDev->devHdr,devName,xxDrvNum)==ERROR)
{
  free((char*)pxxDev);/*释放设备所占的资源*/
  return(ERROR);
}
return(OK);
}
```

当添加好设备之后，就可以通过 open( ) 或 create( ) 函数来打开设备进行操作了。

5.3.3.3 打开设备函数

对于字符型设备来说，打开设备操作与创建设备操作通常使用相同的函数，所以这里仅仅讨论打开操作。打开操作使用下面的接口：

```
int xxopen(pDevHdr,name,flags,mode)
```

其中，pDevHdr 是指向设备描述符的指针；name 是指向设备名称的指针；flags 是由用户在调用 open 时传入的标记，通常是不使用的，但可以根据设备和驱动程序的需要传递一些其他内容；mode 参数通常用于其他类型的驱动程序，对于字符型设备来说既可以使用，也可以不使用。

打开操作通常会执行一些设备的初始化或者适当的设置。如果成功执行，那么就会返回设备的标识，这个标识通常就是 pDevHdr；如果操作失败，则会返回 ERROR。

xxOpen( ) 函数的返回值会被 I/O 系统添加到文件描述符表中，而 I/O 系统会将其对应的文件描述符返回给用户。如果返回值是 ERROR 则说明设备打开失败，不能进行后续的操作。当然，根据设备的需要，xxOpen( ) 函数也可以返回一些设备相关的内容。比如返回设备自有结构的指针。如果设备驱动开发者想确认一下 xxOpen( ) 函数所返回的内容已经被 I/O 系统添加到了文件描述符表中，可以用 iosFdValue( ) 函数来查询，下面是查询的例子：

```
-> iosFdvalue(fd)
value = 176659240 = 0xa879b28
```

执行之后，该函数会返回设备描述符所在的地址。

传入 xxOpen( ) 的 name 参数是包括了设备名的字符串，也可以通过该参数为驱动程序传入必要的选项。假设 xxDevCreate( ) 函数在系统中创建了这样的设备“/xxDev”，在这个参数中就可以使用“/xxDev/4”来指定要打开的设备和其他相关参数。这个例子的“/xxDev/4”中指定了设备“/xxDev”，同时传递了“/4”参数，当然也可以直接使用“/xxDev”来打开设备。

下面是一个打开设备函数的模板：

```
int xxOpen(DEV_HDR*pxxDevHdr,char*name,int flags,int mode)
{
/* 获得设备描述符 */
xx_DEV * pxxDev = (xx_DEV*)pxxDevHdr;
if(NULL == pxxDevHdr)
{
  errnoSet(S_xx_NODEV);
  return(ERROR);
}
/* 确定设备是否已经打开 */
if(pxxDev -> Opened)
{
  errnoSet(S_xx_DEVOPENED);
  return(ERROR);
}
pxxDev -> Opened = TRUE;

/* 在这里作必要的初始化 */
```

```
return((int)pxxDevHdr);/* 返回设备标识符 */
}
```

有时在 xxOpen( ) 中需要执行一些其他的操作，比如创建信号量、消息队列，那么可以在函数返回前做这些操作。

5.3.3.4 设备读/写函数

设备的读操作和写操作是两个相反的动作，一个是向设备发送数据，一个是从设备接收数据。这两个操作非常相似，其实现接口如下：

```
int xxWrite(deviceId,pBuf,nBytes);
int xxRead(deviceId,pBuf,nBytes);
```

参数 deviceId 是从 xxOpen( ) 返回的值，可以是指向 DevHdr 的指针，也可以是指向用户所指定的结构体的指针，pBuf 是指向数据缓冲区的指针，对于读操作来说指向了接收数据的缓冲区；而对于写操作来说指向了发送数据的缓冲区。nBytes 是用户所期望的读或写的字节数目，同时指定了缓冲区的大小。读操作或写操作通常有三种返回：一是实际中读或写的字节数；二是在出现错误时返回 ERROR；三是对于某些设备来说，将存在返回值0，以指示设备的某种状态。

读操作和写操作在实现上与硬件的相关性比较大，下面是读操作函数的一个示例模板：

```
int xxRead(int xxDevId,char*pBuf,int nBytes)
{
/* 对一些变量进行初始化操作 */
int ReadLength = ERROR;
BOOL FoundError;

/* 获得设备描述符并判断 */
xx_DEV * pxxDev = (xx_DEV*)xxDevId;
if(pxxDev = (xx_DEV*)NULL)
{
  errnoSet(S_xx_NODEV);
  return(ERROR);
}
/* 从设备接收 */
if(pxxDev -> CanRead)
```

```
{
  ReadLength = 0;
  while(ReadLength < nBytes) */接收*/
    pBuf[ReadLength + + ] = rec_buffer[ReadLength + + ];
}
/*判断状态寄存器、接收到的字符数目*/
/*根据数据返回状态*/
  if(FoundError) */非正常接收*/
    return(ERROR);
  return(ReadLength);
}
```

5.3.3.5　I/O 控制函数

为了适应不同的设备，Vxworks 的 I/O 系统还提供了 ioctl( ) 接口，用户可以通过这个接口实现与设备相关的其他功能。函数 xxIoctl( ) 的形式如下：

```
int xxIoctl(deviceId,cmd,arg);
```

deviceId 和读写操作中所使用的参数相同。cmd 是一组整型的值，这组值通常是在驱动程序所使用的头文件中定义。I/O 系统也定义了一些相应的宏，这些宏定义可以在 ioLib.h 中找到。对于不同类型的 I/O 设备，I/O 系统提供了不同的宏定义。arg 参数是最复杂的参数，也是一个整型值，可以根据设备的需要传递整型值或者指向结构、缓冲区的指针，也可以根据函数所执行的不同功能而决定是否使用这个参数。

下面是一个 I/O 控制 xxIoctl( ) 函数实现的一个模板：

```
int xxIoctl(int xxDevId,int cmd,int arg)
{
 int status;
 swithch(cmd)
 {
     case xx_STATUS_GET: */获得设备状态*/
       status = xxStatusGet(&arg);
       break;
     case xx_CONTROL_SET: */控制设置*/
       status = xxCMDSet(arg);
       break;
```

```
        default:
          errno = S_ioLib_UNKNOWN_REQUEST;
          status = ERROR;
    }
    return(status);
  }
```

5.3.3.6 关闭设备函数

关闭操作是打开操作的逆过程，在 xxOpen( ) 中所做的操作都应该在这里进行相应的逆处理。在关闭操作中，应该释放那些在打开操作中申请的内存、信号量、消息队列等。但是根据不同的设备，应视情况而定，有些设备是不需要关闭操作的。函数 xxClose( ) 的形式如下：

```
STATUS xxClose(devId);
```

其中，参数 devId 是 open( ) 操作所返回的设备标识符。

下面给出了关闭操作函数的一个模板：

```
int xxClose(int xxDevId)
{
/* 获得设备描述符 */
xx_DEV * pxxDev = (xx_DEV*)xxDevId;
if(pxxDev == (xx_DEV*)NULL)
{
  errnoSet(S_xx_NOMEM);
  return(ERROR);
}
/* 设备相关操作 */
/* 释放相关资源 */
free(pxxDev);/* 释放设备描述符指针 */
}
```

5.4 应用软件开发

5.4.1 多任务设计

5.4.1.1 设计原则

下面以装甲车辆乘员显示界面软件的开发为例，介绍基于 VxWorks 的嵌入式应用软件开发流程。

实时多任务软件的设计大致包括以下步骤：

（1）需求分析：分析用户需求，定义系统的各功能块、输入和输出及系统的性能指标。

（2）数据流分析：进行数据流的分析，设计出各功能块之间的数据流图。

（3）分解任务：在识别出并行性后，进行任务分解，将系统分解成主要的任务。

（4）定义任务间接口：定义任务间接口，任务与中断处理程序间的同步、通信和互斥关系。

（5）模块构建、集成、测试、验证：按模块方式设计每个任务，并定义出模块间接口，完成每个模块的详细设计、编码和单元测试。

（6）任务与系统集成：逐个模块连接、测试以构成任务，逐个任务连接、测试形成最终系统。

（7）系统测试：测试整个系统或主要子系统，以验证功能指标的实现。

对于装甲车辆乘员显示界面软件，首先要完成任务的划分，将其分解成并行执行的任务，关于任务的划分，主要需考虑的是系统内功能的异步性。

分析数据流图中的变换，确定哪些变换可以并行，而哪些变换在本质上是顺序的，通过这种方法，划分出任务，一个变换对应一个任务，或者一个任务包括几个变换。一个变换应该成为一个独立的任务，还是应该和其他变换一起组成一个任务，决定的原则如下：

（1）I/O 依赖性原则。

如果变换依赖于 I/O，那么它运行的速度常常受限于与它互操作的 I/O 设备的速度，这时变换应成为一个独立的任务。按照 I/O 依赖性原则进行任务划分的方法如图 5－21 所示。

图 5－21　按照 I/O 依赖性原则划分任务

- 在系统中创建多个与 I/O 设备相当数目的 I/O 任务，一个任务管理一类 I/O 设备。
- I/O 任务只实现与设备相关的代码，在任务中分离设备相关性。
- I/O 任务的执行只受限于 I/O 设备的速度，而不是处理器。

（2）时间关键性的功能原则。

按照时间关键性的功能原则进行任务划分的方法如图 5－22 所示。

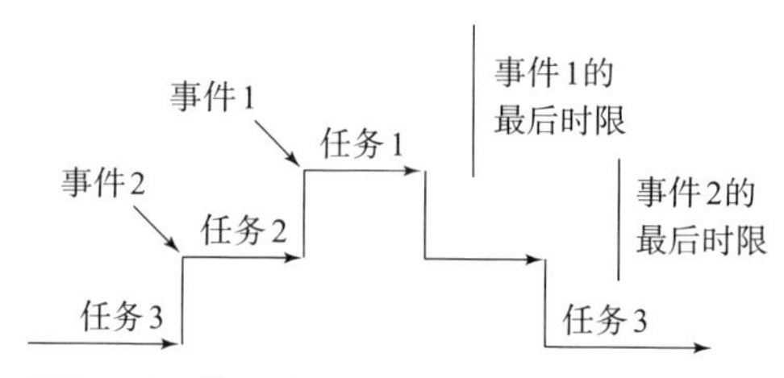

图 5－22　按照时间关键性的功能原则划分任务

- 将有时间关键性的功能分离出来，组成独立运行的任务。
- 赋予这些任务高的优先级，以满足对时间的需要。

（3）大计算量的功能原则。

按照大计算量的功能原则进行任务划分的方法如图 5－23 所示。

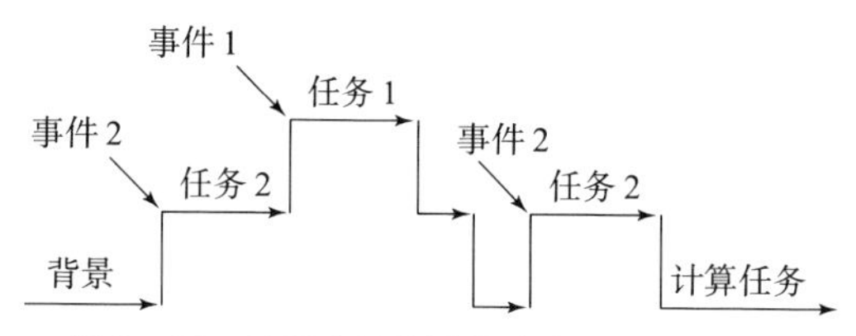

图 5－23　按照大计算量的功能原则划分任务

- 计算功能占用 CPU 的时间多。
- 计算功能划分成任务，赋予它们较低优先级运行，能被高优先级的任务抢占，消耗 CPU 的剩余时间。
- 保持高优先级的任务是轻量级的。
- 多个计算任务可安排成同优先级，按时间片循环轮转。

（4）功能内聚原则。

按照功能内聚原则进行任务划分的方法如图 5－24 所示。

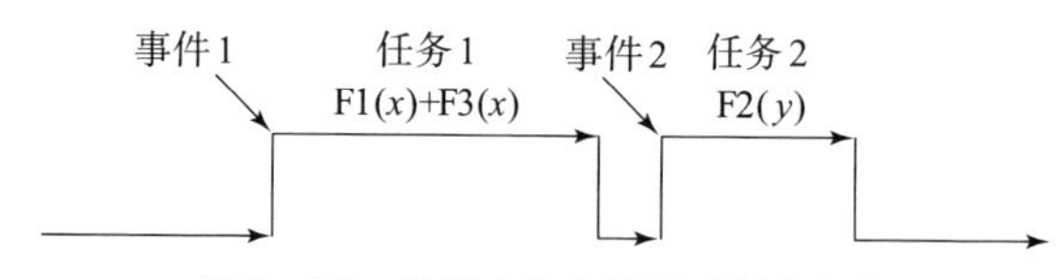

图 5－24　按照功能内聚原则划分任务

- 各紧密相关的功能，不能分别对应不同的任务。
- 将这些紧密相关的功能组成一个任务，使各功能共享资源或相同事件的驱动。
- 组成一个任务会减少通信的开销，而且不仅保证了模块级的功能内聚，也保证了任务级的功能内聚。

(5) 时间内聚原则。

按照时间内聚原则进行任务划分的方法如图 5 - 25 所示。

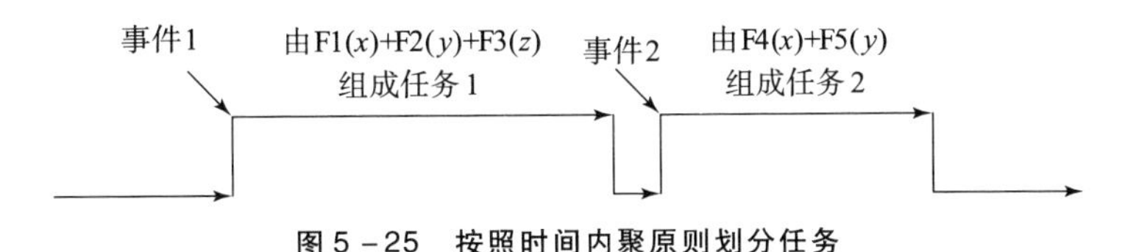

图 5 - 25　按照时间内聚原则划分任务

- 将在同一时间内完成的各功能（即使这些功能是不相关的）组成功能组，形成一个任务。
- 功能组的各功能是由相同的外部事件（如时钟等）驱动的，这样每次任务接收到一个事件，它们都可以同时执行。
- 组成一个任务，减少了系统的开销。

按照时间内聚性原则划分任务将减少系统的资源开销。虽然时间内聚在结构化设计中并不被认为是一个好的模块分解原则，但在嵌入式系统任务级中是可以被接受的。每个功能都作为一个独立的模块来实现，从而达到了模块级的功能内聚，这些模块组合在一起，又达到了任务级的时间内聚。

(6) 周期执行功能原则。

按照周期执行功能原则进行任务划分的方法如图 5 - 26 所示。

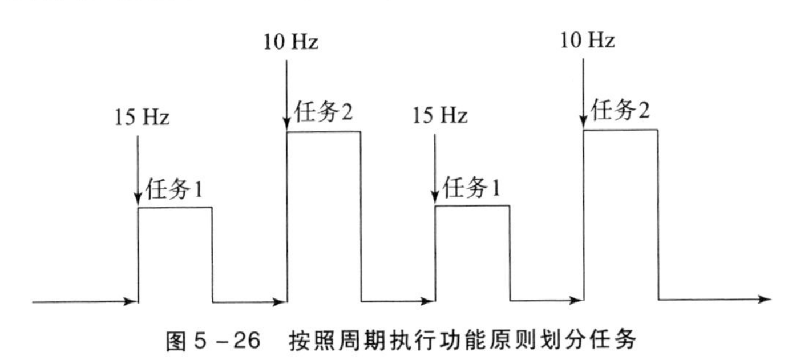

图 5 - 26　按照周期执行功能原则划分任务

- 将在相同周期内执行的各功能组成一个任务
- 频率高的赋予高优先级

5.4.1.2　装甲车辆乘员显示界面软件设计示例

需求分析

对于装甲车辆乘员显示界面软件，首先进行软件需求分析，要满足以下要求：

（1）界面显示数据的采样频率必须每 50 ms 采样一次。

（2）操控指令发送的延迟不能大于 100 ms。

（3）对界面周边键串口的采样频率为 19 200 bps。

装甲车辆乘员显示界面软件的系统功能如图 5－27 所示。

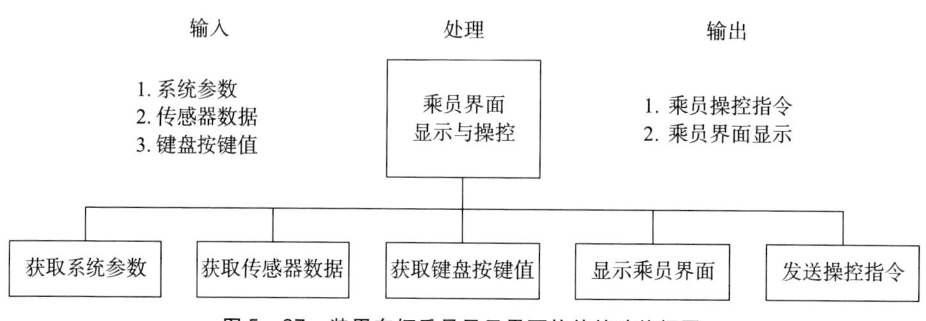

图 5－27　装甲车辆乘员显示界面软件的功能框图

■ 系统设计

根据 I/O 依赖性、时间关键性的功能、大计算量的功能等原则进行任务划分，装甲车辆乘员显示界面软件的任务划分为 4 种类型，分别是：获取系统参数和传感器数据任务；获取键盘按键值任务；乘员操控指令发送任务；乘员界面显示任务。

1）高优先级的输入——获取系统参数和传感器数据任务

该类任务被赋予较高的任务优先级，任务每 50 ms 被信号量触发，来同步采样和确定的操作，当它从接口读取数据后，发送 Timeout 类消息。

2）低优先级的输入——获取键盘按键值任务。

该类任务被赋予较低的优先级，当高优先级的任务不运行时，该任务从串口读取键盘值并且处理它们。

3）高优先级的输出——乘员操控指令发送任务。

该类任务被赋予较高的任务优先级，采用非阻塞方式输出数据。

4）低优先级的输出——乘员界面显示任务。

乘员界面显示任务读取队列上的数据，并将其送到显示设备上。

5.4.2　任务间的同步

Wind 内核提供的任务控制管理和通信等机制完成任务的创建、控制和通信。使用 taskSpawn( )、taskSuspend( )、taskResume( ) 完成对任务的创建和控制，使用信号量进行任务间的同步与互斥，使用消息队列进行任务间的通信，使用看门狗定时器进行任务的超时管理。Tornado 提供了一个多任务间通信的例程 windDemo.c，位于% WIND_BASE% \target\src\demo\wind 文件夹下，程序的结构如图 5-28 所示。

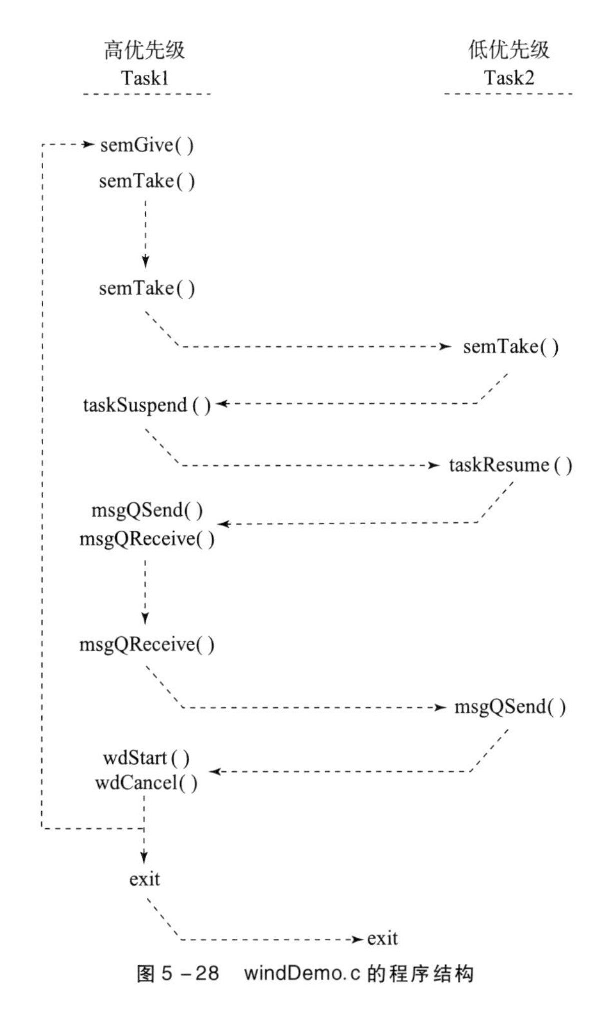

图 5-28　windDemo.c 的程序结构

```
/ ****************************************************************
* windDemo
****************************************************************/
#include "vxWorks.h"
#include "semLib.h"
#include "taskLib.h"
```

```
#include "msgQLib.h"
#include "wdLib.h"
#include "logLib.h"
#include "tickLib.h"
#include "sysLib.h"
#include "stdio.h"

/* defines */

#if FALSE
#define STATUS_INFO     /* 定义 STATUS_INFO 允许调用 printf() */
#endif

#define MAX_MSG     1          /* 消息队列中的最大消息数 */
#define MSG_SIZE    sizeof(MY_MSG)     /* 消息容量 */
#define DELAY       100        /* 100 ticks */
#define HIGH_PRI    150        /* 高优先级任务的优先级 */
#define LOW_PRI     200        /* 低优先级任务的优先级 */

#define TASK_HIGHPRI_TEXT"Hello from the 'high priority' task"
#define TASK_LOWPRI_TEXT"Hello from the 'low priority' task"

/* typedefs */
typedef struct my_msg
{
  int childLoopCount;      /* 发送消息的任务中的循环数 */
  char*buffer;             /* 消息内容 */
}MY_MSG;

/* globals */
SEM_ID      semId;         /* 信号量 ID */
MSG_Q_ID    msgQId;        /* 消息队列 ID */
WDOG_ID     wdId;          /* 看门狗定时器 ID */
int         highPriId;     /* 高优先级任务的优先级 */
```

```
int          lowPriId;    /* 低优先级任务的优先级 */
int          windDemoId;  /* windDemo 任务 ID */

/* forward declarations */

LOCAL void taskHighPri(int iteration);
LOCAL void taskLowPri(int iteration);

/ ***********************************************************
* windDemo——演示程序的主程序,用来发起子任务
* 该任务调用 taskHighPri()和 taskLowPri()来进行实际的操作,调
  用完之后将自身挂起。
* 该任务挂起后将由低优先级的任务恢复运行。
************************************************************/
void windDemo
    (
    int iteration           /* 运行子程序的循环次数 */
    )
    {
    int loopCount = 0;      /* windDemo 循环次数 */

#ifdefSTATUS_INFO
   printf("Entering windDemo\n");
#endif */ STATUS_INFO */

    if(iteration == 0) */ 设置默认值 10,000 */
    iteration = 10000;

    /* 创建子程序需要使用的资源 */

    msgQId = msgQCreate(MAX_MSG,MSG_SIZE,MSG_Q_FIFO);
    semId = semBCreate(SEM_Q_PRIORITY,SEM_FULL);
    wdId = wdCreate();
```

```
    windDemoId = taskIdSelf();

    FOREVER
    {
    /* 发起子程序以演示系统功能 */
      highPriId = taskSpawn("tHighPri",HIGH_PRI,VX_SUPER-
      VISOR_MODE,4000,
          (FUNCPTR)taskHighPri,iteration,0,0,0,0,0,0,0,0,
      0);
       lowPriId = taskSpawn("tLowPri",LOW_PRI,VX_SUPERVISOR_
       MODE,4000, (FUNCPTR)taskLowPri,iteration,0,0,0,0,0,
       0,0,0,0);
      taskSuspend(0);  /* 将被 taskLowPri 唤醒 */

  #ifdefSTATUS_INFO
      printf("\nParent windDemo has just completed loop num-
ber % d\n",loopCount);
  #endif/* STATUS_INFO */

      loopCount ++;
    }
    }

  / *************************************************************
  * taskHighPri——高优先级任务
  * 本任务演示多种 VxWorks 内核函数功能。如果资源不可用,则该任务阻
  * 塞,并且将 CPU 留给下一个就绪的任务使用。
  *************************************************************/
  LOCAL void taskHighPri(int iteration)
    {
    int ix;        /* 循环计数器 */
    MY_MSG msg;       /* 将要发送的消息 */
    MY_MSG newMsg;      /* 将要接收的消息 */
```

```
for(ix=0; ix<iteration; ix++)
{
    /*释放或获取一个信号量——此处无上下文切换*/
    semGive(semId);
    semTake(semId,100);      /*带超时参数的 semTake */

/*获取信号量——如果信号量无法获得则发生上下文切换*/
    semTake(semId,WAIT_FOREVER);       /*信号量无法获得*/
    taskSuspend(0);       /*将自身挂起*/
    /*创建消息并发送*/
    msg.childLoopCount=ix;
    msg.buffer=TASK_HIGHPRI_TEXT;
    msgQSend(msgQId,(char*)&msg,MSG_SIZE,0,MSG_PRI_NORMAL);

/* 读取这个任务刚发送的消息并打印。因为队列中已经有消息存在，因
*此不发生上下文切换*/

    msgQReceive(msgQId,(char*)&newMsg,MSG_SIZE,NO_WAIT);

#ifdefSTATUS_INFO
    printf("%s \n Number of iterations is %d \n",
      newMsg.buffer,newMsg.childLoopCount);
#endif */ STATUS_INFO */

/* 阻塞在消息队列上，等待来自低优先级任务的消息。因为消息队列中
*没有消息，因此要发生上下文切换。如果收到消息，则打印出来。*/

    msgQReceive(msgQId,(char*)&newMsg,MSG_SIZE,WAIT_FOREVER);

#ifdefSTATUS_INFO
    printf("%s \n Number of iterations by this task is: %d \n",
      newMsg.buffer,newMsg.childLoopCount);
#endif */ STATUS_INFO */
    /*测试看门狗定时器/
```

```
        wdStart(wdId,DELAY,(FUNCPTR)tickGet,1);
        wdCancel(wdId);
        }
    }

    /**********************************************************
    * taskLowPri——低优先级任务
    * 本任务运行在一个较低的优先级。当高优先级任务在等待资源并阻塞
的时候,由低优先
    * 级的任务释放资源,以便高优先级任务能够恢复运行。
    **********************************************************/

    LOCAL void taskLowPri(int iteration)
        {
        int ix;        /* 循环计数器 */
        MY_MSG msg;        /* 将要发送的消息 */

        for(ix=0; ix < iteration; ix++)
        {
        semGive(semId);        /* 恢复 tHighPri */
        taskResume(highPriId);        /* 恢复 tHighPri */
        /* 创建消息并发送 */

        msg.childLoopCount=ix;
        msg.buffer=TASK_LOWPRI_TEXT;
        msgQSend(msgQId,(char*)&msg,MSG_SIZE,0,MSG_PRI_NORMAL);
        taskDelay(60);
        }

        taskResume(windDemoId);        /* 唤醒 windDemo 任务 */
        }
```

5.4.3 多任务调试

Tornado 集成环境提供两种调试模式：任务调试模式和系统调试模式。在

任务调试模式下，一个集成环境中某一时间内只能调试一个任务，调试只影响当前被调试的任务，其他任务一般正常运行；在系统调试模式下，可以同时调试多个任务、中断服务程序（ISR），调试影响整个系统。

任务调试模式下的多任务调试

若在任务调试模式下，同一个集成环境中，在一个任务中调试，在另一个任务中设置断点，则设置的断点不起作用。这是因为一个调试器只能处理一个 TCB（任务控制块），每个任务都有一个 TCB，因此一个调试器只能调试一个任务，要调试几个任务就要启动几个调试器。一个集成环境只能启动一个调试器，所以要调试几个任务就要启动几个集成环境。另外，需要在被调试的任务的待调试的第一条语句前加入 taskSuspend（0）语句，挂起该任务，否则任务就可能会在调试前被执行。

下面是多任务调试的测试用例的源代码 TaskInit.c

```
#include"VxWorks.h"
#include"taskLib.h"
#include"stdio.h"
#include"msgQLib.h"

int g_lTaskSensorTid;
int g_lTaskKeyboardTid;
MSG_Q_ID g_MsgQ1id;
MSG_Q_ID g_MsgQ2id;

/*
* TaskSensor()——获取传感器数据任务
/*
void TaskSensor(void)
{
    char cMsgToTaskKeyboard[100];
    char cMsgFromTaskKeyboard[100];
    sprint(cMsgToTaskKeyboard,"To TaskKeyboard \n");
    print("Output of TaskSensor \n");
    /* start point of debugging for TaskSensor */
    taskSuspend(0);
```

```
        for(;;)
        {
            printf("Output of TaskSensor\n");
            msgQSend(g_MsgQ1id,cMsgToTaskKeyboard,sizeof(cMs-
gToTaskKeyboard),WAIT_FOREVER,MSG_PRI_NORMAL);
            msgQReceive(g_MsgQ2id,cMsgFromTaskKeyboard,sizeof
(cMsgFromTaskKeyboard),WAIT_FOREVER);
            printf("%s",cMsgFromTaskKeyboard);
        }
    }

    /*
    * TaskKeyboard()——获取键盘按键值任务
    */
    void TaskKeyboard(void)
    {
        char cMsgToTaskSensor[100];
        char cMsgFromTaskSensor[100];
        sprint(cMsgToTaskSensor,"To TaskSensor\n");
        printf("Output of TaskSensor\n");
        /* start point of debugging for TaskKeyboard */
        taskSuspend(0);
        for(;;)
        {
            printf("Output of TaskKeyboard\n");
            msgQSend(g_MsgQ2id,cMsgToTaskSensor,sizeof(cMsg-
ToTaskSensor),WAIT_FOREVER,MSG_PRI_NORMAL);
            msgQReceive(g_MsgQ1id,cMsgFromTaskSensor,sizeof
(cMsgFromTaskKeyboard),WAIT_FOREVER);
            printf("%s",cMsgFromTaskKeyboard);
        }
    }

    /*
```

```
* TaskInit()
* 入口函数,本函数产生两个任务 TaskSensor 和 TaskKeyboard,创建
消息队列 g_MsgQ1id 和 g_MsgQ2id,
*/
void TaskInit(void)
{
    printf("Output of TaskInit\n");

    g_MsgQ1id=msgQCreate(20,100,MSG_Q_FIFO);
    if(NULL==g_MsgQ1id)
    {
       printf("ERROR:create g_MsgQ1 error\n");
    }

    g_MsgQ2id=msgQCreate(20,100,MSG_Q_FIFO);
    if(NULL==g_MsgQ2id)
    {
       printf("ERROR:create g_MsgQ2 error\n");
    }

    printf("Spawning a TaskSensor\n");
    g_lTaskSensorTid=taskSpawn("TaskSensor",100,0,10000,
(FUNCPTR)TaskSensor,0,0,0,0,0,0,0,0,0,0);
    if(ERROR==g_lTaskSensorTid)
    {
       printf("ERROR:task did not spawn\n");
       exit(1);
    }

    printf("Spawning a TaskKeyboard\n");
    g_lTaskKeyboardTid = taskSpawn("TaskKeyboard",100,0,
10000,(FUNCPTR)TaskKeyboard,0,0,0,0,0,0,0,0,0,0);
    if(ERROR==g_lTaskKeyboardTid)
    {
```

```
            printf("ERROR:task did not spawn\n");
            exit(1);
        }
        exit(0);
    }
```

调试步骤:

1）用-g选项编译源代码产生目标文件。

2）下载产生的目标文件。

3）在TaskInit函数的开始设置断点。

4）把TaskInit设置为调试任务的入口函数。

5）单步执行产生TaskSensor任务的语句后可以在串口上看到字符串Output of TaskSensor，用Browser查看任务，可以看到任务TaskSensor处于挂起状态，表明程序执行了taskSuspend(0）语句。

6）运行另一个Tornado集成环境。

7）Attach任务TaskSensor。

8）在语句msgQReceive（g_MsgQ2id，cMsgFromTaskKeyboard，sizeof（cMsgFromTaskKeyboard)，WAIT_FOREVER）的下一条语句处设置断点。

9）运行任务TaskSensor。可以看到没有执行到断点处，用Browser查看任务状态，TaskSensor处于阻塞状态，因为它在等待消息。

10）单步执行TaskInit到产生TaskKeyboard任务的下一条语句，可以看到TaskKeyboard任务处于挂起状态。

11）再运行另一个Tornado集成环境。

12）Attach任务TaskKeyboard。

13）在语句msgQReceive（g_MsgQ1id，cMsgFromTaskSensor，sizeof(cMsgFromTaskKeyboard)，WAIT_FOREVER）下一条语句处设置断点。

14）运行任务TaskKeyboard。可以看到执行到断点处停下。这是因为TaskSensor任务已经发送一条消息到TaskKeyboard的接收队列中。

15）此时，可以看到TaskSensor任务也运行到断点处，因为TaskKeyboard任务已经发送一条消息到TaskSensor的接收队列中。

系统调试模式下多任务程序的调试

调试使用的源代码与任务调试模式中使用的代码相同。但是，需要去掉为了能够在任务调试模式下进行多任务调试的TaskSensor和TaskKeyboard中的语句taskSuspend(0)。

调试步骤：

1）用-g 选项编译源代码产生目标文件。

2）下载产生的目标文件。

3）在 TaskInit 函数的开始设置断点。

4）在 Debugger 命令窗口输入命令 attach system 进入系统调试模式。

5）在 Shell 窗口输入命令 sp TaskInit，产生一个以 TaskInit 为入口函数的任务。因为整个系统都停下来了，新产生的任务还没有执行，这可以通过在Debugger 命令窗口输入命令 info threads 显示当前系统中的任务列表看出来。

6）执行菜单命令 Debug|Continue 继续运行程序。

7）系统在设置的断点处停下。

8）在函数 TaskSensor 中的语句 msgQReceive(g_MsgQ2id,cMsgFromTaskKeyboard,sizeof(cMsgFromTaskKeyboard),WAIT_FOREVER)的下一条语句处设置断点。

9）在函数 TaskKeyboard 中的语句 msgQReceive(g_MsgQ1id,cMsgFromTaskSensor,sizeof(cMsgFromTaskKeyboard),WAIT_FOREVER)的下一条语句处设置断点。

10）执行菜单命令 Debug|Continue 继续运行程序。

11）程序在任务 TaskKeyboard 中的断点处停下。

12）执行菜单命令 Debug|Continue 继续运行程序。

13）程序在任务 TaskSensor 中的断点处停下。

14）执行菜单命令 Debug|Continue 继续运行程序。

15）程序又一次在任务 TaskSensor 中的断点处停下。

16）执行菜单命令 Debug|Continue 继续运行程序。

17）程序在任务 TaskKeyboard 中的断点处停下。

中断服务程序的调试

中断服务程序只能在系统调试模式下调试，不能在任务调试模式下调试。因为中断服务程序是作为系统的一部分运行，不是以任务方式运行的，因此不需要为它产生任务。

调试步骤：

1）用-g 选项编译源代码产生目标文件。

2）下载产生的目标文件。

3）在 TaskInit 函数的开始设置断点。

4）在 Debugger 命令窗口输入命令 attach system 进入系统调试模式。

5）执行菜单命令 Debug|Continue 继续运行程序。

6）如果产生相应的中断，程序就会在中断服务程序的断点处停下，进行需要的调试。

第6章

嵌入式 DSP 软件开发

嵌入式数字信号处理器（DSP）是装甲车辆中常用的一种嵌入式处理器，由于其具有独特的哈佛（Harvard）结构、专用的硬件乘法器和快速的 DSP 指令，最适合在高速计算领域应用。嵌入式 DSP 处理器主要是通过将标准 DSP 处理器单片化，并增加嵌入式系统所需的片上外设等改造而成的。嵌入式 DSP 处理器的典型代表是德州仪器（Texas Instruments，TI）公司生产的 TMS320 系列处理器，包括TMS320C2000、TMS320F2000、TMS320C5000、TMS320 C6000、TMS320C8000等几种系列。其中，TMS320F2000系列DSP融合了控制外设的集成功能与微处理器（MCU）的易用性，具有强大的控制和信号处理能力以及C语言编程效率，能够实现复杂的控制算法。装甲车辆的信息系统对外需连接战场上各级、各类通信与环境感知设备，对内需处理装甲车辆本身各系统以及乘载员的显示和操控信息，需要处理的信息量十分庞大。随着DSP的发展，装甲车辆中较多的应用TI公司推出的浮点型数字信号处理器，如TMS320F28335等芯片。与以往的定点DSP相比，该器件的精度高，成本低，功耗小，性能高，外设集成度高，数据以及程序存储量大，A/D转换更精确快速。得益于其浮点运算单元，开发人员可快速编写控制算法而无须在处理小数的操作上耗费过多的时间和精力，与前代DSP相比，平均性能提高50%，并与定点C28x控制器软件兼容，从而简化软件开发，缩短开发周期，降低开发成本，为嵌入式应用提供更加优秀的性能和更加简单的软件设计。TMS320F28335芯片在信息系统中的炮控箱、火控计算机等实时控制器中应用最为广泛。本章节以TMS320F28335在实时控制器中的应用为例详述DSP在装甲车辆软件开发中的应用。

6.1　集成开发环境

6.1.1　概述

CCS（Code Composer Studio）是由 TI 公司提供的一种运行在 Windows 操作系统之上，用于系列 DSP 软件设计开发的集成工具，主要由集成代码产生工具、集成开发环境、DSP/BIOS 实时内核插件及其应用程序接口 API 等多个组件构成。

（1）集成代码产生工具。

代码产生工具用于对 C 语言、汇编语言或混合语言编程的 DSP 源程序进行编译汇编，并链接成 DSP 执行程序，包括汇编器、链接器、C/C ++ 编译器和建库工具等。

（2）集成开发环境。

CCS 集成开发环境是软件工具最主要的部分，集编辑、编译、链接、软件仿真、硬件调试和实时跟踪等多种功能于一体。

（3）DSP/BIOS 实时内核插件及其应用程序接口 API。

该组件主要针对实时信号处理应用而设计，具体包括 DSP/BIOS 实时内核配置工具、实时分析工具等。

CCS 可方便地应用于嵌入式信号处理程序的开发和调试，能够加速开发过程，提高工作效率，具有一系列的调试、分析能力，能够支持如图 6-1 所示的开发周期的所有阶段。

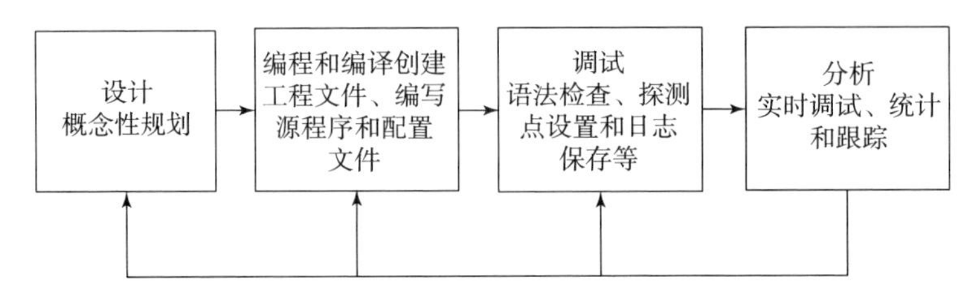

图 6-1　CCS 开发周期

CCS 包含软件仿真模式和硬件在线编程模式两种工作模式。软件仿真模式是指在开发时可以不连接实际 DSP 芯片，而是在 PC 机上直接模拟 DSP 的指令集和工作机制，软件仿真模式主要用于前期算法实现和调试；硬件在线编程模式主要用于实现连接到 DSP 芯片后，与硬件开发板相结合的在线编程和调试应用程序。

CCS 的功能十分强大，除了代码的编辑、编译、链接和调试等诸多功能，还支持 C/C++ 和汇编的混合编程，其主要功能如下：

- 提供可视化代码编辑界面，支持直接编写 C、汇编、.cmd 文件等
- 提供集成代码生成工具，包括汇编器、优化 C 编译器、链接器等，将代码的编辑、编译、链接和调试等诸多功能集成到一个软件环境中
- 提供高性能编辑器显示功能，支持汇编文件的动态语法加亮显示，使开发人员很容易阅读代码，发现语法错误
- 提供工程项目管理工具，支持对用户程序实行项目管理。在生成目标程序和程序库的过程中，建立不同程序的跟踪信息，可以通过跟踪信息对不同的程序进行分类管理
- 提供基本调试工具，支持装入执行代码，查看寄存器、存储器、反汇编、变量窗口等功能，同时支持 C 源代码级调试
- 提供断点工具，支持在调试程序的过程中，完成硬件断点、软件断点和条件断点的设置
- 提供探测点工具，支持算法仿真、数据实时监测等
- 提供分析工具，包括模拟器和仿真器分析，支持模拟和监视硬件的功能、评价代码的执行效率
- 提供数据的图形显示工具，支持将运算结果图形显示，显示内容包括时域/频域波形、眼图、星座图、图像等，同时支持自动刷新
- 提供 GEL 工具，利用 GEL 扩展语言，开发人员可以编写自己的控制面

板/菜单，设置 GEL 菜单选项，方便直观地修改变量、配置参数等

- 支持多 DSP 的调试
- 提供 RTDX 技术，支持在不中断目标系统运行的情况下，实现 DSP 与其他应用程序的数据交换
- 提供 DSP/BIOS 工具，支持实时操作系统内核的配置，增强对算法的实时分析能力

6.1.2 CCS 的安装与配置

CCS 的安装相当简单，无非 Step by Step 地进行，对于一般用户，选择标准安装即可。以 CCS3.3 为例，安装完成后，桌面上会出现两个执行程序快捷方式的图标，如图 6－2 所示。

图 6－2　CCS3.3 桌面图标

在安装完成后，为了使 CCS 能工作在不同的硬件或仿真目标板上，需要通过 CCS 的配置功能定义 DSP 芯片和目标板类型，为 CCS 系统生成相应的配置文件。

CCS 的系统配置有两种方法：利用系统提供标准配置文件进行配置，或按开发人员自己建立的配置文件来配置系统结构。

使用标准配置文件产生一个系统配置的步骤如下：

（1）双击桌面上的“Setup Code Composer Sutdio”图标，出现如图 6－3 所示的系统配置对话框。

（2）从“Available Factory Boards”中选择与系统匹配的标准设置。开发人员需要确定可用配置中是否有与自己正在使用的 DSP 系统相应匹配的配置，如果不存在，开发人员必须安装一个合适的设备驱动程序，创建一个自定义的配置。

（3）单击选定的配置，然后单击“Add”按钮将选择的配置添加到“System Configuration”中。这样选择的配置就出现在系统配置方框中“My System”图标下面。

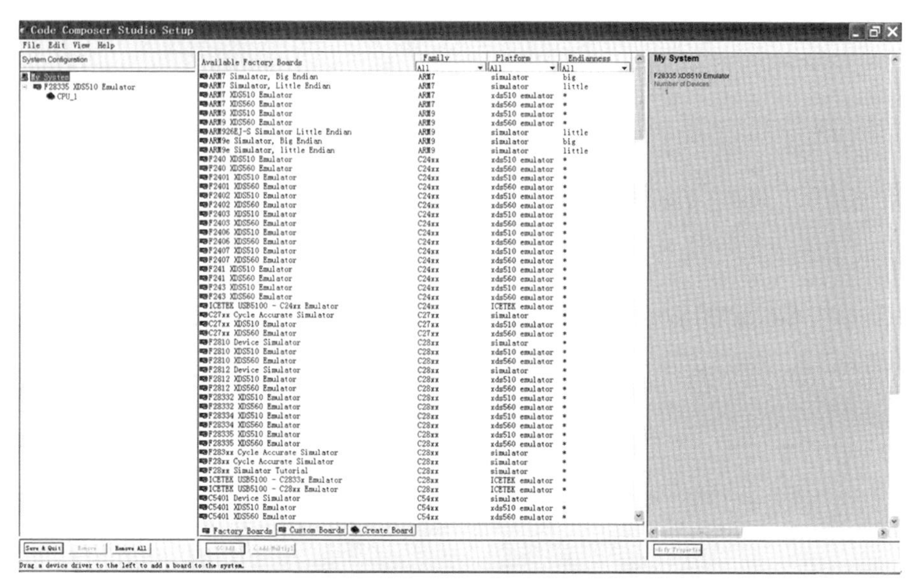

图 6－3　系统配置对话框

（4）单击“Save & Quit”按钮保存配置，会弹出是否继续启动 CCS 的对话框。

（5）如果需要直接启动 CCS，则单击“Yes”按钮，启动配置好的 CCS 集成开发环境。

6.1.3　CCS 常用文件类型

在使用 CCS 进行软件开发的过程中，除了源程序文件和头文件，还需要使用链接命令文件、工作空间文件等其他几种类型的文件，主要包括：

- *.cmd：链接命令文件
- *.obj：目标文件，由源文件编译或汇编后生成
- *.out：完成编译、汇编、链接后所形成的可执行文件，可在 CCS 监控下调试和执行
- *.wks：工作空间文件，可用于记录工作环境的设置信息
- *.pjt：工程项目文件，用于保存工程项目的配置信息
- *.cdb：CCS 的配置数据库文件，是使用 DSP/BIOS API 模块所必需的

6.1.4　CCS 基本界面

6.1.4.1　主界面

双击桌面“CCStudio V3.3”图标，就可以启动 CCS 的主界面，如图 6－4

所示。CCS 的主界面由主菜单、工具条、工程项目窗口、源程序编辑窗口、反汇编窗口、图形显示窗口、内存显示窗口和寄存器显示窗口等构成。各部分主要功能如下：

（1）工程项目窗口：用来显示开发人员的程序或者工程项目的结构。开发人员可以从工程列表中选择所需编辑和调试的程序。

（2）源程序编辑窗口：开发人员既可以在该窗口中编辑源程序，又可以设置断点、探测点。

（3）反汇编窗口：用于帮助开发人员查看汇编指令，查找错误。

（4）图形显示窗口：可以根据开发人员需要，以图形的方式显示数据。

（5）内存显示窗口：用于查看、编辑内存单元。

（6）寄存器显示窗口：用于查看、编辑 CPU 寄存器。

/F28335 XDS510 Emulator/CPU_1 - TMS320C28xx - Code Composer Studio
File Edit View Project Debug GEL Option Profile Tools DSP/BIOS Window Help
Graphical Display
Memory Window - 1
Disassembly ($VT4 CodeStartBranch.asm:52:67$)

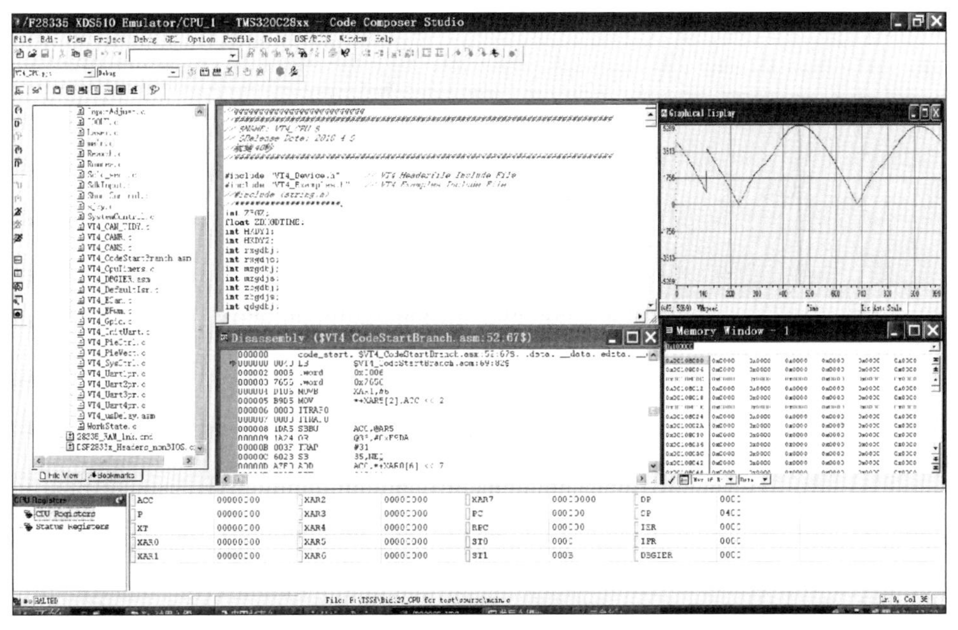

图 6－4　CCS 主界面

6.1.4.2　菜单

主菜单包含有 12 个选项，如图 6－5 所示，菜单选项的功能如表 6－1 所示。

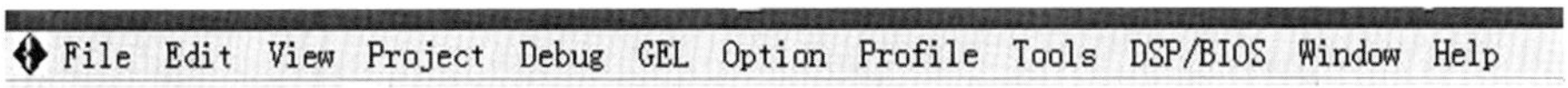

File Edit View Project Debug GEL Option Profile Tools DSP/BIOS Window Help

图 6－5　CCS 主菜单

表 6-1 主菜单选项功能表

菜单选项	菜单功能
File（文件）	文件管理，载入执行程序、符号及数据、文件输入/输出等
Edit（编辑）	文字及变量编辑。如剪贴、查找替换、内存变量和寄存器编辑等
View（查看）	工具条显示设置。包括内存、寄存器和图形显示等
Project（工程项目）	工程项目管理、工程项目编译和构建工程项目等
Debug（调试）	设置断点、探测点，完成单步执行、复位等
GEL（扩展功能）	利用通用扩展语言扩展功能菜单
Option（选项）	选项设置。设置字体、颜色、键盘属性、动画速度、内存映射等
Profile（性能）	性能菜单。包括设置时钟和性能断点等
Tools（工具）	工具菜单。包括管脚连接、端口连接、命令窗口、链接配置等
DSP/BIOS（工具）	DSP/BIOS 配置工具。提供对实时内核的配置，以及算法的运行分析能力
Window（视窗）	窗口管理。包括窗口排列、窗口列表等
Help（帮助）	帮助菜单。为开发人员提供在线帮助信息

6.1.5 CCS 软件开发步骤

6.1.5.1 创建工程项目

在 CCS 环境下应用程序通过工程文件来创建，创建工程是 CCS 最基本的功能。CCS 可以创建一个或者多个工程（多个工程可以同时打开）。每个工程的名称必须不同。一个工程的信息保存在一个单独的工程文件中（*.pjt）。创建工程一般采用如下步骤。

（1）单击菜单"Project"→"New"。显示出工程创建向导窗口，如图 6-6 所示。

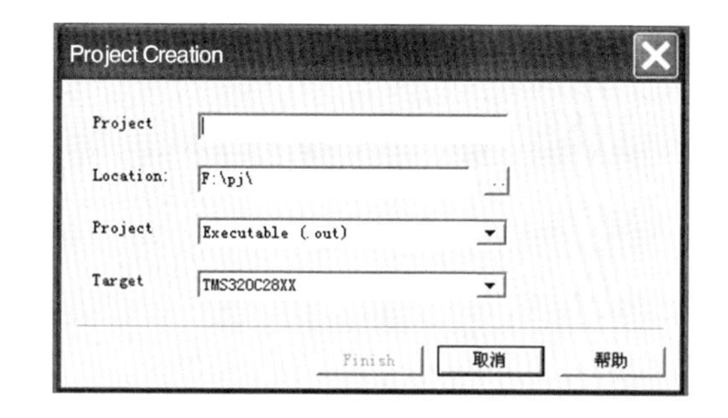

图 6-6 工程创建向导窗口

（2）在第一行项目名称一栏中，输入工程名称。

（3）在第二行项目存储目录一栏中，输入工程文件保存的路径。编译器生成目标文件，汇编程序也存储在同一位置。可以输入完整路径，也可以点击右侧按钮指定存储路径。不同的工程建议存储在不同的路径下。

（4）在第三行项目类型一栏中，从下拉列表中选择工程文件的类型。可以选择执行文件（.out），也可以选择库文件（.lib）。可执行文件表示工程生成一个可以执行文件；库文件表示生成了一个目标库文件。

（5）在第四行目标一栏中，选择 CPU 目标板。

（6）单击“Finish”按钮，一个工程文件就成功创建了。这个文件存储了工程所需的所有文件以及设置。

6.1.5.2　添加项目文件

在创建了一个工程以后，可以新建文件，也可以在工程列表中加入源文件、目标库文件和链接命令文件。开发人员可以在工程中加入多个不同的文件和文件类型，如图 6－7 所示，在工程中加入文件的步骤如下。

图 6－7　添加文件到工程对话框

（1）选择“Project”→“Add Files to Project”，或者在“工程视图”（“Project View”）中的工程名上单击右键，选择加入文件到工程。显示加入文件到工程的对话框。

（2）在文件选择对话框中，选择要加入的文件。如果文件不在当前目录中，需改变文件路径。通过文件类型下拉选项，设置文件类型。一般而言，开发人员无须在工程中手动加入头文件或者库文件（*.h）。这些文件能够在编译过程中，扫描源文件的附件时自动加入。

（3）单击“Open”，选择的文件被加入当前工程中，工程会自动更新。

工程管理器会将源文件、头文件、库文件和 DSP/BIOS 设置文件放入相应的文件夹中。由 DSP/BIOS 生成的源文件放入 Generated Files 文件夹中。CCS 在编译程序时会按照以下缺省路径搜索需要编译的文件：

- 源文件的文件夹
- 编译器和连接器选项内含的搜索路径中所列出的文件夹
- 可选 DSP_C_DIR（编译器）和 DSP_A_DIR（汇编程序）环境变量定义中列出的文件夹

如果开发人员需要从工程中删除一个文件，可以在“工程视图”(“Project View”）中右击文件名，然后选择从工程中移除。

6.1.5.3 工程配置

工程配置（Configurations）定义了一系列工程层面的编译选项，这些选项应用于工程中的每个文件。

每个工程创建时都有两个默认设置：Debug 和 Release。当调试代码时，开发人员可以定义 Debug 配置。当编译已完成调试待发布的程序时，可以定义 Release 配置，在开发过程中也可以定义自定义配置。当一个工程刚创建或者一个工程刚打开时，工作区中的第一个配置（按首字母顺序）处于激活状态。

当编译工程时，软件工具生成的输出文件置于配置类别的子目录下。例如，如果在“My Project”目录下创建一个工程，对于 Debug 配置的输出文件放在“My Project Debug”中，类似地，对于 Release 配置的输出文件放在“My Project/Release”中。

1. 改变激活的工程配置

单击选择工程工具栏中的活动配置（Select Active Configuration），在下拉菜单中选择一个配置，如图 6－8 所示。

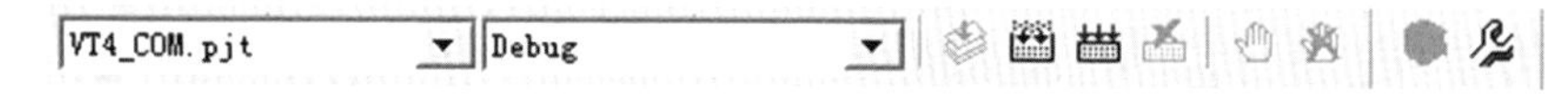

图 6－8　活动配置激活

2. 添加一个新的工程配置

1）选择“Project”→“Configurations”，或者在“工程视图”(“Project View”）窗口中，右击工程名称，选择配置。

2）在工程配置对话框中，单击加入，显示加入工程配置窗口，如图 6－9 所示。

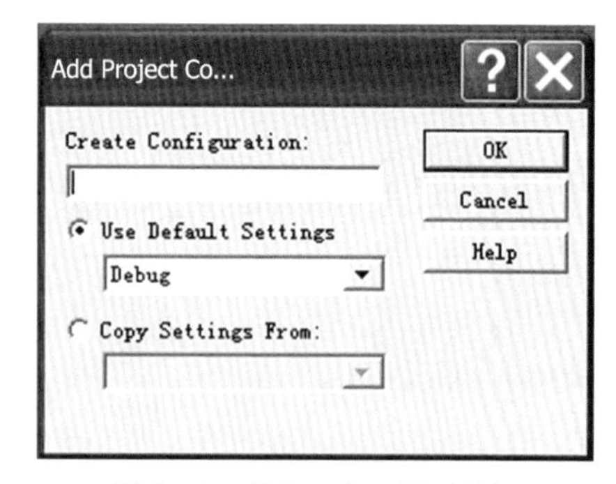

图 6－9　添加工程配置对话框

3）在“Add Project Configuration”对话框中，在创建配置一栏中指定新配置的名称，选择使用默认配置或者从已有的配置中拷贝设置，生成新配置。

4）单击“OK”保存，退出加入工程配置对话框。

5）单击“Cancel”退出工程配置对话框。

6）使用“Project”菜单中的编译选项对话框，更改新配置。

6.1.5.4　工程的从属设置

工程从属（Dependencies）设置能够将一个大工程分割成多个小工程，然后设置这些工程从属关系以创建最终的工程，这样就让开发人员能够操作和编译更加复杂的工程。工程从属子工程通常首先编译，因为主工程编译时依赖这些子工程，工程从属关系的创建和设置方法如下。

1. 创建工程从属（子工程）

创建一个工程从属关系或子程序有三种方法，第一种是打开CCS的工程窗口中拖拽，第二种是从资源管理器中拖拽，第三种是使用上下文菜单的方式创建，从操作的便利性上第一种方法较为常用。

将子工程放入目标工程中的目标工程图标上或者从属工程图标（Dependent Projects Icon）上。开发人员可在同一个工程视图窗口中拖拽，也可以在两个同时运行的CCS中的工程视图窗口之间进行拖拽。

2. 修改工程配置

在“Project Configurations”对话框中，可以修改子工程设置，如图6－10所示。

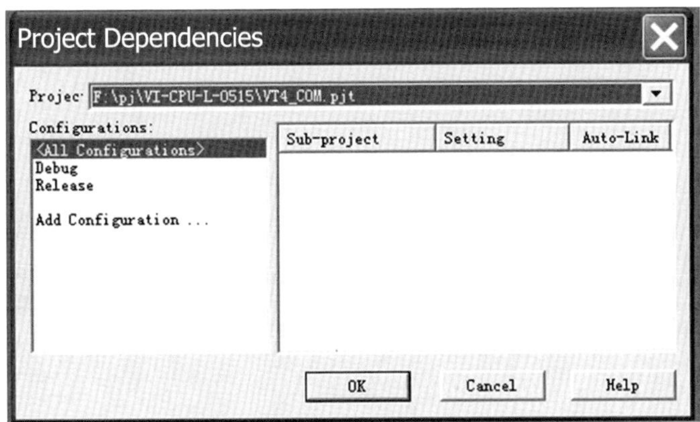

图6－10　子工程设置对话框

各个子工程分别有构建配置。对于每个主工程配置，可以选择使用一个特定的配置编译每个子工程。使用工程（设置列下方）旁边的对话框，可以修改子工程配置。

6.1.5.5 编译和运行程序

完成工程的创建和设置后，接下来的工作就是编译和运行程序，一般按照以下步骤进行操作。

1）如果需要重新编译可以单击工具栏按钮或选择“Project”→“Rebuil All”，CCS 开始重新编译、汇编和链接工程中的所有文件，有关此过程的信息显示在窗口底部的信息框中。

2）选择“File”→“Load Program”，选择刚编译过的程序，单击“Open”后，CCS 把程序加载到目标系统 DSP 上。

3）单击工具栏按钮或选择“Debug”→“Run”，程序开始运行，软件开发人员可以在输出窗口查看运行结果。

6.1.6 调试

CCS 提供了与其他集成开发环境类似的调试功能，包括：

- 设置断点
- 在断点处自动更新窗口
- 查看变量
- 观察、编辑存储器和寄存器
- 观察调用堆栈
- 对输入目标系统或从目标系统输出的数据采用探针工具观察，并收集存储器映像
- 绘制选定对象的信号曲线
- 估算执行统计数据
- 观察反汇编指令和 C 指令

6.1.6.1 调试设置

在进行正式调试前，开发人员可以在“Option”→“Customize”→“Debug Properties”对话框中，选择采用 CCS 安装后的缺省调试属性，也可以对调试属性进行配置。

调试属性中可以设置的内容如下。

1）自动打开反汇编窗口。

禁用这个选项将使得程序装载后反汇编窗口不再出现。缺省设置为打开。

2）自动跳至 main 函数。

激活这个选项将使得在程序装载之后调试器自动跳至 main 标号所在行。缺省设置为禁用。

3）设置控制窗口打开时是否连接至目标器件。

控制窗口是整个 CCS 的交互接口。在运行 PDM 时可以打开多个控制窗口实例。开发人员遇到目标器件连接问题或不需要连接实际器件（例如写源代码时）时可以禁止此选项。缺省设置为禁用。

4）移除连接时剩余调试状态。

CCS 与目标器件断开时，缺省设置会移除所有断点。如果在调试过程中有错误，在重新连接器件时，CCS 将会尝试再次移除所有断点。但是这种尝试将可能损坏某些目标器件。所以一般情况下建议禁用这个选项，以避免重连器件时再次移除断点。

5）显示速度。

显示速度（Animation Speed）用于规定两个断点间的最小时间（秒为单位）。若从上次断点开始执行超过了此最小时间，程序执行将会重启。

在 CCS 中有几个组件在进行调试时是非常常见和重要的。图 6－11 给出了一系列在 CCS 中调试时使用的图标。如果这些图标在工具栏中没有正常显示，开发人员可以选择“View”→“Debug Toolbars”→“ASM/Source Stepping”。在这个调试工具栏选项表中，可以看到许多调试工具的列表，并且可以将想要的调试工具设置为在主界面中可视。

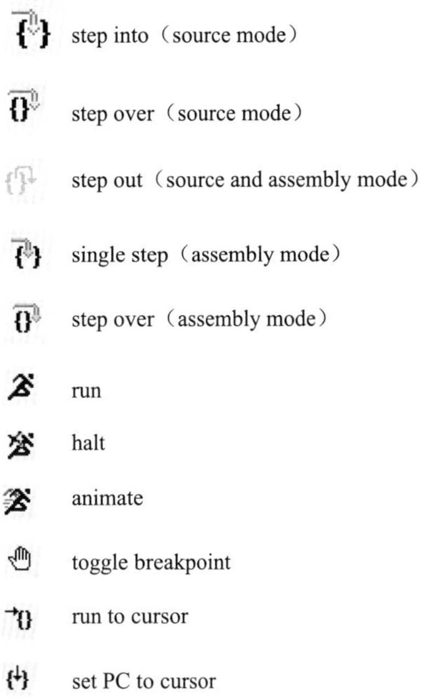

step into（source mode）
step over（source mode）
step out（source and assembly mode）
single step（assembly mode）
step over（assembly mode）
run
halt
animate
toggle breakpoint
run to cursor
set PC to cursor

图 6－11　调试工具图标示例

6.1.6.2　运行与单步调试

6.1.6.2.1　运行与停止

开发人员调试时可以采用这些方法来运行程序。

1）主程序（Main）。可以通过选择“Debug”→“Go Main”来开始对主程序的调试。这个执行命令将会执行主程序函数。

2）运行（Run）。在程序执行停止后，开发人员可以通过点击 Run 按钮来继续运行程序。

3）运行到光标处（Run to Cursor）。如果开发人员想将程序运行到一个指定的位置，可以先把光标移到指定位置处，然后按下这个按键。

4）驱动（Animate）。开发人员可以通过这个命令一直运行程序，直到运行到断点处。在断点处，执行停止并且将更新所有与任何试探点（Probe Point）没有联系的窗口。试探点（Probe Point）停止执行并更新所有图表及与之有关的窗口，然后继续运行程序。按下这个按键就可以驱动（Animate）执行程序。

5）停止（Halt）。开发人员可以在任意时候按下停止键来终止程序的执行。

6.1.6.2.2 单步调试

CCS 提供的单步调试功能可以分为 C 代码的单步调试和汇编代码的单步调试，两者的区别在于，C 代码的单步调试是通过单步执行源程序编辑器中所显示的代码行，而汇编程序的单步调试是通过单步执行反汇编窗口中显示的指令行。

开发人员可以点击 “View”→“Mixed Source/ASM” 来切换 C 代码/汇编代码混合显示模式，可以同时查看源代码的汇编代码。

6.1.6.3 断点

断点（BreakPoint）是常用的调试工具。断点会暂停程序的执行，当程序停止时，开发人员可以检查程序的状态、检查或修改变量、检查调用堆栈等。

断点可以设置在编辑窗口中任意一行源代码中或者设置在反汇编窗口的任意一个反汇编指令上。在设置完一个断点后，还可以设置断点使能或者不使能。

6.1.6.3.1 软件断点

软件断点就是最常见的断点。开发人员可以在任意一个反汇编窗口或者含有 C/C ++ 源代码的编辑窗口中设置断点。只要断点设置的位置合法，对于断点的数量便没有限制。软件断点通过改变目标程序使之在需要的位置增加一条断点指令。

设置软件断点的方法如下：

1）在一个编辑窗口或者反汇编窗口，移动指针到想要设置断点的那一行。

2）当在编辑窗口设置断点时，只需在选定行左边的页边空白处双击即可；若是在反汇编窗口，则只需在选定行双击。

选定行左边的页边空白处的一个实心红点即为断点标志，它表示所在行已经设定了一个断点。

6.1.6.3.2　硬件断点

硬件断点与软件断点的不同之处在于并不改变目标程序，而是利用芯片上的硬件资源，例如只读存储器或者存储进程设置断点。开发人员可以在特定的存储器读、存储器写或者存储器读写中设置断点。存储器存取断点并不会在源程序或者存储器窗口中显示出来，开发人员可以使用的硬件断点的数量取决于 DSP 的硬件资源。硬件断点也有计数的功能，它决定了在断点产生前，该处指令已经运行的次数。如果计数为 1，则每次到该位置则产生断点。

设置硬件断点的方法如下。

1）选择“Debug”→“Breakpoint”。在选择断点这一栏后，便会出现“Break/Probe point”对话框。

2）在“Breakpoint type”一栏，选择“H/W Break”作为指令获取断点，或者在特定位置选择“Break on < bus > < Read ｜Write ｜R/W >”作为存储读取断点。

3）在程序或存储器中光设置断点的某个位置。

4）在“计数”这一栏，输入断点产生前该处指令需要运行的次数。

5）单击添加按钮可以产生一个新的断点，这样便可创造一个新的断点并对其激活。

6）单击“OK”按钮。

6.1.6.4　观察窗口

观察窗口（Watch Window）在软件调试时提供了对程序运行情况最直观的观察。通过观察窗口，可以观察局部变量值，以及某一指定变量，或是某一结构体中元素的值。

通过选择“View”→“Watch Window”，也可以单击观察工具栏上的观察窗口图标按钮，主界面下方会出现观察窗口，窗口包含两个统计表：Watch Locals 和 Watch 1。

在 Watch Locals 统计表中，调试器自动显示当前正在执行函数的局部变量的名称、变量值、变量类型和显示进制（Radix），如图 6 - 12 所示。

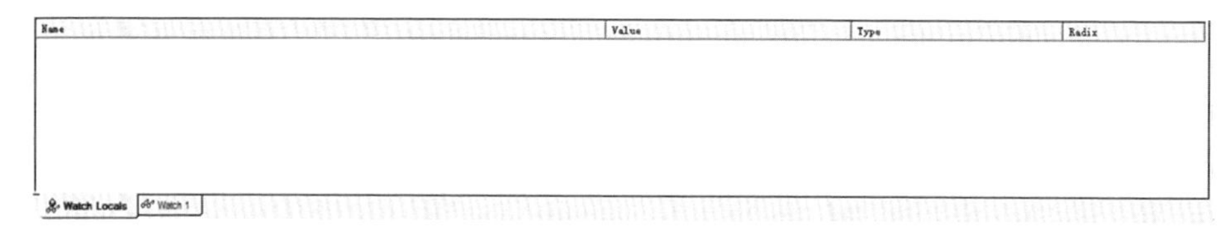

图 6－12　Watch Locals 统计表窗口

如果具体需要跟踪程序中某个变量的值，可以选择 Watch 1 统计表，在“Name”列单击 Expression 图标并且输入需要观察的变量的名称，单击窗口的空白处会立即显示变量值，如图 6－13 所示。如果输入的变量名称为结构体名称，则会显示结构体的“＋”标记，单击“＋”标记，会展开结构体中的所有元素以及对应值。

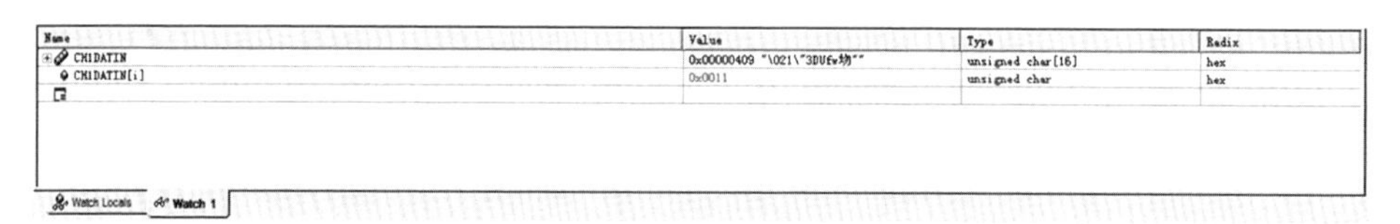

图 6－13　需跟踪某变量的统计表窗口

6.1.6.5　内存窗口

内存窗口（Memory Window）允许开发人员观察由指定地址开始的存储单元中的原始内容，显示格式可以由开发人员设置。开发人员也可以编辑被选择的存储单元的内容，如图 6－14 所示。

0x10b000

0x0010B000	0x0011	0x0001	0x00C4	0x001B	0x0008	0x00E7
0x0010B006	0x00F1	0x00FF	0x0022	0x0001	0x00C4	0x001B
0x0010B00C	0x0008	0x00E5	0x00F0	0x00FF	0x0033	0x0001
0x0010B012	0x00C4	0x001B	0x0008	0x00E5	0x00F0	0x00FF
0x0010B018	0x0044	0x0001	0x00C4	0x001B	0x0008	0x00E5
0x0010B01E	0x00F0	0x00FF	0x0055	0x0001	0x00C4	0x001B
0x0010B024	0x0008	0x00E5	0x00F0	0x00FF	0x0066	0x0001
0x0010B02A	0x00C4	0x001B	0x0008	0x00E5	0x00F0	0x00FF
0x0010B030	0x0077	0x0001	0x00C4	0x001B	0x0008	0x00E5
0x0010B036	0x00F0	0x00FF	0x0088	0x0001	0x00C4	0x001B
0x0010B03C	0x0008	0x00E5	0x00F0	0x00FF	0x0011	0x0001
0x0010B042	0x00C1	0x001B	0x0008	0x00E5	0x00F0	0x00FF
0x0010B048	0x0022	0x0001	0x00C1	0x001B	0x0008	0x00E7
0x0010B04E	0x00F0	0x00FF	0x0033	0x0001	0x00C4	0x001B
0x0010B054	0x0008	0x00E5	0x00F0	0x00FF	0x0044	0x0001
0x0010B05A	0x00C4	0x001B	0x0008	0x00E5	0x00F0	0x00FF
0x0010B060	0x0055	0x0001	0x00C4	0x001B	0x0008	0x00E5
0x0010B066	0x00F0	0x00FF	0x0066	0x0001	0x00C4	0x001B
0x0010B06C	0x0008	0x00E5	0x00F0	0x00FF	0x0077	0x0001
0x0010B072	0x00CC	0x001B	0x0008	0x00E5	0x00F0	0x00FF
0x0010B078	0x0088	0x0001	0x00C4	0x001B	0x0008	0x00E5
0x0010B07E	0x00F0	0x00FF	0x0011	0x0001	0x00C4	0x001B
0x0010B084	0x0008	0x00E5	0x00F0	0x00FF	0x0022	0x0001
0x0010B08A	0x00C4	0x001B	0x0008	0x00E5	0x00F0	0x00FF

Hex 16 Bi　Data

图 6－14　内存窗口

6.1.6.6　寄存器窗口

DSP 寄存器的值也是开发人员在调试程序时非常关心的内容。开发人员通过 “View”→“Registers” 菜单访问寄存器窗口，并可以在寄存器窗口（Register Window）观察、编辑选中的不同寄存器的内容。详情如图 6－15 所示。

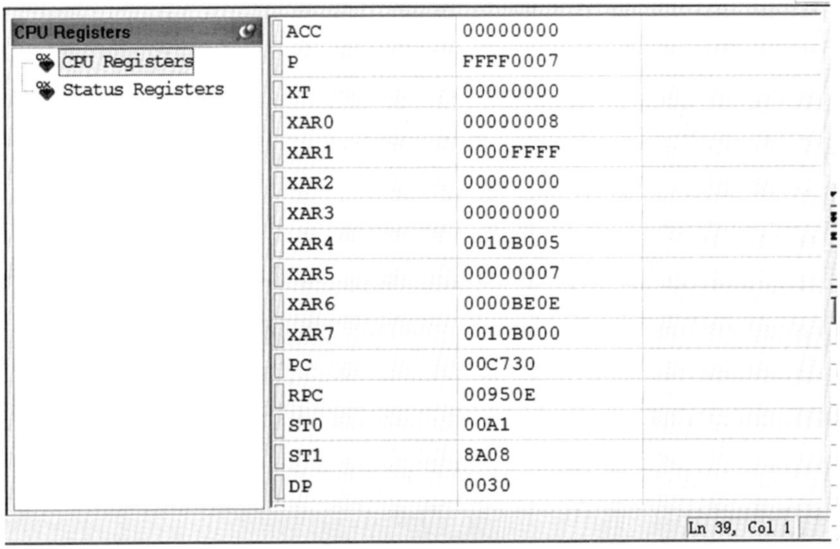

CPU Registers
- CPU Registers
- Status Registers

ACC	00000000
P	FFFF0007
XT	00000000
XAR0	00000008
XAR1	0000FFFF
XAR2	00000000
XAR3	00000000
XAR4	0010B005
XAR5	00000007
XAR6	0000BE0E
XAR7	0010B000
PC	00C730
RPC	00950E
ST0	00A1
ST1	8A08
DP	0030

Ln 39, Col 1

图 6－15　寄存器窗口

如果要访问或者编辑具体某个寄存器的内容，可以选择 “Edit”→“Edit Register”，或者在寄存器窗口双击一个寄存器，这时会弹出如图 6－16 所示的寄存器编辑对话框。

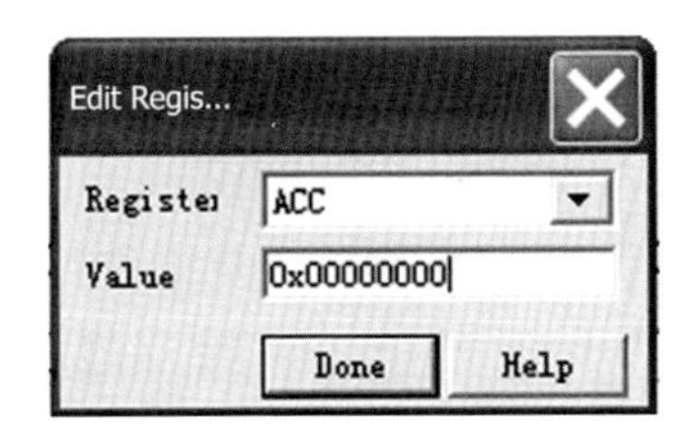

图 6－16　寄存器编辑对话框

6.1.6.7　反汇编模式/混合模式

当开发人员加载程序到目标板时，CCS 调试器会弹出一个反汇编分解指令窗口（Disassembly Window）显示反汇编的指令和符号信息供调试需要，并进入反汇编模式/混合模式（Disassembly/Mixed Mode），如图 6－17 所示。

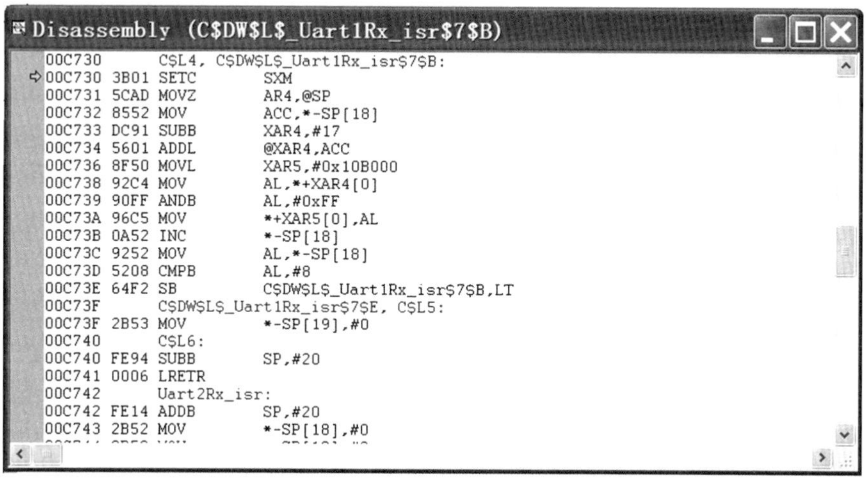

```
Disassembly (C$DW$L$_Uart1Rx_isr$7$B)
00C730      C$L4, C$DW$L$_Uart1Rx_isr$7$B:
00C730 3B01 SETC       SXM
00C731 5CAD MOVZ       AR4,@SP
00C732 8552 MOV        ACC,*-SP[18]
00C733 DC91 SUBB       XAR4,#17
00C734 5601 ADDL       @XAR4,ACC
00C736 8F50 MOVL       XAR5,#0x10B000
00C738 92C4 MOV        AL,*+XAR4[0]
00C739 90FF ANDB       AL,#0xFF
00C73A 96C5 MOV        *+XAR5[0],AL
00C73B 0A52 INC        *-SP[18]
00C73C 9252 MOV        AL,*-SP[18]
00C73D 5208 CMPB       AL,#8
00C73E 64F2 SB         C$DW$L$_Uart1Rx_isr$7$B,LT
00C73F      C$DW$L$_Uart1Rx_isr$7$E, C$L5:
00C73F 2B53 MOV        *-SP[19],#0
00C740      C$L6:
00C740 FE94 SUBB       SP,#20
00C741 0006 LRETR
00C742      Uart2Rx_isr:
00C742 FE14 ADDB       SP,#20
00C743 2B52 MOV        *-SP[18],#0
```

图 6－17　反汇编分解指令窗口

6.1.7　基础软件

CCS 提供了芯片支持库、板支持库等多种基础软件，用于提高编程效率。

（1）DSP/BIOS。

DSP/BIOS 是专门为 TMS320C5000、TMS320C2000 以及 TMS320C6000DSP 平台设计的可扩展的实时内核。DSP/BIOS 使开发人员可以高效地开发程序，同时减少了开发及维护配置操作系统及控制循环的需要。DSP/BIOS 通过标准 API 接口函数支持程序移植。

（2）芯片支持库（CSL）。

芯片支持库（CSL）提供了 C 语言配置及控制片上外设的功能，这使得外设更易于使用，同时减少了开发时间。CSL 使程序的可移植性、硬件标准化、兼容性都得到了提高。

（3）板支持库（BSL）。

如 TMS320C6000 提供的板支持库，实际上是一套 C 语言应用程序接口，可用于配置及控制所有板上的设备。BSL 包括分离的模块，这些模块编译好并存放在一个库文件里，每个模块代表一个独立的API并且被一个API模块引用。BSL的优点是使设备更易使用，设备间获得一定程度上的兼容性、可移植性、标准化以及硬件抽象等，缩短开发时间。

（4）DSP库（DSPLib）。

DSP库包括很多经过汇编优化、通用的信号处理以及图像/视频处理子程序，并可由C语言直接调用。这些程序专门用于计算增强型的软件中，使用库函数，开发人员往往可以获得比自己用标准ANSI C编写的程序更快的执行速度。

6.2 DSP应用开发硬件基础

DSP的硬件是嵌入式应用软件的载体，板卡设计是DSP系统设计的基础，优良的硬件设计是充分实现DSP特性的可靠保证，也是DSP应用系统设计成败的关键环节。

DSP系统一般应用在实时性要求较高的场合中，硬件、软件与具体应用密切结合。这就要求硬件系统的设计量体裁衣，尽可能简单小巧，数据传输高速而流畅。TI公司及其OEM厂商针对DSP的典型应用领域提供了解决方案，推出了许多具有多种接口的DSP芯片，使得DSP不仅具有强大的计算能力，而且具有一定的控制功能，从而使得DSP具备了计算器和控制器的双重能力。在推出这些芯片的同时，还给出了参考设计，这给DSP硬件设计提供了很好的参考。

然而，TI的解决方案和参考设计并不能解决具体应用中的所有问题，对参考设计的改进或对其功能的扩展是不可避免的。因此，掌握DSP的硬件设计是DSP应用的需要。DSP最小系统设计是DSP硬件设计的基础。本节的第三小节中将以TMS320F28335为例讨论DSP的最小系统所需的基本电路设计，包括电源电路设计、复位和时钟电路设计、JTAG调试接口设计等。

6.2.1 体系结构设计图

图6－18为TMS320F28335的体系结构功能框图。

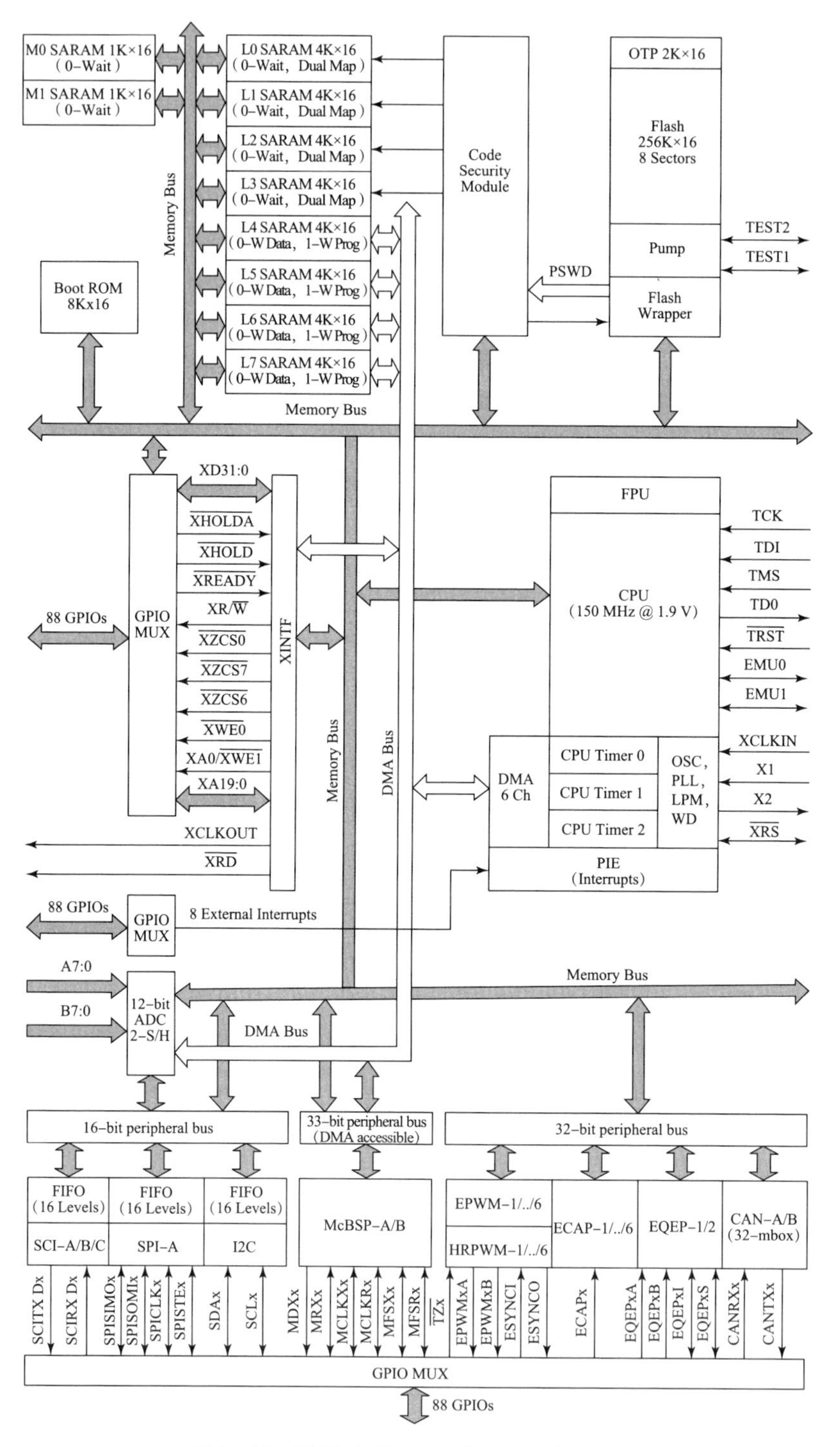

图 6－18　TMS320F28335 体系结构功能框图

6.2.2　结构简要介绍

1. TMS320F28335 CPU

TMS320F28335（简称F28335）是TMS320C2000 TM数字信号处理（DSP）平台的一员，不但具有32位定点结构，并且具有一个单精度（32位）IEEE754浮点单元（FPU）。这是一个高效的C/C++支持的芯片，不仅可以让软件开发人员利用高级语言完成控制程序的设计，而且可以实现复杂的数学算法。F28335的32×32位乘法运算能力和64位的处理能力，能够很好地处理高精度的浮点数值问题。此外，它还有快速的中断响应能力，可以高速处理异步事件。

2. 存储器总线（哈佛总线结构）

F28335使用多条总线处理寄存器、外设和CPU之间的数据。其存储器总线包括程序读总线、数据读总线和数据写总线。程序读总线由22位地址线和32位数据线构成。数据读和写总线由32位地址线和32位数据线构成，32位的数据总线使32位的单周期操作成为可能。这种称为“哈佛结构总线”的多总线结构使得F28335在单周期实现取指令、读写数据。访问存储器总线的优先级列表如下：

最高级：数据写（数据和程序的同时写不会发生在存储器总线上）；
　　　　程序写（数据和程序的同时写不会发生在存储器总线上）；
　　　　数据读；
　　　　程序读（程序的同时读和取指令不会发生在存储器总线上）；
最低级：取地址（程序的同时读和取指令不会发生在存储器总线上）。

3. 外设总线

为了能在不同的DSP系列中移植外设，F28335采用了外设总线标准来激活外设的连接。外设总线桥将各种总线整合成单一的总线，此总线由16位地址、16/32位数据和一些控制信号构成。F28335支持3种外设总线，外设1支持16/32访问；外设2只支持16位访问；外设3支持DMA访问和16/32访问。

4. 实时在线仿真

F28335采用标准的IEEE1149.1 JTAG接口。此外，F28335支持实时在线仿真，在系统运行、执行代码或中断时观察内存、外设和寄存器的变化。开发人员也可以单步运行。F28335 在没有软件的监控下可以在硬件的 CPU 内实现实时模式，这是 F28335 的一个独有特点。另外，还提供特别的硬件分析，允许开发人员设置硬件断点或数据/地址观测点，从而当一个事件发生时可以有不同的断点。

5. 外部接口

扩展异步接口由 20 位地址线、32 位数据线和 3 位片选信号组成。这些片选信号可以映射 3 个扩展区，分别为 Zone0、Zone6、Zone7。可以通过编程设定每个区的不同等待状态、选通信号建立和维持时间，这种软件编程设置的等待时间、可选择的片选信号、可设置的闸门时间使其与其他外设很容易地实现程序数据交换。

6. Flash

F28335 包含 256K × 16 位的片内 Flash 存储器，分为 8 个 32K × 16 位的扇区。每个芯片在地址 0x380400 ~ 0x3807FF 都有一个 1K × 16 位的片内 OTP 存储器，开发人员可以单独对其中任意一段进行擦写、编程和验证程序，而不必更改其他的段。但是，不能用 Flash 存储器的一段或 OTP 存储器在其他段来执行编写/编程操作。这些 Flash/OTP 映射到程序空间和数据空间，可以用来存放应用程序或数据。其中，地址 0x33FFF0 ~ 0x33FFF5 是保留给数据变量的，不能包含程序代码。

7. M0、M1 SARAM

所有的 F28335 芯片都包含这两块 1K × 16 位的 SARAM（单口 RAM）。复位时，堆栈指针指向 M1 的起始处。M0、M1 既可以映射为数据存储器，也可以映射为程序存储器。因此可以用 M0、M1 存储程序代码或存放数据变量。

8. L0、L1、L2、L3、L4、L5、L6、L7 SARAM

F28335 包含一个格外的 32K × 16 位的 SARAM，分为 8 个单元（L0 ~ L7 每个占 4K）。F28335 包含一个格外的 24K × 16 位的 SARAM，分为 6 个单元（L0 ~ L5 每个占 4K）。每个单元都可以单独访问，因此使流水线的阻塞最小化，每一单元都映射为程序空间和数据空间。L4、L5、L6 和 L7 可以 DMA 访问。

9. Boot ROM

Boot ROM 是出厂时的引导程序。当芯片上电复位时，引导模式信号提供给 boot - loader 软件使用何种引导模式。开发人员可以选择通常的引导模式或从外部连接下载新程序，也可以选择片内 Flash/ROM 引导程序。使用数学相关的运算时，Boot ROM 也包含标准的表，如数学算法中的 sin/cos 函数。

10. 安全性

F28335 提供高级别的保密性，以确保用户的程序不被反编译。开发人员可以烧写 128 位的密码到 Flash。代码安全模块（CSM）用来保护 Flash/OTP、L0/L1/L2/L3 SARAM 等，保密特性防止非法用户经由 JATG 口查看存储器内容，从外部运行代码或试图将一些不期望的软件导出存储器。为了激活安全块的访问，用户必须写入与存储在 Flash 内的密码相一致的 128 位密码值。

如果使用代码安全操作，在 0x33FF80 ~ 0x33FFF5 之间的地址不能存放程序代码或数据，而且必须全部编程为 0x0000。如果不使用代码安全功能，0x33FF80 ~ 0x33FFEF 之间的地址可以存放程序代码或数据。地址 0x33FFF0 ~ 0x33FFF5 只能存放数据，不能存放程序代码。128 位密码（地址 0x33FFF8 ~ 0x33FFFF）不能全部为 0，否则会永远地锁住芯片。

11. 外设中断扩展模块

PIE 模块可以支持 96 个不同的中断。在这 96 个中断中，有 58 个是外设中断。这 96 个中断分为 12 组，每组 8 个中断，每组都被映射到 CPU 内核的 12 条中断线上（INT1 ~ INT12）。每个中断都有自己的向量，存储在 RAM 模块中，用户可以根据需要修改设置，通过 CPU 的中断，这些向量能够被自动地获取。CPU 取这些中断向量并将它保存在 CPU 寄存器中，只需 8 个 CPU 时钟周期，所以 CPU 能够很快地响应这些中断事件。中断的优先级可以通过软件和硬件来设置，每一个中断都能通过 PIE 模块使能。

12. 外设中断（XINT1 ~ XINT7，XNMI）

F28335 支持 8 个隐藏的外部中断（XINT1 ~ XINT7，XNMI）。XNMI 可以与 CPU 中断 INT13 或 NMI 相连。每一个中断可以在下降沿、上升沿触发，还可以选择使能/禁止状态。XINT1、XINT2 和 XINTI 含有一个 16 位的加法计数器，当检测到有效中断时复位到 0，计数器可以准确地标记中断时间。

13. 振荡器和 PLL

F28335 可以通过外置振荡器或连接在芯片上的晶体振荡电路提供时钟信号，并通过内部 PLL 锁相环电路倍频后提供给系统。PLL 可以实现高达 10 倍的倍频。用户可以通过软件设置 PLL 锁相环电路倍频系数，根据实际运行频率计算所需的倍频系数，当低电压供电时需要这样考虑，还要考虑到电气规格对时序的要求，在设计中可以设置 PLL 到旁路模式。

14. 看门狗

F28335 含有一个看门狗定时器。当该模块使能时，用户必须定时地复位看门狗，否则看门狗会给系统一个复位信号使系统复位。如果不需要看门狗，可以禁止。

15. 外设时钟

每一个外设时钟的使能或禁止均可以由软件设置。当某外设不使用时，该外设时钟可以被禁止来节省能耗。另外，串行接口（除 I2C 与 eCAN 外）和 ADC 模块都与 CPU 时钟有关。

16. 低功耗模式

F28335 芯片是全静态 CMOS 设备。三种低功耗模式如下：

（1）睡眠模式（IDLE）：使 CPU 进入低功耗模式。外设时钟可以被选择禁止，只有在睡眠模式下需要工作的外设时钟被使能。任何来自有效的外设中断使能或看门狗定时器的中断使能都可使芯片退出该模式。

（2）备用模式（STANDBY）：CPU 的时钟和外设的时钟都被禁止，只留下时钟振荡器和 PLL 工作。利用外部中断可以唤醒 CPU 和外设，系统从检测到中断的下一个有效周期开始执行。

（3）暂停模式（HALT）：关闭内部晶体振荡器。这种模式基本上关闭了整个芯片，使设备处在最可能低的功耗损耗状态，只有复位或者外部信号才使芯片退出该模式。

17. 外设结构 0、1、2、3（PFn）

F28335 芯片把外设分为 4 个部分，即 PF0 ~ PF3。外设的映射如下：

PF0：PIE：PIE 中断使能、控制寄存器以及 PIE 矢量表

Flash：Flash 等待状态寄存器

XINTF：外部接口寄存器

DMA：DMA 寄存器

Timers：CPU 定时器 0、1、2 寄存器

CSM：安全代码模块寄存器

ADC：ADC 结果寄存器（双映射）

PF1：eCAN：邮箱和控制寄存器

GPIO：GPIO MUX 配置和控制寄存器

ePWM：增强型脉宽调制模块和寄存器

eCAP：增强型捕捉模块和寄存器；

eQEP：增强型正交编码器模块和寄存器

PF2：SYS：系统控制寄存器

SCI：串行通信接口（SCI）控制和 Rx/Tx 寄存器

SPI：串行外设接口（SCI）控制和 Rx/Tx 寄存器

ADC：ADC 状态、控制和结果寄存器

I^2C：内部集成电路模块和寄存器

XINT：外部中断寄存器

PF3：McBSP：多通道缓冲串行端口寄存器

18. 多功能 GPIO

大部分外设信号是与通用 I/O（GPIO）信号复用的。如果一个 GPIO 口没有被某种外设信号或功能使用，用户可以将它作为普通 I/O 使用。复位时，所有的 GPIO 均是输入状态。用户可以通过编程设置每个引脚为普通 I/O 模式或某种外设信号模式。对于特定输入，用户可以选择输入周期。

19. 32 位 CPU 定时器（0、1、2）

CPU 定时器 0、1、2 是可预置时间的 32 位定时器，它有 16 位时钟预分频。定时器有一个 32 位的递减计数寄存器，当计数值减到 0 时，定时器会产生一个中断，并自动装载 32 位的周期值。

CPU 定时器 2 是被系统保留并为实时操作系统或 BIOS 准备的，它与 CPU 的 INT14 相连。如果 DSP/BIOS 不再使用，CPU 定时器 2 可以作为普通定时器使用。CPU 定时器 1 作为普通定时器使用，并且与 CPU 的 INT13 相连。CPU 定时器 0 也是普通定时器与 PIE 模块相连。

20. 控制外设

ePWM：增强型 PWM 外设支持独立/互补的 PWM 生成、可调整的用于互锁的死区时间。一些 PWM 引脚支持 HRPWM 功能。

eCAP：在连续/单次捕获模式下，增强型捕获外设使用 32 位时基和多达四个编程事件的寄存器。这个外设还可以用来产生辅助的 PWM 信号。

eQEP：增强型 QEP 外设使用 32 位计数器，在低速测量时使用捕获单元；在高速测量时使用 32 位定时器。这个外设有一个看门狗定时器来检测电动机停转和错误逻辑输入，可以同时用 QEP 信号确定边缘状态。

ADC：ADC 是一个 12 位、16 通道的转换模块。它有两个采样，保持电路同时最多采样两路输入信号。

21. 串行端口

F28335 芯片支持下列串行通信外设：

eCAN：这是 CAN 外设的增强型版本。它支持 32 个邮箱和信号时间采样，可以与 CAN2. 0B 兼容。

McBSP：多通道缓冲串行端口与 E1/T1 相连，用于多功能数字信号编码解码器来满足调制解调器的应用或高质量音频 DAC。McBSP 的接收和发射寄存器有 DMA 支持。当需要时，McBSP 模块可以作 SPI 用。

SPI：SPI 是高速、同步串行 I/O 端口，可以使数据流（1～16 位）按照可编程的速率移入或移出器件。在正常情况下，SPI 用于和其他外设或微处理器进行通信。SPI 包含一个 16 级的接收和发送 FIFO。

SCI：串行通信接口是一个两线异步串行端口，称为 UART。F28335 中，有 3 个 SCI 接口模块，SCI 接收器和发送器具有独立的 16 级深度的 FIFO。

I^2C：内部集成电路模块在 DSP 和符合 Philips Semiconductors I^2C -bus 版本 2. 1 规格的其他设备之间有一个接口，并且按 I^2C -bus 方式连接。通过 I^2C 模块，外部元件连接到这个双线串行总线，可以发送（接收）高达 8 位数据到（从）DSP。I^2C 包含一个 16 级的接收和发送 FIFO。

6. 2. 3 最小系统设计

DSP 最小系统是指没有外围的输入/输出，也不与外部系统通信的 DSP 系统。换句话说，DSP 最小系统就是使用最少的外围电路，能使 DSP 芯片工作的系统。显然，DSP 最小系统应包括电源电路、复位电路、时钟电路和仿真器接口电路。其结构框图如图 6－19 所示。

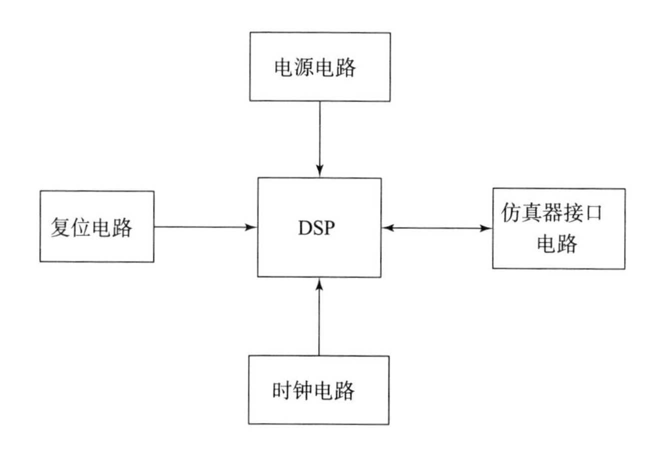

图6－19　DSP最小系统结构框图

1. 电源电路设计

低功耗一直是嵌入式系统设计的重要指标，为降低芯片功耗，TI公司的TMS320F28335 DSP采用双电源供电方案，即内核电压和I/O电压。TMS320F28335的I/O引脚和Flash的电压是3.3V，内核的供电电压为1.8V或1.9V。TI公司提供了多种电源管理芯片，如TPS767D301、TPS73HD318、TPS62400等，其电压精度都比较高。有些芯片自身还能够产生DSP的复位信号。在装甲车辆的嵌入式系统中多采用能够满足军用标准的DC/DC电源转换模块。

2. 复位电路设计

在系统上电时，DSP需要一个100～200 ms的复位脉冲。由于DSP的工作频率很高，运行时可能会被干扰，导致系统不稳定或程序意外跑飞而死机，所以需要复位电路具有监视功能（Watchdog），有时还需要手动复位。Maxim公司的MAX6746－MAX6753芯片具备这些要求，且外围电路简单，能有效提高系统的可靠性和抗干扰能力，非常适合复位电路设计。以MAX6747为例，其原理如图6－20所示。

3. JTAG接口电路设计

JTAG（Joint Test Action Group，联合测试行为小组）是基于IEEE1149.1标准的一种边界扫描测试（Boundary Scan Test）接口，主要用于芯片内部测试以及对系统进行仿真和测试。JTAG技术是一种嵌入式测试技术，它在芯片内部

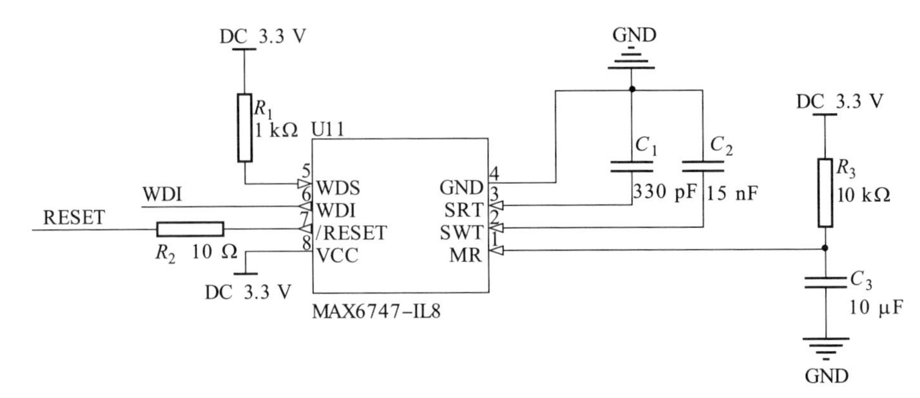

图 6-20　复位电路原理图

设计了专门的测试电路。目前比较复杂的器件都支持 JTAG 协议，如 DSP、ARM、FPGA 等，TI 公司也为大多数产品都提供 JTAG 接口支持。利用 JTAG 接口以及开发工具，可以访问和测试 DSP 的所有资源，从而提供一个硬件的实时仿真和调试环境，也为软件开发人员进行系统调试提供方便。

DSP 的 JTAG 采用标准的 14 脚接口，与仿真器上的接口一致，可以直接相连。引脚功能如表 6-2 所示。

表 6-2　JTAG 引脚的功能

引脚名称	I/O/Z	IPU/IPD	功能
TMS	I	IPU	JTAG 模式选择
TDO	O/Z	IPU	JTAG 数据输出
TDI	I	IPU	JTAG 数据输入
TCK	I	IPU	JTAG 时钟
TRST	I	IPU	JTAG 复位
EMU1 EMU0	I/O/Z	IPU	仿真引脚［1:0］，操作模式功能选择 00：边界扫描/功能扫描 01：保留 10：保留 11：仿真/功能模式（默认）

在表 6-2 中，第二列为引脚的信号类型，I 表示输入，O 表示输出，Z 表示高阻态。第三列说明引脚内部是否有上拉或下拉电阻，IPU 表示上拉，IPD 表示下拉。EMU0 和 EMU1 两个信号必须通过上拉电阻与 VCC 相连，DSP 与仿真器的接口电路原理如图 6-21 所示。

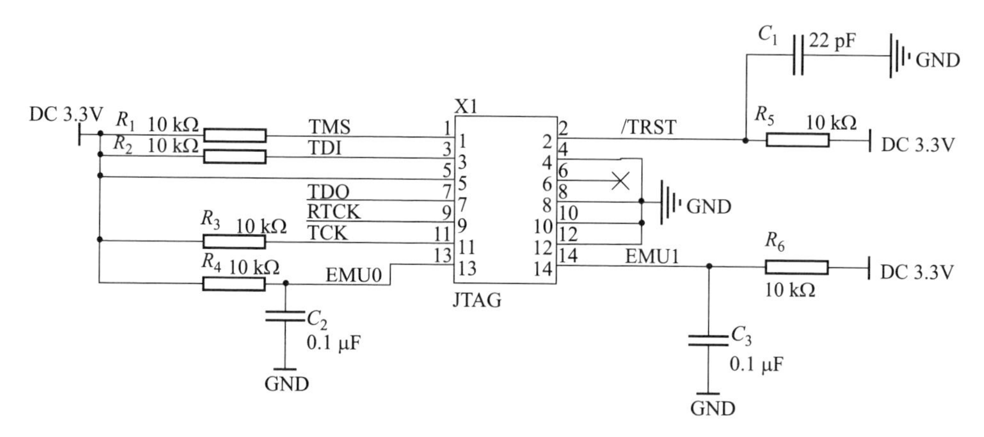

图 6－21　仿真器接口电路原理

6.3　DSP 应用软件开发

6.3.1　软件结构原理

基于 TMS320F28335 的应用软件体系结构，主要为无操作系统的软件结构，也就是带有中断的轮转结构。在这种结构中，中断程序处理软件或者硬件特别紧急的需求，然后设置标志；主循环轮询这些标志，然后根据这些需求进行后续的处理。中断程序获得很快的响应，因为中断信号会使 DSP 停止正在执行的任何操作，而转去执行中断程序。例如 DSP 定时器 0 完成一个周期计数时，就会发出一个周期中断信号，这个信号通知 DSP 定时器已经完成了一段时间的计时，这时可能有一些紧急事件需要 DSP 来处理。

下面是装甲车辆实时控制器通信板卡中用到的一段程序，使用的就是带有中断的轮转结构。

```
int iTimerCount100 ms = 0;
    void main(void)
    {
        InitSysCtrl();   //系统初始化
        InitGpio();   //GPIO 模块初始化
        DINT;
```

```
        InitPieCtrl();  //中断寄存器初始化
        InitPieVectTable();  //中断向量表
        IER=0x0000;  //禁止 CPU 中断
        IFR=0x0000;  //清除 CPU 中断标志
        InitECan();
        EALLOW;
        PieVectTable.TINT0=&TINT0_ISR;  //CPU 定时器 0 中断
        EDIS;  //
        InitCpuTimers();  //初始化定时器
        ConfigCpuTimer(&CpuTimer0,150,100000);  //CPU 定时
        器 0 的周期为 0.1 s
        InitVariable();  //初始化中断向量表
        IER |=M_INT1;  //开中断,Time0
        startCpuTimer0();//启动定时器 0
        EINT;  //开全局中断
        ERTM;  //使能实时中断
        while(1)
        {
            if(iTimerCount100ms)
            {
              Uart4Rx_isr();//硬件串口 4 中断
              iTimerCount100ms=0;
            }
            …
      }
    }

interrupt void TINT0_ISR(void)      // CPU-Timer 0
{
    PieCtrlRegs.PIEACK.all=PIEACK_GROUP1;
    CpuTimer0Regs.TCR.bit.TIF=1;//Writing a 1 to this bit
clears the flag.
    CpuTimer0Regs.TCR.bit.TRB=1;
```

```
        iTimerCount100ms =1;
        …
    }
```

6.3.2 串行总线通信的软件开发

在实时控制器通信软件开发中，需要通过RS-422串口与指北仪、热像仪、观瞄镜等多个设备进行数据通信，TMS320F28335原有的串口通道不能够满足系统设计的需要，因而在硬件板卡设计时进行了串口扩展。选用TI公司生产的异步收发器ST16C554DIQ64芯片，该芯片有四个通道，可以进行四路串口通信，每个通道带有两个16字节的FIFO缓存，其中一个用于接收数据，另一个用于发送数据，可以减少中断发生的次数，提高接收发送串行信号的效率和可靠性。

串口数据的接收或发送采用查询的方式完成，通过数据回显能够实现对板卡通信功能的测试，测试软件主要实现的功能是：当调试计算机通过串口发送数据给DSP时，DSP先接收数据，然后将这些数据发送回调试计算机，调试计算机可以在调试窗口将接收到的数据进行显示。串口通信的协议格式设置为：波特率115 200，起始位1位，数据位8位，停止位1位，偶校验。

首先在头文件中对16C554的各路寄存器进行定义：

```
#define THRCH1(*(char*)0x10B000) //A通道发送寄存器
#define RHRCH1(*(char*)0x10B000) //A通道接收寄存器
#define DLLCH1(*(char*)0x10B000) //A通道设波特率寄存器
#define DLMCH1(*(char*)0x10B001) //A通道设波特率寄存器
#define IERCH1(*(char*)0x10B001) //A通道中断使能寄存器
#define FCRCH1(*(char*)0x10B002) //A通道中断标识/FIFO控制寄存器
#define IIRCH1(*(char*)0x10B002)    //A通道中断标识/FIFO控制寄存器
#define LCRCH1(*(char*)0x10B003)//A通道线控寄存器
#define MCRCH1(*(char*)0x10B004)//A通道modem控制寄存器
#define LSRCH1(*(char*)0x10B005)//A通道线状态寄存器
#define MSRCH1(*(char*)0x10B006)//A通道modem状态寄存器
#define SCRCH1(*(char*)0x10B007)//A通道暂存寄存器
…
```

B通道、C通道以及D通道的寄存器定义与A通道一致。

```
//系统控制寄存器初始化
void InitSysCtrl(void)
```

```
{
    DisableDog(); //关看门狗
    InitPll(DSP28_PLLCR,DSP28_DIVSEL); //初始化 PLL 模块,外部晶振为 30 MHz,//SYSCLKOUT =30 MHz×10/2 =150 MHz
    InitPeripheralClocks();//设置高速时钟预定标器与低速时钟预定标器
}
void InitPeripheralClocks(void)
{
    EALLOW;
     SysCtrlRegs.HISPCP.all = 0x0001;//HSPCLK = SYSCLKOUT/2 =75 MHz 高速外设时钟
     SysCtrlRegs.LOSPCP.all = 0x0002;//LSPCLK = SYSCLKOUT/4 =37.5 MHz 低速外设时钟
    EDIS;
}
//对 16C554 初始化:四路串口的设置相同
//波特率 115 200,起始位 1 位,数据位 8 位,停止位 1 位,偶校验
void InitUart(void)
{
    int readtemp;
/*******************************************************
串口 A 通道
*******************************************************/
  FCRCH1 =0x8F;   // FIFO 控制寄存器
  LCRCH1 =0x80;   //线路控制寄存器,设 DLAB =1
  DLLCH1 =0x08;   //除数锁存 LSB,波特率 115 200 b/s,外部晶振为
                    14.745 6
  DLMCH1 =0x00;   //除数锁存 MSB
  LCRCH1 =0x00;   //线路控制寄存器,*设 DLAB =0 *
  FCRCH1 =0x8F;   //设 FIFO,收 14 个数据产生中断
  LCRCH1 =0x1B;   //偶校验(bit4),校验使能(bit3),一个停止位
                    (bit2),
                  //8 个数据位(bit1,0)
```

```
  IERCH1 =0x01;  //中断使能寄存器  允许收到数据有效中断和超时
                  中断
  MCRCH1 =0x08;  //调制解调器控制寄存器
  …
//串口B通道、C通道以及D通道的配置与A通道一致。
}
/*********************************************************
主程序函数
*********************************************************/
#include"DSPF28335_Project.h"
void main(void)
{
  InitSysCtrl();  //系统初始化
  DINT;
  InitPieCtrl();  //中断寄存器初始化
  InitPieVectTable();  //中断向量表
  IER=0x0000;  //禁止CPU中断
  IFR=0x0000;/  /清除CPU中断标志
  EALLOW;
  EDIS;
  InitUart();  //16C554初始化
  EINT;  //开全局中断
  ERTM;   //使能实时中断
  while(1)
  {
      Uart1Rx_isr();  //串口A通道
      Uart2Rx_isr();  //串口B通道
      Uart3Rx_isr();  //串口C通道
      Uart4Rx_isr();  //串口D通道
  }
}
**********************************************************
测试串口A通道接收是否正确。(接收后发送)
**********************************************************
```

```
void Uart1Rx_isr()
{
 char IIRtemp;
 char LSRtemp;
 char INTtemp;
unsigned char CH1DATIN[16];
uint16 flag422;
char i=0;
char flag=0;
  IIRtemp=IIRCH1;
  if((IIRtemp & 0x01)==0)
  {
      while((LSRCH1 & 0x01)==0x01)
      {
          CH1DATIN[i++]=RHRCH1;
          flag=0x55;
      }
  }
  else;
  if(flag==0x55)
        {
        for(i=0; i<8; i++)
        THRCH1=CH1DATIN[i] & 0x0FF;
        flag=0;
        }
        else;
}
```

****

测试串口 B 通道、C 通道、D 通道接收是否正确的代码与 A 通道一致。

****

6.3.3 通用输入/输出多路复用器 GPIO 的软件开发

在实时控制器软件研发中，通用输入/输出端口 GPIO 是与其他设备进行开关量数据交换的重要通道，TMS320F28335 提供了多达 88 个引脚，每个引脚都可以配置成数字I/O工作模式或外设I/O工作模式，可以通过功能切换寄存器（GPxMUX1/2）进行切换。本节以实时控制器内通信板卡中对GPIO的一段应用为例，需要检测GPIO1引脚上的电平信号状态，当其为高电平时，驱动GPIO35引脚为高电平，当其为低电平时，驱动GPIO35引脚为低电平。

GPIO的配置步骤如下：

（1）选择GPIO工作模式。

首先搞清楚每个GPIO引脚所具有的功能，并通过配置GPxMUXn寄存器选择其工作在外设I/O模式或数字I/O模式。默认情况下，GPIO被配置成数字I/O模式，且为输入状态。

（2）使能或禁止内部上拉电阻。

通过对相应的内部上拉控制寄存器GPxPUD进行配置，可以使能或禁止内部上拉功能。

（3）选择引脚方向。

如果一个GPIO被配置为数字I/O模式，还需要为其配置输入/输出方向，通过写GPxDIR寄存器，可完成输入/输出方向的配置。

（4）选择输入限定模式。

当一个数字I/O被配置成输入状态，可以为其选择限定模式。默认情况下，所有的输入信号与系统时钟SYSCLKOUT同步。

（5）选择低功耗模式的唤醒端口。

通过配置GPIOLPMSEL寄存器，可以指定一个GPIO引脚，用其将CPU从HALT和STANDBY低功耗模式中唤醒。

（6）为外部中断源选择输入引脚。

为XINT1~XINT7及XNMI外部中断选择合适的输入引脚。

软件设计：

```
#include"DSPF28335_Project.h"
void InitGpio(void);
void main(void)
{
    InitSysCtrl();  //系统初始化
    InitGpio();  //GPIO模块初始化
    DINT;
    InitPieCtrl();  //中断寄存器初始化
    InitPieVectTable();  //中断向量表
    IER=0x0000;//禁止CPU中断
```

```
    IFR = 0x0000;//清除 CPU 中断标志
    while(1)
    {
      if(GpioDataRegs.GPADAT.bit.GPIO1 ==1)
      {
      GpioDataRegs.GPBSET.bit.GPIO35 =1;
    }
    else
    {
      GpioDataRegs.GPBCLEAR.bit.GPIO35 =1;   //输出低电平
    }
  }
}
/ ******************************************************
* 子函数
*******************************************************/
    Void InitGpio(void)
    {
      EALLOW;
      GpioCtrlRegs.GPAPUD.bit.GPIO0 =0;    //选择数字 I/O 模式
      GpioCtrlRegs.GPAMUX1.bit.GPIO0 =0;   //使能内部上拉电阻
      GpioCtrlRegs.GPADIR.bit.GPIO0 =0;    //配置成输入方向
      GpioCtrlRegs.GPAQSEL1.bit.GPIO0 =0;  //与系统时钟 SYSCLOUT
                                            同步
      EDIS;
      EALLOW;
      GpioCtrlRegs.GPBPUD.bit.GPIO35 =0; //选择数字 I/O 模式
      GpioCtrlRegs.GPBMUX1.bit.GPIO35 =0; //使能内部上拉电阻
      GpioCtrlRegs.GPBDIR.bit.GPIO35 =1;   //配置成输出方向
      EDIS;
    }
```

6.3.4 CAN 总线的软件开发

在实时控制器软件通信中，最常使用 CAN 总线通信，CAN 是一种多主方式的现场串行通信总线，基本设计规范要求有较高的位速率、高抗电磁干扰性，而且能够检测出产生的任何错误。当信号传输距离达到 10 km 时，CAN 仍可能提供高达 50 kb/s 的数据传输速率，由于 CAN 总线具有很高的应用性能，所以在装甲车辆的数据通信中得到了广泛的应用。

TMS320F28335 内部的增强控制器局域网络（eCAN）模块是完整的 CAN 控制器，并且与 CAN2.0B 标准兼容，它使用确定的协议与其他控制器进行串行通信。借助于 32 个可配置的邮箱和时间戳功能，eCAN 模块可提供多用途的串行通信接口，即使在电噪声环境下也能可靠通信。

eCAN 模块的架构如图 6－22 所示。

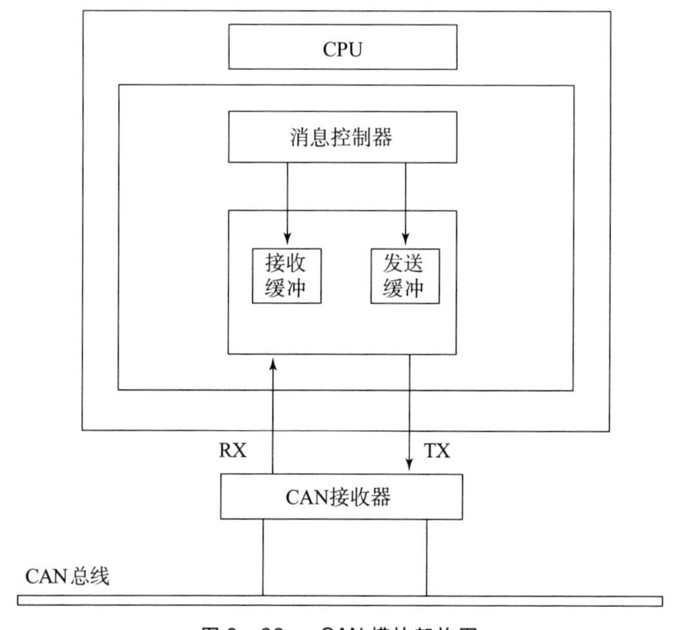

图 6－22　eCAN 模块架构图

配置 eCAN 的操作，必须执行以下步骤：

步骤 1：使能 CAN 模块的时钟。

步骤 2：将 CANTX 和 CANRX 引脚设定为 CAN 功能：写入 CANTIOC[3:0] = 0x08。

步骤 3：复位后，CCR 位（CANMC[12]）和 CCE 位（CANES[4]）设置为 1。这使用户能够配置位时序、配置寄存器（CANBTC）。

如果 CCE 为被设置（CANES[4] = 1），进行下一步操作；否则，设置 CCR 位（CANMC[12] = 1）并等待，直到 CCE 位设置（CANES[4] = 1）。

步骤4：使用适当的时序值对CANBTC寄存器进行配置，确保TSEG1和TSEG2不等于0。如果两个值等于0，则模块不能退出初始化模式。

步骤5：对于SCC模式，现在对验收屏蔽寄存器编程。例如：写入LAM(3)=0x3C0000。

步骤6：对主控制寄存器（CANMC）进行如下编程：清除CCR（CANMC[12]=0）；清除PDR(CANMC[11]=0)；清除DBO（CANMC[10]=0)；清除WUBA(CANMC[9]=0)；清除CDR(CANMC[8]=0)；清除ABO(CANMC[7]=0)；清除STM(CANMC[6]=0)；清除（CANMC[5]=0)；清除MBNR(CANMC[4:0]=0)。

步骤7：将MSGCTRLn寄存器的所有位初始化为零。

步骤8：验证CCE位是否被清零（CANES[4]=0)，如果被清零则表明CAN模块已被配置。

这就完成了基本功能的设置。

以下代码以从A到B的传输为例，说明了CAN总线在装甲车辆实时控制器软件中的应用。

```
#include"DSPF28335_Project.h"
#define TXCOUNT 100        //传输需要的 TXCOUNT 时间
//全局变量
long i=0;
long loopcount=0;
void main(void)
{
    InitSysCtrl();  //系统初始化
    InitGpio();  // GPIO 模块初始化
    DINT;
    InitPieCtrl();//中断寄存器初始化
    InitPieVectTable();//中断向量表
    IER=0x0000;//禁止 CPU 中断
    IFR=0x0000;//清除 CPU 中断标志
InitECan();
/*写入 MSGID*/
ECanaMboxes.MBOX27.MSGID.all=0x95555555;//扩展的标识符
/*配置被测试的邮箱为发送邮箱*/
ECanaShadow.CANMD.all=ECanaRegs.CANMD.all;
```

```
ECanaShadow. CANMD. bit. MD25 =0;
ECanaRegs. CANMD. all =ECanaShadow. CANMD. all ;
/* 使能被测试的邮箱 */
ECanaShadow. CANME. all =ECanaRegs. CANME. all;
ECanaShadow. CANME. bit. ME25 =1;
ECanaRegs. CANME. all =ECanaShadow. CANME. all ;
/* 在主控制寄存器中写入 DLC */
ECanbMboxes. MBOX25. MSGCTRL. bit. DLC =8;
/* 写入邮箱的 RAM */
ECanbMboxes. MBOX25. MDL. all =0x55555555;
ECanbMboxes. MBOX25. MDH. all =0x55555555;
/* 开始传输 */
for(int i =0; i < TXCOUNT;i++)
{
    ECanbShadow. CANTRS. all =0;
    ECanbShadow. CANTRS. bit. TRS25 =1; //为被测试邮箱设置 TRS
    ECanbRegs. CANTRS. all =ECanbShadow. CANTRS. all;
    do
    {
      ECanaRegs. CANTA. all =ECanaRegs. CANTA. all;
    }
     while (ECanaRegs. CANTA. bit. TA25 == 0)//等待 TA25 位被
置位
    ECanaRegs. CANTA. all =0;
    ECanaRegs. CANTA. bit. TA25 =1;
    ECanaRegs. CANTA. all =ECanaRegs. CANTA. all;
    Loopcount++;
    }
    asm("ESTOP0"); //结束
    }
```

第7章

嵌入式微控制器软件开发

从总体上说，通用计算机系统主要用于数值计算、信息处理，兼顾控制功能；而嵌入式计算机系统主要用于控制领域，兼顾数据处理。前一章介绍的数字信号处理器(DSP)，相对于微控制器（Micro Controller Unit，MCU）来说并没有本质区别，仅仅因为功能有所侧重而已，DSP更偏重于信号处理与运算，而MCU偏重于控制。实质上MCU与DSP目前也几乎处于同期发展的状况，甚至只是同一厂家的不同型号产品。现在的大多数新型 MCU 芯片能够具备 DSP 功能，而大多数新型 DSP 芯片也具有控制功能，因此出现“DSP 型 MCU”“MCU 型 DSP”等叫法，这是厂家想告知用户这些芯片兼具运算与控制功能。

7.1 嵌入式单片机的基本结构

7.1.1 单片机的特点概述

基于嵌入式微控制器的系统应用属于芯片级应用，软件设计和硬件设计结合紧密，需要开发人员在充分了解嵌入式微控制器体系结构、指令系统的基础上，开展软硬件协同设计。作为嵌入式微控制器的典型代表，单片机是一种采用超大规模集成电路技术，把具有数据处理能力（如算术运算，逻辑运算、数据传送、中断处理）的处理器（CPU），随机存取数据存储器（RAM），只读程序存储器（ROM），输入/输出电路（I/O），可能还包括定时计数器，串行通信接口（SCI），显示驱动电路（LCD或LED驱动电路），脉宽调制电路（PWM），模拟多路转换器及A/D转换器等电路集成到一块芯片上，构成一个最小却完整的计算机系统。这些电路能在软件的控制下准确、快速、高效地完成软件设计者事先设计的任务。由此来看，它可独立地完成现代工业控制所要求的智能化控制功能，这是单片机的最大特征。由于单片机具有体积小、价格低、使用灵活、稳定可靠等优点，所以它的出现和迅猛发展给控制领域带来了一场技术革命，在现代控制系统中占有十分重要的地位。装甲车辆火控系统、动力系统、电气系统等嵌入式系统广泛应用单片机，作为实现调速控制、步进电机控制、智能配电、环境传感器采集等功能的核心部件。

在没有完成硬件系统设计和软件开发前，单片机只是具备极强功能的超大规模集成电路，通过应用它的 AD 模块设计相应的外围电路，并进行 AD 采样处理软件的设计开发，则可以构建一个环境传感器的采集器。运用它的定时器和输入/输出电路（I/O）并通过信号调理，在此基础上进行相应的软件开发，则它就是一个控制步进电机运动的控制器。

不同的单片机有着不同的硬件和软件接口，即它们的技术特点均不相同，硬件接口取决于单片机芯片的内部结构，开发人员要使用某种单片机，必须了解该型产品是否满足需要的功能和应用系统所要求的性能指标。单片机的技术特点包括功能特性、控制特性和电气特性等，这些特点是指指令系统特性和开发环境支持。指令系统特性即单片机的寻址方式、数据处理和逻辑处理方式、输入/输出特性及对电源的要求等。开发环境支持包括指令的兼容性和可移植性，支持软件（包含可支持开发应用程序的软件资源）及硬件资源。要利用某型号单片机开发自己的应用系统，必须全面掌握其结构特点和技术特点。

飞思卡尔（Freescale）公司的 MC9S12 系列单片机采用了高性能的 16 位处理器 HCS12，可提供丰富的指令系统，具有较强的数值运算和逻辑运算能力；其大容量的 Flash 存储器具有在线编程能力，E^2PROM 和 RAM 可存储各种控制参数。MC9S12 的低功耗晶振、复位控制、看门狗及实时中断等配置和功能更有助于系统的可靠运行。本章以 MC9S12XF512 型单片机为例，主要介绍其硬件特点和软件特点。

7.1.2 MC9S12XF512 型单片机的体系结构

图 7-1 体系结构图为 MC9S12XF512 单片机的内部组成，图的左右分别为 CPU 主处理器和协处理器的内核与外设部分。其中左侧 PA、PB、PC、PD 口在扩展方式下可以作为分时复用的地址/总线，PE 口的一部分作为控制总线，在系统扩展的时候使用。此外，这个单片机还有很多外设，几乎每一种接口都具有双重功能，即通用 I/O 功能和特殊接口功能。在某种模式下，PA、PB、PC、PD 和 PE 口的一部分也可以用作通用 I/O 接口。这些双重功能的 I/O 口本身及其控制逻辑完全集成在单片机内部，其体积、功耗、可靠性、应用简单及方便程度都与专用的 I/O 口有着显著的区别。

内部 Flash 存储器容量达 512 KB，可以用来保存程序和原始数据等，在正常工作时没有被擦写的危险。32 KB 的 RAM 存储器可以用作堆栈、保存中间结果及动态数据，甚至可以在调试时存放程序。4 KB 的 E^2PROM 可以保存组态、设置信息等半永久数据。16 位的 CPU12X 具有 16 位乘法和 32 位除 16 位的整数乘除运算指令，内部设有指令队列，最小总线周期 12.5ns，I/O 与存储

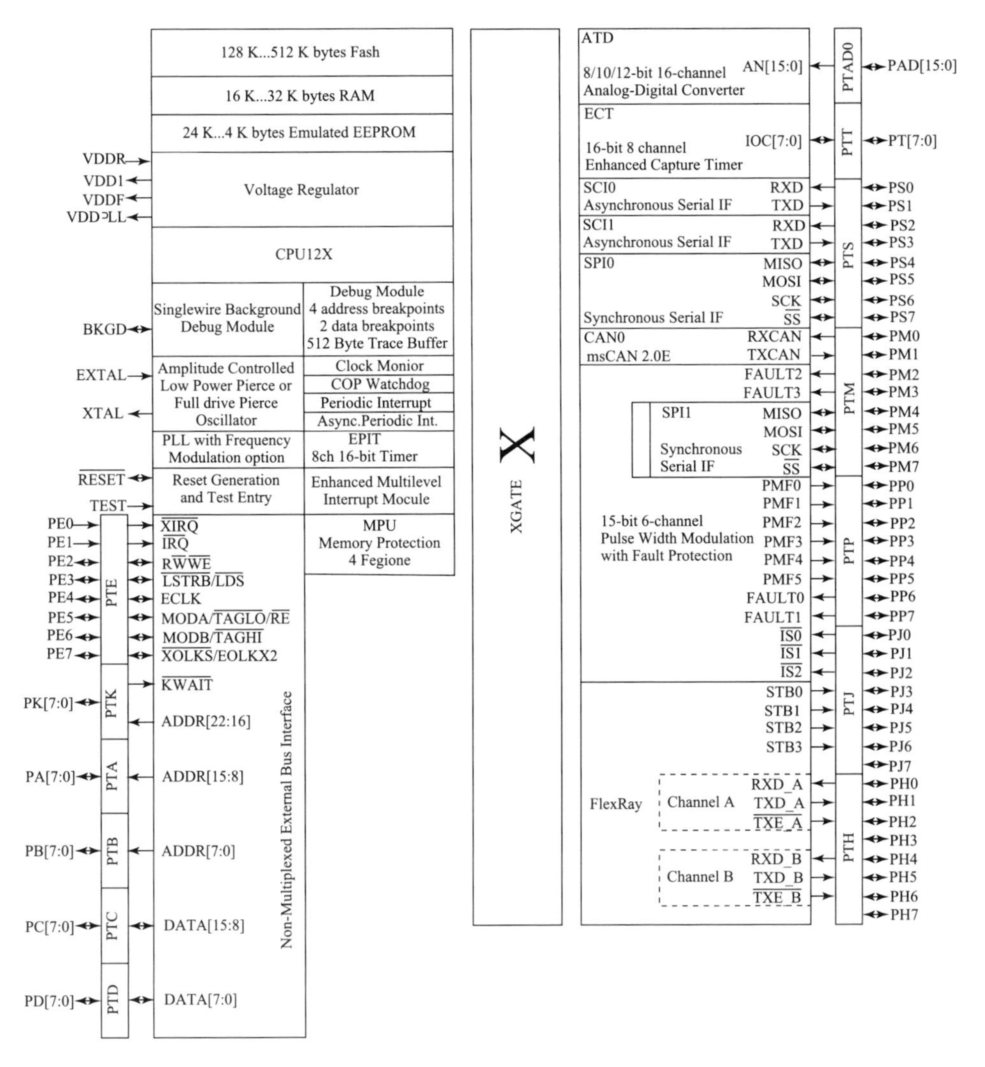

图 7－1　体系结构图

器统一编址。特有的 BDM 调试方式无须仿真器，可以实现硬件断点、条件断点、在线调试等全部调试功能，外部只需要简单的接口和相应的软件即可。内部集成了看门狗（系统运行监视）功能，可以保证程序跑飞后快速恢复。时钟监视可以监视系统时钟的运行异常，例如时钟频率下降等，两者结合等于为系统安全加了双保险。

内部集成的外设除了常规的定时器、串行接口、并行接口外，还包括 ATD、ECT、SPI、CAN 等，其中 ATD 有 16 个可编程位数为 8/10/12 位的模拟输入通道，内部具有多路器和采样保持，可以设定各种采样方式，可以采用中断方式工作。定时器模块具有 8 个 16 位的独立可编程通道，每个通道可以单独设置成输入/输出比较方式。集成的串行接口有 1 个 SCI 和 1 个 SPI，工作方式和参数可以根据应用要求设置。内部还有 6 个 16 位的脉宽调制通道，具备 1 路 CAN 总线接口和两路 FlexRay 总线通信接口。

随着装甲车辆信息技术的发展，许多控制系统对网络容错性、消息的确定性和传输的延迟时间都有很严格的要求。适用于此类要求系统的网络主要有 TTP（Time Triggered Protocol）、TTCAN（Time Triggered CAN）和 FlexRay 总线。TTP 具有很高的数据传输速率，是一种具有高容错性和高确定性的网络，它可以满足控制系统对安全性和实时性的要求，但是网络的灵活性不强，对设计人员要求较高；TTCAN 作为 CAN 协议的延伸，它具有事件触发和时间触发两种通信机制，但是它的容错性能不强；FlexRay 总线着重提供的是当今控制系统信息网络的一些核心需求，包括更快的数据速率，更灵活的网络通信结构，更确定的消息传输时间和更优化的容错运算，是目前最适合应用在控制系统上的网络。在装甲车辆信息网络的发展中，FlexRay 总线网络已渐渐取代 CAN 总线而成为装甲车辆信息系统的主干网络。由于 MC9S12XF512 单片机具备 FlexRay 总线通信功能，在装甲车辆信息系统中被广泛应用。

MC9S12XF512 单片机不仅集成了 FlexRay 总线模块，还集成了 XGATE 模块。在许多嵌入式系统中，响应实时中断事件耗费了 MCU 中大部分的性能，一般而言，中央处理器（CPU）是处理中断事件的唯一资源，它同时还必须满足应用的处理和反应时间的要求；而 MC9S12XF512 单片机采用了 XGATE 模块，该模块的功能类似于主 CPU 的专用协处理器。这种多功能的高效协处理器是专为处理中断事件而设计的，无须 CPU 的介入。XGATE 在 RAM 中运行，速度可达 CPU 时钟的 2 倍（80 MHz），可以承担主 CPU 的基本网关活动和外围设备相关处理的任务，并将 CPU 从耗时的中断处理程序中解放出来，专注于执行与应用相关的任务。这种组合可以实现实时事件处理，并优化系统性能。这一并行架构可支持更多的确定性中断处理，使软件开发人员能够避免核心功能与中断处理之间的冲突。XGATE 可以显著降低 CPU 的负荷，使 CPU 能够集中资源运行关键的系统任务，从而缩短响应时间。

7.2 集成开发环境

单片机自动完成赋予它的任务的过程，也就是单片机执行程序的过程，即一条条执行指令的过程，所谓指令就是把要求单片机执行的各种操作用命令的形式写下来，这是由单片机开发人员赋予它的指令系统所决定的，一条指令对应着一种基本操作；单片机所能执行的全部指令，就是该单片机的指令系统，不同种类的单片机，其指令系统亦不同。

为使单片机能自动完成某一特定任务，必须把要解决的问题变成一系列指令（这些指令必须是选定单片机能识别和执行的指令），这一系列指令的集合就称为程序，程序需要预先存放在具有存储功能的部件——存储器中。存储器由许多存储单元（最小的存储单位）组成，就像楼房由许多房间组成一样，指令就存放在这些单元里，单元里的指令取出并执行就像楼房的每个房间都被分配了唯一一个房间号一样，每一个存储单元也必须被分配唯一的地址号，该地址号称为存储单元的地址，这样只要知道了存储单元的地址就可以找到这个存储单元，其中存储的指令就可以被取出，然后再被执行。

程序通常是顺序执行的，所以程序中的指令也是一条条顺序存放的，单片机在执行的过程中要能把这些指令一条条取出并加以执行，必须有一个部件能追踪指令所在的地址，这一部件就是程序计数器 PC（包含在 CPU 中），在开始执行程序时，给 PC 赋以程序中第一条指令所在的地址，然后取得每一条要执行的命令，PC 中的内容就会自动增加，增加量由本条指令长度决定，可能是 1、2 或 3，以指向下一条指令的起始地址，保证指令顺序执行。

然而软件开发人员在学习软件编程的时候，第一课都是直接编写代码，这时初学的软件开发人员可能会感到一头雾水。实际上，从一个软件开发人员编写的 C 代码，到嵌入式单片机执行的程序，至少要经过编译器将 C 代码（源代码）编译成目标代码，然后再经过链接器整合成机器码。随着计算机技术的发展，编译器、链接器等功能已经嵌入集成开发环境（Integrated Development Environment，IDE）中，软件开发人员只需编辑应用所需的源代码，而无须考虑目标代码、机器码等事宜。一个界面友好、操作便捷、功能强大的集成开发环境会大大提高软件开发人员的工作效率。本节主要介绍的是 MC9S12XF512 单片机的 CodeWarrior 集成开发环境。

7.2.1 CodeWarrior 集成开发环境

Metrowerks 公司的集成开发工具 CodeWarrior，是为开发嵌入式微处理器而设计的一套强大易用的开发工具，可以有效地提高软件开发效率。随着计算机技术和高级编程语言的飞速发展，跟踪调试器（Debugger）和源代码符号调试器已成为软件开发的重要工具。跟踪调试器能更加有效地利用操作系统接口和硬件功能，向软件开发人员提供高效、便利的开发调试查错能力。源代码符号调试器用于高级语言的排错、查错。CodeWarrior 集成了跟踪调试器和源代码符号调试器，能够自动地检查代码中的明显错误，它通过一个集成的调试器和编辑器来扫描代码，能够检查源代码中的语法错误，给出准确定位，并且提示相应错误信息以便开发人员修改、错误排除后，编译并链接程序。

CodeWarrior 使用 COM 技术实现了灵活的插件（Drop - in Plugin）功能，在 IDE 环境下，所有编译器、链接器、调试器等都是 IDE 的插件。IDE 规定了编译器、链接器、调试器、符号表的标准接口协议，使得不同语言、不同平台（对嵌入式系统交叉编译调试而言）的编译器、链接器、调试器能够在同一 IDE 中使用。只需简单地将插件放入 IDE 规定的目录下。

CodeWarrior 集成开发环境的主要功能模块有：

- 消息驱动框架
- 被调试程序的执行控制模块
- 断点及单步运行的实现
- 程序上下文的读取和写入
- 符号表的访问

CodeWarrior IDE 基本用户界面如图 7 - 2 所示：

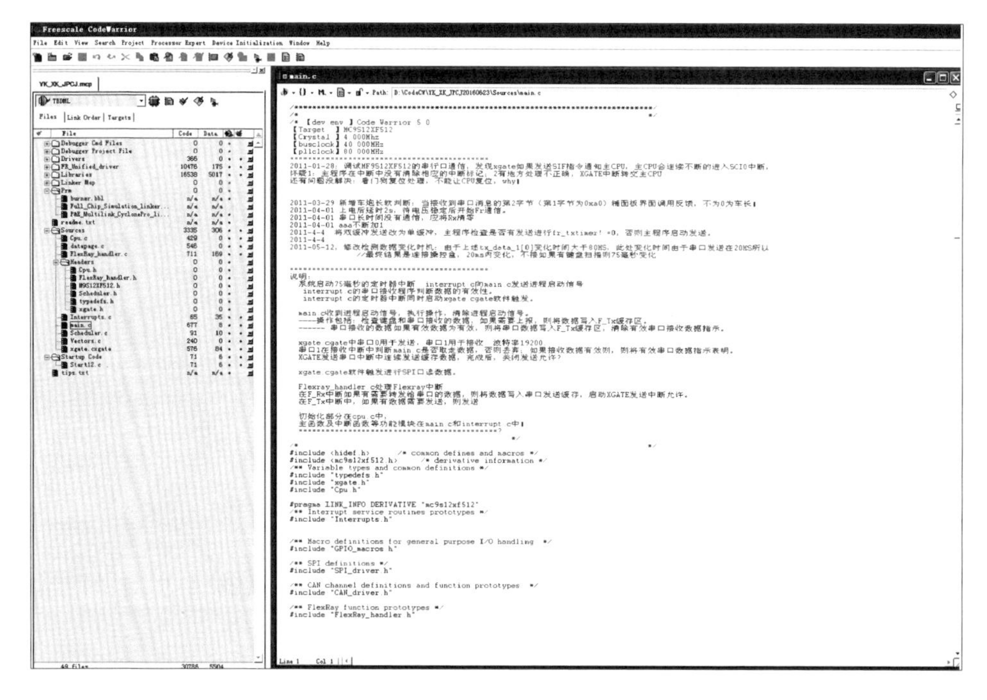

图 7 - 2　CodeWarrior IDE 基本用户界面

由 CodeWarrior 创建的工程包含多个文件，其中工程文件扩展名为 mcp，它包含了所有文件的列表和工程的配置信息，这些配置信息包括编译和链接的设置，源文件、库文件以及最终产生可执行程序的依赖关系，可以说这个 mcp 文件，是生成可执行文件的核心。通过打开 mcp 文件就可以打开一个工程，并且管理工程内的所有文件和将要生成的目标文件。

每个工程可以有多个编译目标（Build Target），编译目标可以告诉 IDE 产生哪些输出文件。编译目标可以是 TBDML（使用 BDM 下载程序到单片机）、模拟器（Simulator）等多种目标，可以根据开发人员需要选择编译目标。左侧栏内 Files 标签里是 CodeWarrior 当前工程的所有文件，换句话说，它就是一个完整的文件管理器，双击文件名，可以打开相应的文件进行编辑；单击文件夹前面的展开/关闭按钮，可以展开或者关闭文件夹；如果需要更改文件夹的名字，那么只需要双击目标文件夹即可。和人们的通常习惯不同的是，CodeWarrior 把其工程内的文件夹称作组（Group），软件开发人员也可以在此视图内执行编译、链接、修改项目选项，添加、删除文件等常用操作。如果在某个文件前面有一个小的红色的对号，如图 7 – 3 所示，它表示对应的文件被编辑过但还没有被编译，等编译完成后，前面的红色对号就消失了，在该文件右边对应

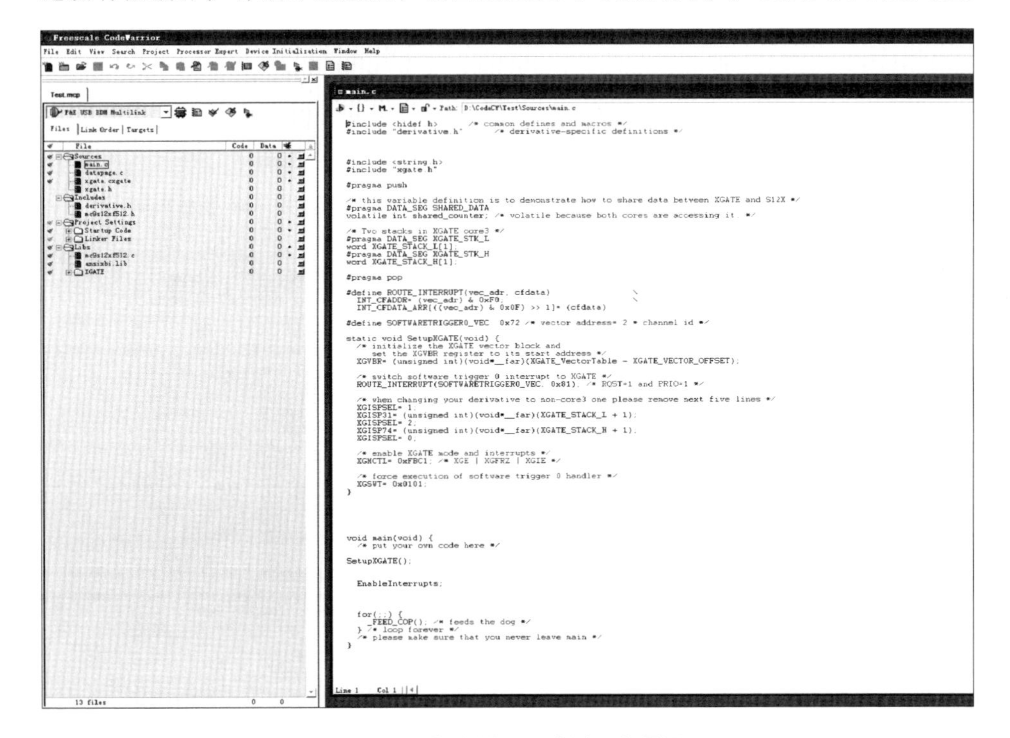

图 7 – 3　CodeWarrior 新建工程界面

的“Code”和“Data”栏中就会出现代码转换成机器码后实际的代码量和数据量，而在编译前这两项的数字都是0。右侧源代码视图是软件开发人员调试时使用的最主要的环境。源代码视图在不同的状态下有不同的功能：程序运行状态下，作为控制程序执行的环境，软件开发人员可以使用设置断点、单步执行等功能；在非程序运行状态下，其功能为代码编辑器。代码编辑器可以完成两个任务，一是建立和编辑程序源文件，这是代码编辑器最主要的功能；二是建立和编辑文本文件。程序源文件在编译时，是要参与编译并且生成目标文件，而一般的文本文件是不参与编译的，文本文件也不包含任何程序代码和数据。在编译和链接前，可以针对编译目标进行设置，可以通过编译目标下拉框进行编译目标的选择变换。单击 Make（或 F7）进行编译和链接项目。如果源程序有错误，CodeWarrior IDE 会自动弹出错误或者警告信息。根据提示进行修改、重新编译，直到没有错误通过编译、链接为止，完成目标文件的生成。

7.2.2 工程项目创建与目标文件生成

运行 CodeWarrior IDE 后，启动界面如图7－4所示。选择 Create New Project，创建新的工程项目。

如图7－5选择左侧的 MC9S12XF512 系列的芯片类型，右侧选择 BDM 的连接方式。单击下一步弹出如图7－6所示的界面。

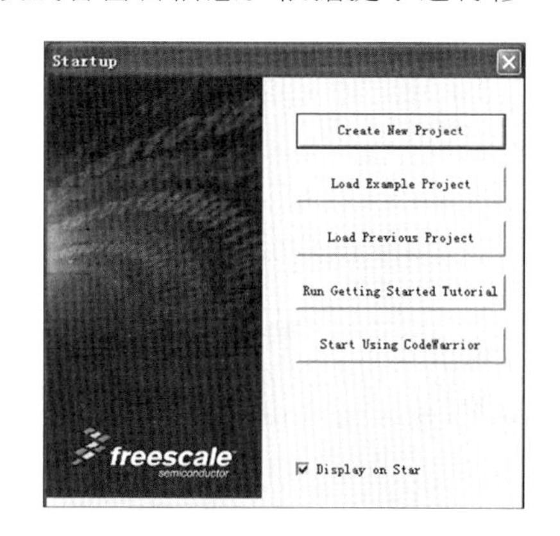

图7－4　启动界面

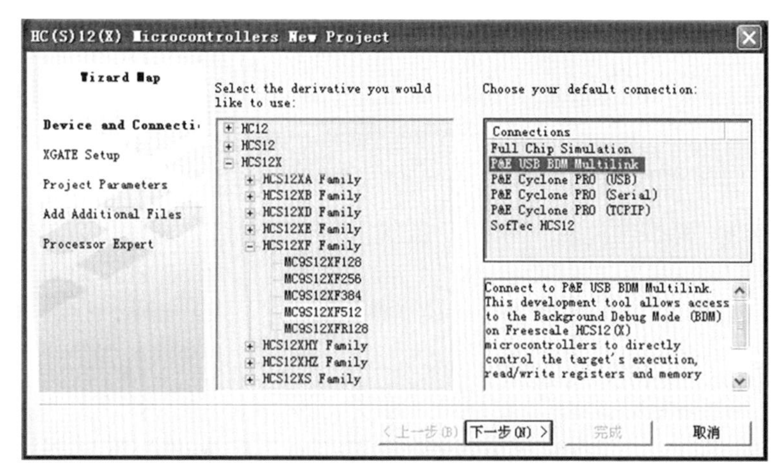

图7－5　芯片类型及 BDM 连接选择界面

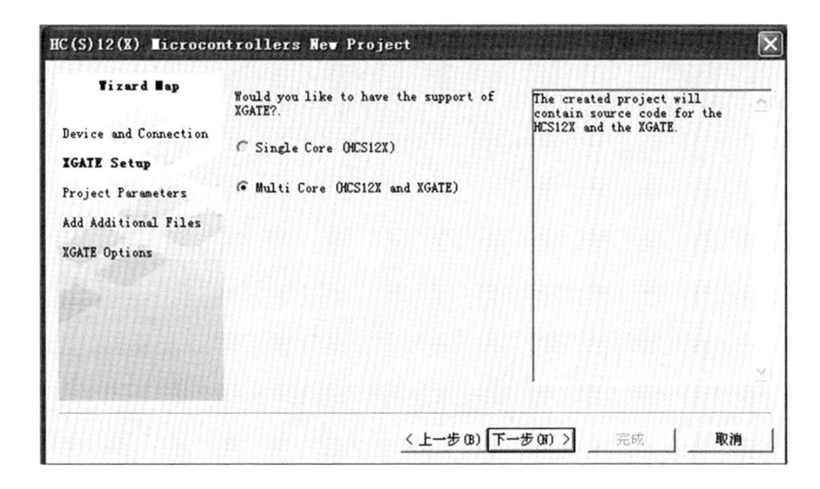

图7－6　XGATE设置界面

根据软件项目需要，确定是否需要协处理器参与工作，点击“下一步”。

如图7－7所示在右侧输入工程的名字，如Test。选择存放位置，如D:\CodeCW\Test，点击“下一步”，弹出新建工程的主界面。

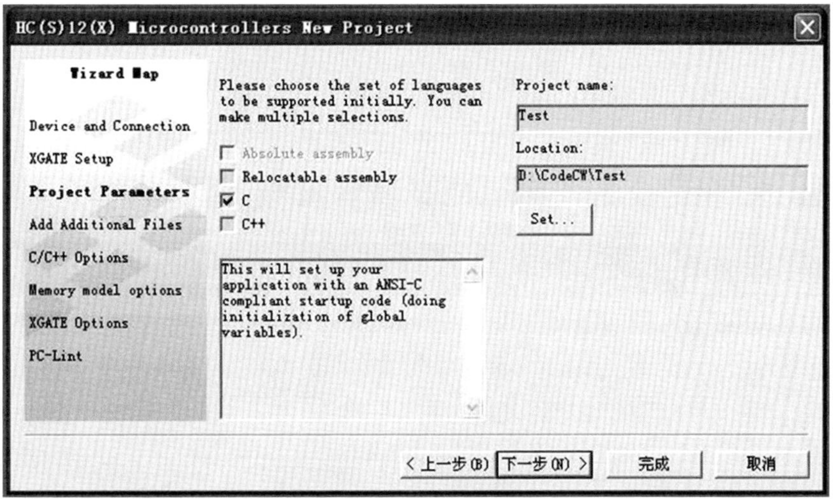

图7－7　工程设置界面

通过使用CodeWarrior来进行嵌入式单片机的程序开发，需要通过创建很多而又不同类型的文件来构成一个工程。这些不同类型的文件信息及其相互的依赖关系，都被存储到一个扩展名为mcp的工程文件中，双击这个mcp文件，Code Warrior会自动打开，同时打开工程。创建好工程后，就可以开始编写程序代码了。软件开发人员需要修改、开发的应用程序是 Sources 文件夹中的 main. c 文件，点开后可以看到这是系统自动生成的程序框架，软件开发人员可以在此文件中输入、编辑源代码。在工程被编译后所定义的变量和函数名，按照默认的选项，都会变成浅蓝色（也可以根据个人喜好更改颜色）。此时在函数或者变量名上单击鼠标右键，在弹出菜单里选择“Go to declaration of [函数/变量名]”就可以直接跳转到函数或变量所定义的位置。编写完代码后，可以直接用鼠标左键单击工程窗口中的 Make（或 F7）按钮来完成编译和链接，此时前面介绍过的修改过但未编译的程序文件前面的红色对号变成了动态的小齿轮，表示该程序文件正在编译。

编译完成后，会出现“Errors & Warnings”窗口，在这个窗口里显示的是错误和警告信息，其中，错误信息是必须消除的。在这些信息中包含的基本都是语法错误，而警告信息一般也需要排除，除非用户能确认这个警告对于程序的结果没有影响。熟练掌握错误和警告的使用方法，对于快速高效地排除程序错误是有很大好处的。编译器报错时，它会把可能出错的地方全部列出来。有时可能只有一个语句错误，编译器可能会报 4 个错误。有时因为输入了一个错误字符，可能会编译出 100 多个错误来，因此在出现大量错误时，不要被这些错误影响。

从图 7－8 可以看到，错误和警告窗口分为上下两个部分，上面是错误和警告浏览器，显示的是错误、警告和通过信息，下面则是代码浏览器，两个部分都有自己相应独立的工具栏。

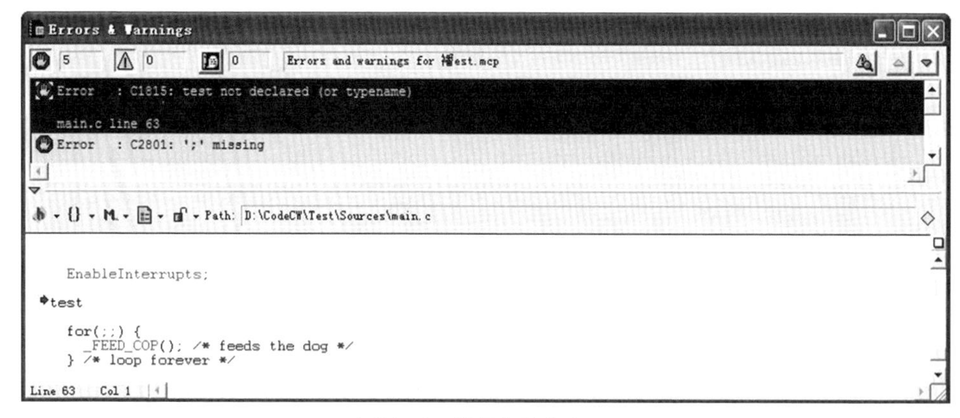

图 7－8　错误和警告窗口

左侧分别是 3 个图标按钮跟着 3 个数字，右侧是一个状态栏、一个按钮和上下箭头。左侧 3 个按钮分别表示错误、警告和通过信息，跟着的数字则表示相应信息的数量。这 3 个按钮处于选中的状态，则表示显示相应的状态信息，反之则不显示；状态栏里的文字则表示错误和警告信息的归属，上下箭头可以查看上一个或者下一个的提示信息，也可以通过鼠标快速点击相应的信息。

在浏览错误和警告信息时，在代码浏览器中会显示出现错误或警告的程序代码的位置，用一个红色箭头指示。可以通过双击相应的错误或警告信息，来打开新窗口查看出现错误或警告的代码片段。

7.2.3　仿真调试

程序代码通过编译链接后，就可以开始调试程序了。仿真调试程序与编译、链接不同，它更依赖于软件开发人员的经验。

单击 Debug（或 F5），可以在没有硬件平台的情况下，先进行软件仿真。在弹出的 True-Time Simulator & Real-Time Debugger 窗口中进行各种信息观察和调试工作。如果具备硬件平台，可以通过 BDM 调试器与硬件平台连接，一端连接 PC 机，另一端连接硬件平台上的 BDM 接口。同样单击 Debug（或 F5）进入在线调试环境，功能与软件仿真调试环境相同，可以选择运行/停止、单步或者复位等。

如图 7－9 调试窗口包含了菜单栏和工具栏，还包含了 14 个子窗口，左侧和右侧分别各有 7 个子窗口。以左侧为例，从上到下依次为程序代码源文件窗口、汇编语句（Assembly）窗口、寄存器（Register）窗口、函数过程（Procedure）窗口、数据 1（Date1）窗口和数据 2（Date2）窗口，这 6 个窗口的右侧

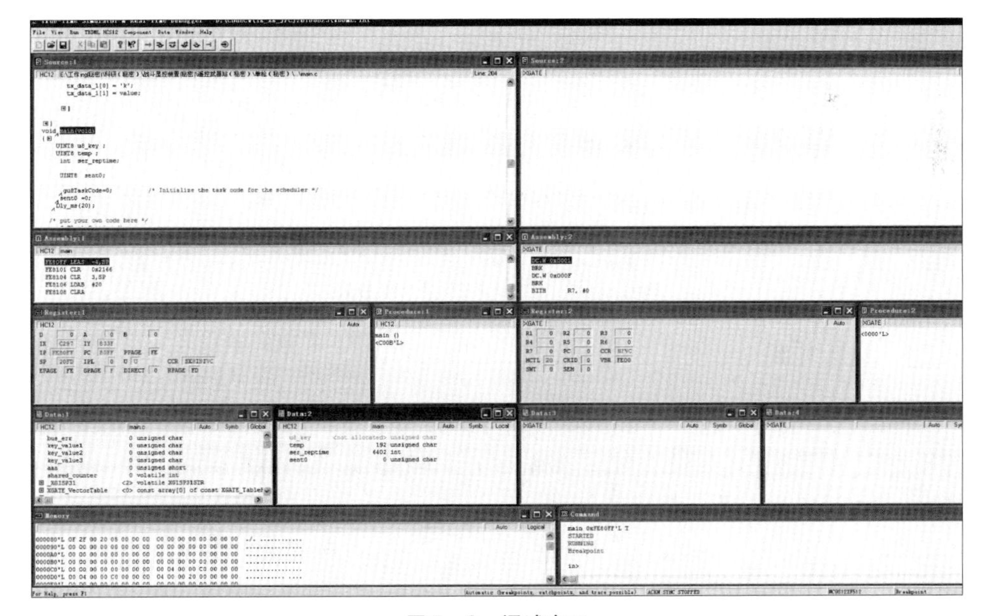

图 7－9　调试窗口

和左侧一样。最下面两个窗口左侧是内存（Memory）窗口，右侧是命令行（Command）窗口。

在程序代码源文件（Source）窗口里可以设置断点和取消断点、程序的运行方式、打标记等。其中设置断点（Breakpoint）和运行到光标处（Run to Cursor）是非常重要的调试功能。在函数过程（Procedure）窗口可以查看函数和过程的情况。在数据1（Date1）和数据2（Date2）窗口可以指定查看模块（Module）中的变量的值，可以选择显示全局变量或者局部变量的值，并且变量值的显示可以由不同的方式，例如各种进制（十进制、十六进制、二进制、八进制等），按字符串（Byte，Word，Double）等方式显示。可以手工编辑变量的内容以及设置刷新速度，还可以动态刷新显示变量值和设置显示进制。在汇编语句（Assembly）窗口中显示当前C语言语句对应的汇编语言的语句。在寄存器（Register）窗口中可以查看各寄存器组和寄存器组中的寄存器及其值，并且软件开发人员可以在Value一列中修改寄存器的内容。在内存（Memory）窗口可以显示各个内存单元值的变化情况，用鼠标单击某个内存单元，会在其上面的框里显示对应的寄存器的名字。在命令行（Command）窗口中可以通过手动输入命令来辅助程序的调试。

7.3 单片机开发硬件基础

7.3.1 MC9S12XF512最小系统设计

在了解了单片机的内核和外设资源以及单片机工作原理后，就可以设计以单片机为核心的最小系统了。本节介绍以MC9S12XF512为核心设计的最小系统，其包括以下几部分：电源电路、时钟电路、BDM接口、复位电路等。

1. 电源电路

电源是单片机正常工作的基础，电源的稳定与否直接影响单片机系统工作的稳定性和可靠性，在设计时，一定要考虑单片机芯片的供电电压以及功耗等情况。MC9S12XF512单片机芯片使用的5 V供电电压，电源引脚应该通过适当的滤波，以提高供电电路的抗干扰性。为了显示系统是否已经通电，设计了指示灯电路，通过阻值为1 kΩ的限流电阻来驱动指示灯发光，如图7-10所示。

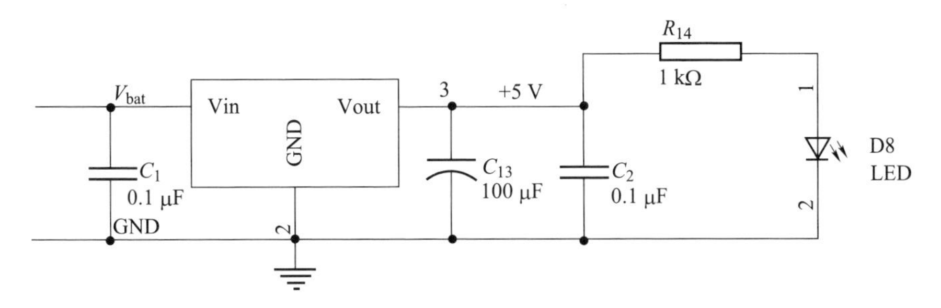

图 7－10　电源电路原理图

2. 时钟电路

时钟电路对单片机系统的正常运行至关重要，主要为单片机或其他硬件模块提供工作时钟。虽然电路简单，但无论设计过程中出现任何偏差，即便是辅助元器件参数选择不当、印制板的布线不合理，都会造成时钟电路工作不稳定，以至于整个系统都无法正常工作。如图 7－11 所示，通过把一个 4 MHz 的外部晶振接在单片机的外部晶振输入接口 EXTAL 和 XTAL 上，利用 MC9S12XF512 内部的振荡器和锁相环把这个频率可以提高到 80 MHz，作为单片机工作的内部总线时钟。

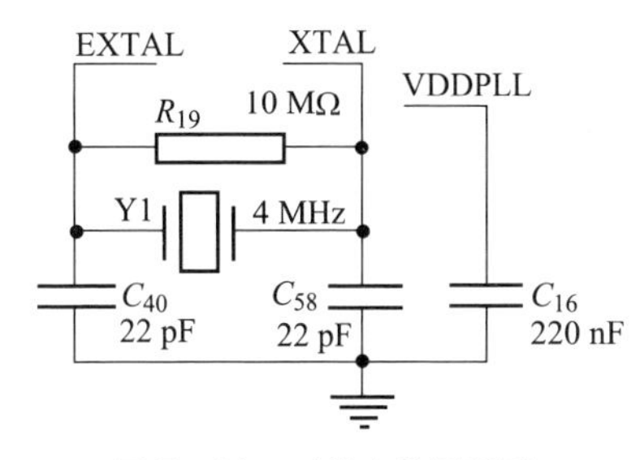

图 7－11　时钟电路原理图

3. BDM 接口

BDM 调试器主要用于软件开发人员向目标板下载程序以及在线调试等用途，将单片机内的 Flash 中的程序擦除并且写入新的程序，这是 BDM 的程序下载功能。通过 BDM 接口可以获取 CPU 运行时的动态信息等，这是 BDM 的在线调试的功能。

单片机只需用一个 6 针的插头将信号引出和 BDM 调试器连接，便可以实现单片机的 BDM 调试。如图 7－12 所示。

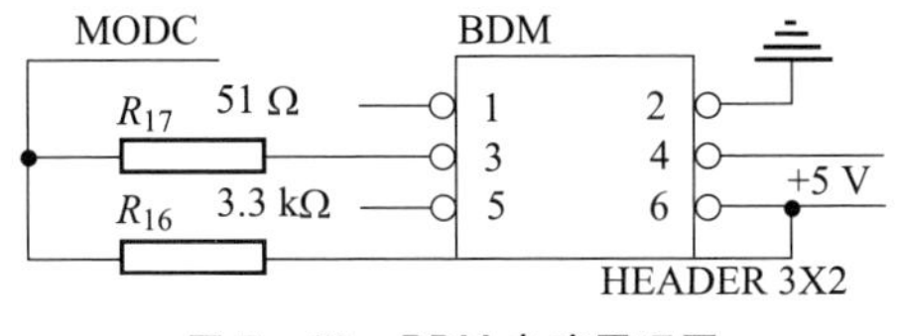

图 7－12　BDM 电路原理图

4. 复位电路

复位意味着单片机一切重新开始，当单片机在复位输入引脚/RESET 上检测到复位信号，立即将寄存器和控制位恢复成默认值。MC9S12XF512 是低电平复位，正常工作时，RESET 引脚通过 4.7 kΩ 电阻上拉，为高电平。手动按下 RESET 按键，输入低电平，则单片机立刻进行复位。如图 7－13 所示。

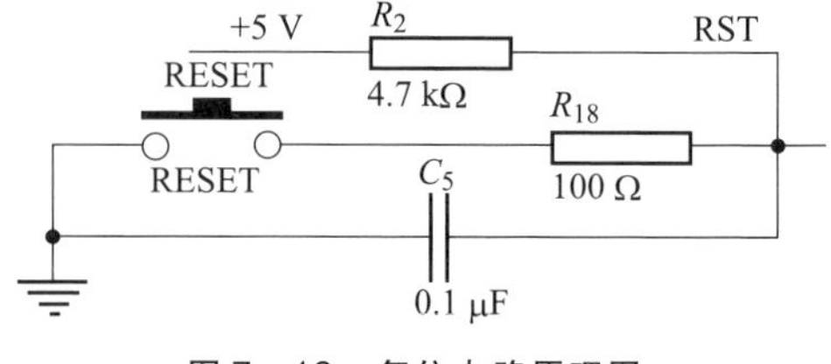

图 7－13　复位电路原理图

7.3.2　系统接口扩展设计

1. UART 模块外围电路设计

串行异步收发器（UART）用于处理与串行外设通信的控制逻辑，是单片机与外界进行通信的重要方式。MC9S12XF512 包含 2 个独立的带有 CPU 中断请求的 SCI 接口，可支持全双工的数据通信工作模式，每个 SCI 接口都有发送引脚和接收引脚，它们是 TTL 电平引脚。而 UART 接口所连外设是 422、232 等接口电平。UART 模块外围电路设计主要以 MAX232ACSE 芯片为核心设计驱动电路，用于串行通信时的电平转换。MAX232ACSE 使用的是 5 V 工作电源，实现一路串行通信的电平转换。当发送数据时，UART 模块将 TTL 电平转换成 232 电平；而当接收数据时，UART 模块将 232 电平转换成 TTL 电平。原理图如图 7－14 所示。

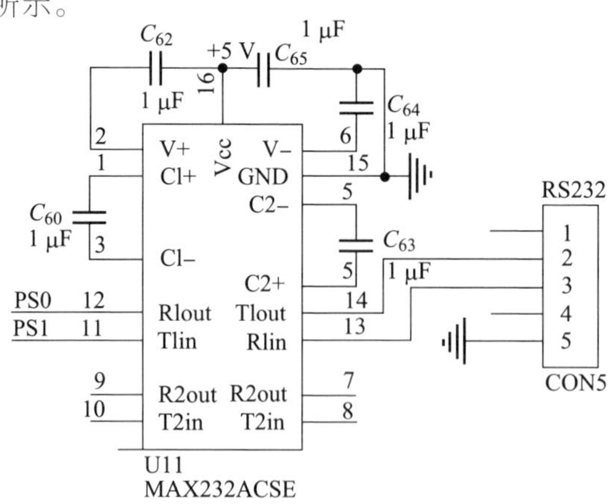

图 7－14　UART 模块外围电路原理图

2. CAN 模块外围电路设计

CAN（Control Area Network）现场总线是由 CAN 控制器组成的高性能串行数据局域通信网络，是国际上应用最广泛的现场总线之一。CAN 广泛应用于汽车电子、电梯控制、安全监控等领域，具有高速、短距离、稳定可靠等特点。早期的 CAN 应用，需要专门的 CAN 控制芯片与 MCU 相连。随着嵌入式微控制器制造技术的发展，像 MC9S12XF512 这种单片机内部已经集成了 CAN 模块。MC9S12XF512 的 CAN 模块有发送 CANTX 和接收 CANRX 两个引脚，由于 MC9S12XF512 片内的 CAN 控制器是协议控制器，CAN 模块外围电路设计需要设计与该协议器相匹配的总线收发器，来完成与外界进行 CAN 通信的功能。

SJA1040CAN 总线收发器在不同的速率下均有良好的差分收发能力，最高速率达 1 Mb/s，可以用于较高干扰环境下，无须额外连接隔离芯片，简化了电路设计，使通信系统更加可靠。SJA1040 需要 5 V 的工作电压，如图 7 – 15 所示，在电源 5 V 与 GND 之间通过 0.1 μF 的滤波电容以降低高频噪声干扰。值得注意的是 SJA1040 的 CANH 和 CANL 与物理总线相连，根据 CAN2.0 协议规定，CANH 只能是高电平或悬浮状态，CANL 只能是低电平或悬浮状态。这就避免了当系统发生错误，多节点同时向总线发送数据可能导致的总线短路现象的发生，从而避免了节点的损坏。CAN 节点在错误严重的情况下具有自动关闭输出功能，以使总线上其他节点的操作不受影响，从而保证不会因个别节点出现问题，使得总线处于“死锁”状态。

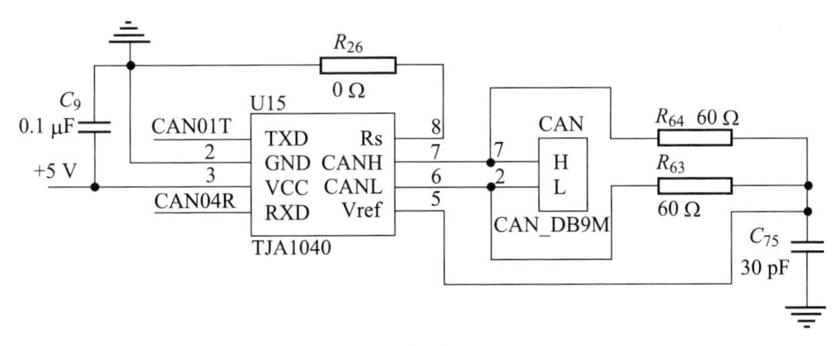

图 7 – 15 CAN 模块外围电路原理图

3. FlexRay 模块外围电路设计

前文所述，MC9S12XF512 内部具有 FlexRay 总线通信协议器，FlexRay 模块外围电路设计需要设计与该协议器匹配的总线收发器，来完成与 FlexRay 总线通信网络的通信功能。以 TJA1080 总线收发器为核心的驱动电路设计，FlexRay 具有两个通道，以下是针对 A 通道来讲的，而对于 B 通道，它的硬件设计与 A 通道相同，这里不再赘述。

TJAl080 主要引脚功能如下：

- TXD：发送数据输出端口
- RXD：接收数据输入端口
- TXEN：发送数据使能端口，当为高电平时不使能，内部拉高
- RXEN：接收数据使能端口，当为低电平时总线的活动被监测
- BGE：总线监视使能输入，当为低电平时，发送器不使能，内部拉低
- STBN：备用输入，当为低电平时，工作模式为低功耗模式，内部拉低
- EN：使能输入端，高电平使能，低电平不使能
- BP：总线正
- BM：总线负

其中，TXD、TXEN、RXD、BGE、STBN、EN、RXEN 分别连接 MC9S12XF512 芯片上的 PH1、PH2、PH0、BGE_A、STBN_A、EN_A、PJ5。BGE_A、EN_A、STBN_A 连接 +5 V 电源，因此该芯片处于正常工作模式下。TJA1080 通过 BP 和 BM 与总线进行数据的发送和接收。为了滤除信号线上共模电磁干扰、提高线路可靠性，设计硬件电路时，在收发器 TJAl080 和终端电路之间加入了一个共模扼流线圈。为进一步减少电磁干扰，将 BP 和 BM 之间的终端电阻分为两部分，与电容相结合起到静电释放和共模信号接地的作用。电路原理图如图 7 - 16 所示。

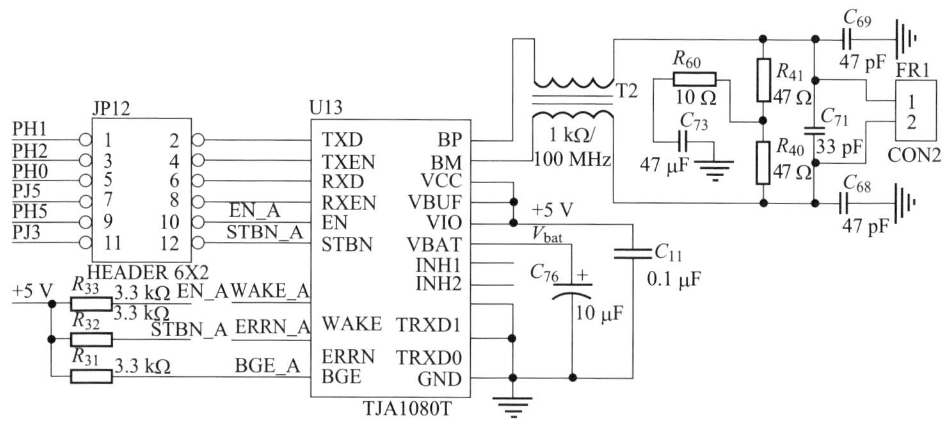

图 7 - 16　FlexRay 模块外围电路原理图

7.4　单片机应用软件开发

单片机的系统设计除了必要的硬件设计外，同样离不开软件的设计开发。如第 3 章需求分析所描述的一样，当软件开发人员接收到一个软件项目后，不是马上动手编程序，而是要仔细研究用户提出的技术要求或者技术说明，把这些技术要求和技术说明，也就是用户的需求进行仔细分析，把软件应该具备的功能描述清晰。搞清楚软件的功能需求后，按照第 4 章介绍的软件设计方法，依据软件的功能需求，可把软件功能分解为若干相对独立的操作，再考虑各操作之间的相互联系及时间关系，设计出一个合理的软件结构。对于简单的单片机软件系统，同样可以采用无操作系统的程序结构设计方法，其软件由主程序、子程序和若干个中断服务程序构成，明确主程序、子程序和中断服务程序完成的操作及指定各中断的优先级。根据明确的主程序写出软件总流程图，在总流程图中子程序的前后调用关系以及中断服务程序的操作。然后写出软件子程序所对应的功能模块的基本流程图，为以后的代码编写作指导。在确定软件结构后，还要进一步考虑软件层次的划分，可以简单地将软件系统划分为应用层和接口驱动层。

7.4.1　接口驱动程序编程

编写接口驱动程序时可按照如下方法操作：首先，接口的头文件和源程序文件定义为同名文件且与接口名严格对应，而接口的属性和操作命名时以接口名开头，以防止组成软件系统后在同一名字域的命名冲突；其次，为了增强接口驱动程序的可移植性，对接口模块的寄存器名应通过宏定义，这样接口驱动在不同单片机之间移植时只需修改头文件中的宏定义，从而避免对源程序文件的改动；再次，设计时内部函数与外部函数的参数个数及类型要考虑周全，定义时应该对函数名、功能、参数、返回值、使用说明、函数适用范围等进行详细描述，以增强程序的可读性，应用程序不能直接访问接口驱动的属性，必须借助于该接口提供的接口函数来操作；最后，在使用接口驱动程序时，不能用全局变量来传递参数，函数只能通过形式参数获取外部数据，以免破坏接口驱动程序的健壮性和可移植性。现以串行通信接口驱动程序编程为例，介绍接口驱动程序的编程方法。

串行通信接口是一种传统的点对点的通信方式，接口和通信协议比较简单，因此在嵌入式系统通信领域中得到了广泛的应用。串行通信可采用单工、全双工或半双工的通信方式，通常使用的波特率（单位为 b/s）有 1 200、1 800、2 400、4 800、9 600、19 200、38 400、57 600、115 200 等。为了保证通信的正确性，串行通信还可以为每个传送字符提供 1 位奇偶校验位。

按照接口驱动程序通用化的设计思想，编写串行通信接口的头文件和源文件。串行通信接口驱动程序具有 SCI 初始化、接收和发送三种基本操作，根据接口驱动设计原则，封装成 SCI 初始化函数、发送函数和接收函数，以实现对串行通信接口的完整驱动功能。相关函数说明见表 7－1～表 7－3。

表 7－1　SCI_Init

函数原型	
void SCI_Init(void)	
参数说明	
void	None
返回值	
void	None
功能描述	
根据所使能的 SCI 通道、波特率等相关配置，对 SCI 进行初始化	
调用时机	
开始使用 SCI 通信功能前调用此函数	

表 7－2　SCI_WriteByte

函数原型	
SCI_ReturnType SCI_WriteByte(uint8 sci_channel, SCI_DataType dataTx)	
参数说明	
sci_channel	待配置的 SCI 通道
dataTx	需要被发送的数据
返回值	
SCI_ReturnType	SCI_OK、SCI_BUSY
功能描述	
通过 SCI 发送数据	
调用时机	
初始化 SCI 后，需要发送数据时调用此函数	

表7－3　SCI_ReadByte

函数原型	
SCI_ReturnType SCI_ReadByte(uint8 sci_channel,uint8 n,uint8 rx_datach[ ])	
参数说明	
sci_channel	待接收的SCI通道
rx_data[ ]	待存储接收的数据
返回值	
SCI_ReturnType	SCI_OK、SCI_ERROR
功能描述	
通过SCI接收数据	
调用时机	
初始化SCI后，需要接收数据时调用此函数	

7.4.2　中断系统及其应用

中断是CPU提高外部事件响应速度的手段，有效的中断系统可以提高CPU的实时处理能力。当有重要的事件提出处理申请，CPU暂停当前的工作，转向相应的处理程序，结束后返回到暂停地址继续执行，这就是CPU的中断，提出处理请求的称为中断源。通俗地讲，单片机CPU在处理某一事件A时，发生了另一事件B，请求CPU迅速去处理（中断发生）；CPU暂时中断当前工作，转去处理事件B（中断响应和中断服务）；待CPU将事件B处理完毕后，再回到原来事件A被中断的地方继续处理事件A，这一过程就是中断。单片机有多个中断源，负责管理它们的就是中断系统，具体包括安排CPU的中断响应，当多个中断源同时申请中断时，还要决定响应的先后顺序，也就是为每个中断源分配中断优先级。单片机的中断不仅有中断优先级的概念还有中断嵌套的概念，但不是所有的单片机都会支持这两种功能。中断优先级使不同的中断有不同的优先级别，如果两个中断同时产生，单片机会先响应优先级高的中断。中断嵌套是指在中断响应过程中又有新的中断产生，单片机可以暂停当前的中断服务程序执行去响应新的中断，新中断服务程序执行完以后再接着执行之前的中断服务程序。一般中断嵌套是高优先级的中断可以插入低优先级中断服务程序，同级或低级的中断不能插入当前中断服务程序。中断处理能力是单片机的重要性能指标。中断管理系统包含了所有外部请求的优先级，并提供了处理这些请求的可用的中断向量。MC9S12XF512单片机采用向量方式确定中断服务程序入口，中断向量包含非可屏蔽中断向量（/XIRQ）、软件中断（SWI）、非法指令中断和可屏蔽中断。

7.4.3 定时器及其应用

定时器是单片机的重要功能模块之一，在状态检测、系统控制等领域有着广泛应用。定时器常用作定时时钟，以实现定时检测、定时响应、定时控制，并且可用于产生 ms 宽的脉冲信号驱动步进电机。实际上定时器和计数器都是通过计数来实现的，若计数的事件源是周期固定的脉冲，则可以实现定时功能，否则只能实现计数功能。实现定时的方法一般有软件定时、专用硬件电路和可编程定时器三种。软件定时是指执行一个空语句循环程序以进行时间延迟，定时准确，不需要增加硬件电路，但会增加 CPU 开销。专用硬件电路定时可以实现精确的定时和计数，但参数可调性不好。可编程定时器不占用 CPU 时间，能与 CPU 并行工作，实现精确的定时和计数，又可以通过编程设置其工作方式和其他参数，使用非常方便。定时器中断的工作原理是利用计数器对固定周期的脉冲计数，通过寄存器的溢出来触发中断。定时器应用的步骤为首先根据需要的定时时间，结合单片机的晶振频率，计算出寄存器的初始值，其次开启定时器中断，最后启动定时器。定时器中断是由单片机中的定时器溢出而产生的中断。

7.4.4 MC9S12XF512 单片机软件开发举例

根据本章前述内容，以 MC9S12XF512 单片机为硬件平台的键盘采集软件开发为例，介绍软件开发的方法。

7.4.4.1 键盘采集软件需求分析

本节所描述的键盘采集软件是采集一个 3 行 8 列的定制硬件键盘，通过 GPIO 进行键盘按键信息采集并通过串行通信发送出去。用户的要求是键盘按下到软件通过串行通信发送出去的时间要小于 300 ms，串行通信是周期 50 ms 发送，有键按下则发送相应的键值，否则发送空键信息。这个软件项目相对简单，但是一样也要进行深入分析和技术方案设计。例如，键盘扫描是否区分功能键和数字键，是否有组合键等，根据软件需求分析，本软件项目所采集的按键信息仅为功能键，组合键的操作由应用系统去做功能键的逻辑组合应用。另外，键盘扫描过程和硬件部分息息相关，必须明确键盘按下的状态是高电平选通还是低电平选通；对读到的键盘状态要进行防抖处理，若判断是键盘抖动，则放弃读到的键值数据，若确定为键盘按下，才能对键值进行处理，因此要对抖动做决策分析。研究表明，一般正常人按下一次键盘的操作时间是 200 ~ 300 ms，而由外界造成的键盘抖动时间是 5 ~ 10 ms。因此，可以通过定时 50ms 遍历一遍键盘的状态，只有连续三次获取的键盘值是同一个值才认为一次按键有效按下，否则当作键盘抖动处理。

7.4.4.2　键盘采集软件设计与实现

7.4.4.2.1　主程序的设计实现

软件的结构采用带中断的轮询结构，初始化完成后，按照 50 ms 定时器控制进入循环程序，在这个循环程序中，完成键盘采集和串行通信的功能。键盘采集每 50 ms 采集一次，连续三次采集相同的键值则存储此键值，否则丢弃。以此达到预防键盘抖动的误触发问题。以 50 ms 定时查询一遍键盘的状态，极限条件下需要 150 ms 才能确定键值信息，然后再经过 50 ms 后通过串行通信将键值发送出去，这种最差执行条件下从按键按下到串行通信发送出去的时间最多为 200 ms，满足用户要求的键盘按下到软件通过串行通信发送出去的时间小于 300 ms。按照前文所描述的开发流程，明确主程序的流程图（图 7 - 17）后，要细化每个软件子程序所对应的功能模块的基本流程图，指导后续编码工作。

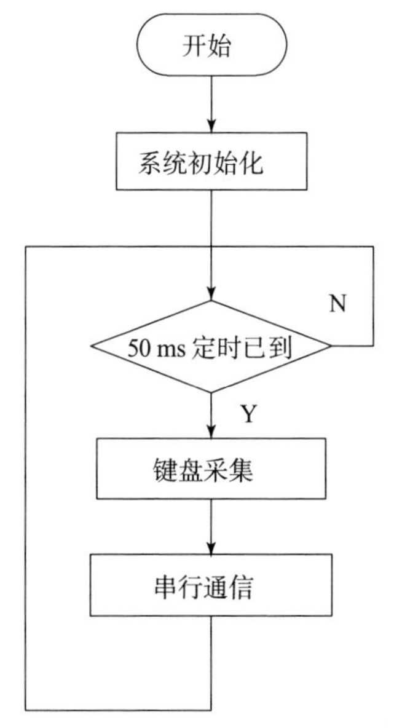

图 7 - 17　键盘采集软件主程序流程图

实现的代码如下。

```
main()
{
  InitSystem();//初始化子程序,见7.4.4.2.2节

  for(;;)
  {
    /*周期处理信号*/
    if(KEYSCANsignal)//50 ms定时标志
    {
        KEYSCANsignal=0;
        key_value1=Scan_Key();//键盘采集子程序,见7.4.4.2.3节
        /*按键防抖处理*/
        if((key_value1==key_value2)&&(key_value2==key_value3))
        {
            tx_data_1[1]=key_value1;
        }
        else
        {
            key_value3=key_value2;
            key_value2=key_value1;
        }
        /*串行通信*/
        SCI_SendData();//串行通信子程序,见7.4.4.2.4节
      }
    }
}
void interrupt Scheduler_RTI_Isr(void)
{
    CRGFLG_RTIF=1;//清除中断标识
    KEYSCANsignal=1;
}
```

7.4.4.2.2　软件初始化子程序的设计实现

软件初始化主要是对硬件的一些设置，主要包括时钟频率、I/O 口、定时器、串行通信以及变量初始化设置。软件初始化的流程图如图 7－18 所示。

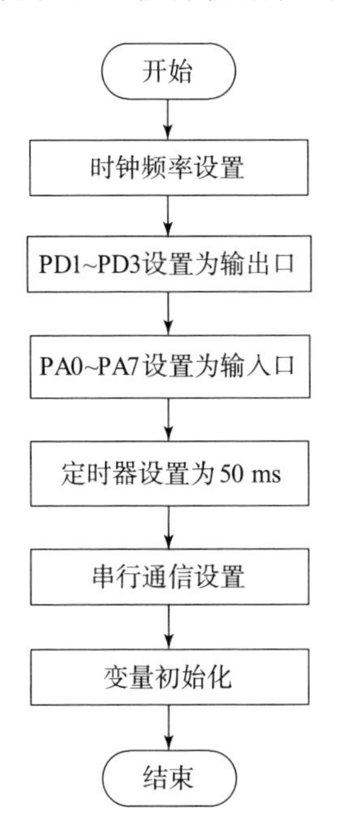

图 7－18　软件初始化子程序流程图

实现的代码如下。

```
int InitSystem()
{
    vfnClock_Settings();//时钟频率设置
    vfnIPLL_Startup();//时钟频率设置
    vfnPeripheral_Settings();//GPIO 设置
    vfnInterrupts_Init();//定时器 50 ms 设置
    SCI_Init();//串行通信设置
    SetupXGATE();
    EnableInterrupts;
    ENABLE_INTERRUPTS();
    /* 变量初始化 */
    key_value3 =0;
```

```
    key_value2 = 0;
    key_value1 = 0;
    KEYSCANsignal = 0;
    return 0;
}
```

7.4.4.2.3 键盘采集子程序的设计实现

键盘采集子程序主要是完成遍历 24 个按键信息，并完成键盘防抖功能，按照前文提到的抖动处理的决策分析，设计的子程序流程图如图 7－19 所示。

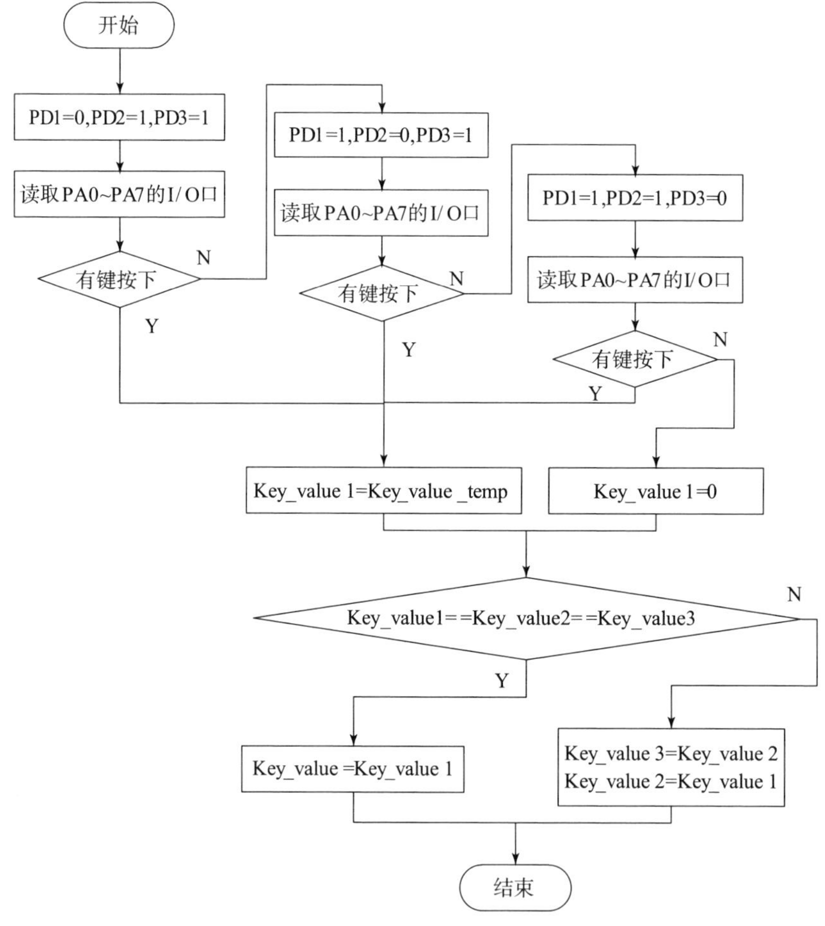

图 7－19　键盘采集子程序流程图

实现的代码如下。

```
UINT8 Scan_Key(void)
{
  PORTD=0;
  Dly_ms(1);
  if(PORTA==0xff)
    return 0;
  PORTD=0xff;
  PORTD_PD1=0;
  Dly_ms(1);
  if(PORTA_PA6==0)
    return 0x14; //上1
  else if(PORTA_PA5==0)
    return 0x19; //上2
  else if(PORTA_PA3==0)
    return 0x2d; // 上3
  else if(PORTA_PA2==0)
    return 0x15; // 上4
  else if(PORTA_PA1==0)
    return 0x30; // 上5
  else if(PORTA_PA0==0)
    return 0x22; // 上6
  else
    Dly_ms(1);
  PORTD=0xff;
  PORTD_PD2=0;
  Dly_ms(1);
  if(PORTA_PA6==0)
    return 0x1c; // 确认
  else if(PORTA_PA5==0)
    return 0x0e; // 回退
  else if(PORTA_PA3==0)
    return 0x4d; // 右
  else if(PORTA_PA2==0)
```

```
    return 0x4b; // 左
  else if(PORTA_PA1 ==0)
    return 0x50; // 下
  else if(PORTA_PA0 ==0)
    return 0x48; // 上
  else
    Dly_ms(1);
  PORTD =0xff;
  PORTD_PD3 =0;
  Dly_ms(1);
  if(PORTA_PA7 ==0)
    return 0x26; // 下 8
  else if(PORTA_PA4 ==0)
    return 0x0f; // 下 7
  else if(PORTA_PA6 ==0)
    return 0x06; // 下 6
  else if(PORTA_PA5 ==0)
    return 0x05; // 下 5
  else if(PORTA_PA3 ==0)
    return 0x04; // 下 4
  else if(PORTA_PA2 ==0)
    return 0x03; // 下 3
  else if(PORTA_PA1 ==0)
    return 0x02; // 下 2
  else if(PORTA_PA0 ==0)
    return 0x0c; // 下 1
  else
    return 0;
}
```

7.4.4.2.4 串行通信子程序的设计实现

串行通信子程序的功能相对简单，只需将键值信息发送出去即可，流程图如图 7－20 所示。

实现的代码如下。

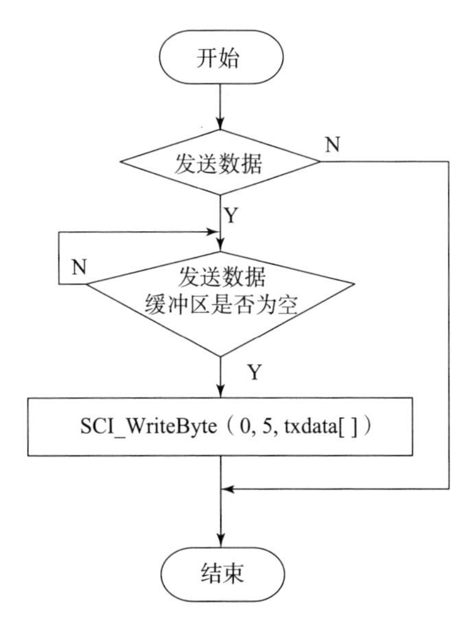

图7－20　串行通信子程序流程图

```
void SCI_SendData()
{
        if((Buffer0.sent_size==0))//发送寄存器数据为空
        {
            SCI_WriteByte(0,5,txdata);//串行数据发送子程序,见7.4.1小节
            SCI0CR2_TIE=1; //使能发送中断,以启动发送
        }
}
```

第8章

软件测试

8.1 软件测试的特性和原则

软件测试是保证软件质量的重要手段。由于嵌入式软件的内在复杂性和开发水平的局限性，开发出没有缺陷的软件是不可能的。在目前的软件开发方法的指导下，进行软件测试是在软件交付用户使用前发现并修正软件缺陷的重要措施。

软件测试的对象是已经完成的软件部件或软件系统（包括软件开发过程中产生的各类文档及原型），而且软件测试也必须在被测对象已经满足测试条件之后才能进行。从软件质量保证的观点来看，软件开发者的能力和设计过程中的各种外在因素，将“固化”形成软件的内在质量，软件的内在质量决定了软件的外部质量，外部质量和使用状况决定了软件在用户使用中的实际表现（使用质量）。另外，从“设计缺陷导致软件缺陷”与“测试发现缺陷再来消除缺陷”的矛盾对立循环中，如果能够采取有效的设计手段和保障措施来尽可能地避免设计缺陷（从源头抓起），无疑是高效的和经济的，更何况根据“测不全”原则，测试能够发现的还只是设计缺陷的一部分。

对于装甲车辆嵌入式软件而言，软件通过了测试并不意味着软件可以交付使用了，一定要让软件运行于真实的系统环境中进行进一步试验，即进行系统集成测试。这一方面源于软件系统本身“测不全”，另一方面是由于嵌入式系统在分析和设计中分成了硬件研发和软件研发两条路线，软件在逐步细化和实现的过程中硬件也在进行设计和实现，各自对系统所分配给的功能和指标不断细化，在交付用户使用之前，一定要确保软件、硬件之间是协调配合的，所以系统集成测试的工作不可少。

因为软件测试自身的重要性和局限性，装甲车辆嵌入式软件测试一般遵循以下原则：

原则 1：所有的测试都应该可以追溯到用户需求。

原则 2：软件测试只能证明错误的存在，而不能表明程序中没有错误。

原则 3：软件测试有两个作用：确定程序中缺陷的存在；有助于判断被测软件在实际中是否可用。

原则 4：软件测试最困难的问题之一是知道何时停止测试。

原则 5：测试需要有独立性，不能自己测试自己的程序。

原则 6：当一个软件被测试出的缺陷数目增加时，更多的未被发现的缺陷存在的概率也随之增加。

原则 7：一个好的测试用例应当是一个对以前未被发现的缺陷有高发现率的用例，而不是一个表明程序工作正确的用例。

原则 8：要对有效的和无效的输入编写测试用例。

原则 9：每个测试用例必备的部分是描述预期的输出。

原则 10：测试在其一开始就必须要有一个目标。

8.2　测试组织与过程管理

软件测试首先要验证软件是否做了期望它做的事情，即是否实现了需求；其次要确认软件是否以正确的方式在做这个事情，即是否正确实现了需求。通过测试，可以发现软件的缺陷和错误，以验证软件是否满足软件系统/子系统规格说明、软件系统/子系统设计说明、软件研制任务书、软件需求规格说明和软件设计说明等所规定的要求，并为软件研制过程转阶段确认、验收和质量评价提供依据。一个测试过程，可以分解为测试需求分析与策划、测试设计与实现、测试执行和测试总结 4 个过程。

8.2.1　测试需求分析与策划

测试过程首先应根据被测软件的研制任务书、需求规格说明或设计说明进行测试需求分析，提出针对性的策略和规范，明确测试需求。根据测试需求，对测试方法、测试时间、测试人员、测试环境以及风险等进行策划，并形成测试计划。测试计划应经过评审。

合理的测试计划安排，应能够在有限的时间内，完成所设计的测试工作，并且达到要求的程序结构覆盖或需求覆盖。图 8－1 给出了最佳测试点，在该点的左侧，虽然测试成本很低，但还有很多错误没有被发现，不能结束测试；而在最佳测试点的右侧，虽然还会发现更多的软件错误，但是测试成本会大大提高，测试的代价太高，除非系统有着特殊的要求和规定。

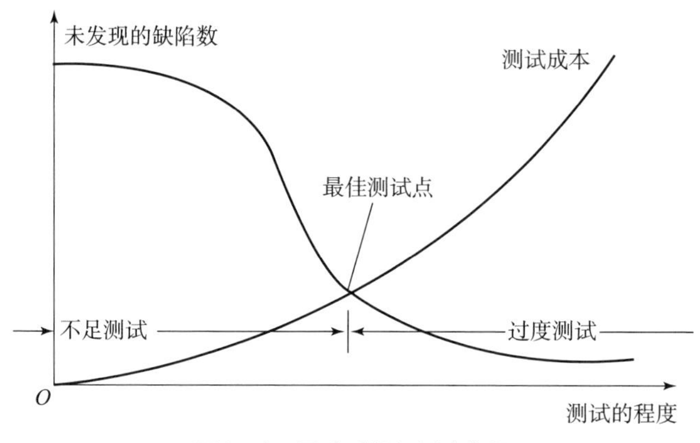

图 8－1　测试时间与测试费用

8.2.2　测试设计与实现

测试设计与实现依据测试需求及测试计划进行，编制测试说明，开展测试说明评审。

8.2.2.1　测试设计的主要内容

测试的设计包括测试过程设计和测试用例设计。测试过程设计是指对给定的软件如何开展测试、开展哪些测试。例如，对一个嵌入式软件的测试除了包括功能性测试之外，性能测试占据了大部分的测试过程，而且需要定义性能指标和参数，设计合理的测试环境等。

测试过程设计主要考虑测试内容和测试顺序。

（1）测试内容：针对系统的要求，给出将如何开展测试。

（2）测试顺序：软件测试的一般顺序为，首先进行功能测试，然后进行性能测试，符合要求后进行安全性测试等。

软件测试的任务有两个方面：一是尽可能多地发现软件中的缺陷；二是评

估软件的性能，在设计测试输入数据时需考虑这两方面的需要。所有测试输入数据应具有一定的代表性和充分的覆盖性。在软件测试中，测试输入数据的定义和对预期测试结果的描述称为测试用例。一个好的测试用例就是能够发现至今没有发现的错误的用例。测试用例的设计就是测试需求细化的过程。

8.2.2.2　测试用例设计要求

测试用例是为某个特殊目标而编制的一组测试输入、执行条件以及预期结果，用于测试某个程序路径或核实是否满足某个特定需求。一个测试用例应包含的要素如表 8－1 所示，应详细描述按照执行顺序排列的一系列相对独立的步骤，每个步骤应包括：

（1）每一步所需的测试操作动作、测试程序输入或设备操作等。

（2）每一步期望的测试结果。

（3）每一步的评估准则。

（4）导致被测程序执行终止伴随的动作或指示信息。

（5）需要时，获取和分析中间结果的方法。

表 8－1　测试用例要素表

要素	说明
测试用例名称	每个测试用例应有唯一的名称
测试用例标识	每个测试用例应有唯一的标识
测试追踪	说明测试所依据的内容来源，如：单元测试依据软件详细设计，部件测试依据软件体系结构设计，配置项测试依据软件需求规格说明和软件研制任务书，系统测试依据软件系统规格说明或研制总要求。测试追踪内容要具体
测试说明	简要描述测试的对象、测试目的和所采用的具体测试方法
测试用例初始化	包括硬件配置、软件配置（包括测试的初始条件）、测试配置（如用于测试的模拟系统和测试工具）、参数设置（如测试开始前对断点、指针、控制参数和初始化数据的设置）等的初始化要求
前提与约束	说明实施测试用例的前提条件和约束条件，如特别限制、参数偏差或异常处理等，并说明它们对测试用例的影响
终止条件	说明测试用例的测试正常终止和异常终止的具体条件（如正常终止条件：按正常测试步骤完成测试过程；异常终止条件：被测软件功能实现错误、测试用例设计错误、操作错误、测试环境出现异常情况）

续表

测试过程				
序号	输入及操作说明	期望测试结果	评估准则	实际测试结果
	每个测试用例输入的描述中包括： a）每个测试输入的名称、用途和具体内容（如确定的数值、状态或信号等）及其性质（如有效值、无效值、边界值等）； b）测试输入的来源（如测试程序产生、磁盘文件、通过网络接收、人工键盘输入等），以及选择输入所使用的方法（如等价类划分、边界值分析、猜错法、因果图、功能图等）； c）测试输入是真实的还是模拟的； d）测试输入的时间顺序或事件顺序	测试用例的期望测试结果的具体内容（如确定的数值、状态或信号等），不应是不确切的概念或笼统的描述，必要时应提供中间的期望结果	测试用例的测试结果评估准则用以判断测试用例执行中产生的中间或最后结果是否正确。评估准则应根据不同情况提供相关信息，如： a）实际测试结果所需的精确度； b）允许的实际测试结果与期望结果之间差异的上下限； c）时间的最大或最小间隔； d）事件数目的最大或最小值； e）实际测试结果不确定时，重新测试的条件； f）与产生测试结果有关的出错处理； g）其他有关准则	用于记录实际测试时的数据

根据测试设计的结果，编制测试说明，并开展测试说明评审。测试说明评审的主要内容包括测试说明是否完整、正确和规范；测试设计是否完整和合理；测试用例是否可行和充分。

8.2.3 测试执行

按照测试计划和测试说明的内容和要求执行测试，可以有手动执行和自动执行两种方式。对于手动执行，按事先准备好的手动过程进行测试，测试人员输入数据、观察输出、记录发现的问题；对于自动执行，则是利用自行开发的或商用的测试工具，将设计好的测试用例自动执行。测试执行过程中应如实填写测试原始记录，当结果有量值要求时，应用有效的设备和手段准确记录实际的量值。

测试人员应根据每个测试用例的期望测试结果、实际测试结果和评估准则，分析判定测试用例是否通过。测试用例不通过时，应根据不同的缺陷/问题类型，采取相应的措施：如果是测试工作的缺陷，如测试说明的缺陷、测试数据的缺陷、执行测试步骤时的缺陷、测试环境的缺陷等，应记录并实施相应的变更后重新进行测试；如果是被测软件的缺陷/问题，应形成软件问题报告单，在对软件进行更改后进行回归测试。

当测试过程正常终止时，如果发现测试工作不足，或测试未达到预期要求时，应进行补充测试；当测试过程异常终止时，应记录导致终止的条件、未完成的测试或未被修正的问题。

8.2.4　测试总结

测试总结对测试工作和被测软件进行分析和评价，编制软件测试报告，开展测试总结评审。

测试总结评审的主要内容包括测试用例的执行情况、测试结果是否有效、测试分析过程和结论是否正确、测试中发现的问题是否进行了回归测试。

在装甲车辆型号项目研制过程中，根据有关标准及行业的有关规定，软件需通过内部测试、第三方测试以及经用户委托并具有专业测试资质的测评机构进行的定型测评，方可完成设计定型。

8.2.5　回归测试

软件测试就是一个不断发现错误和不断改正错误的过程。由于程序的复杂性，各个模块及元素之间存在着相互关联性，所以对于改正的错误，还要进行再测试。经验表明，修改一个现有程序是比开发一个新程序更易于出错的过程。因此，回归测试一方面是检查错误是否真的修改了，另一方面还要检查错误的修改是否引入了新的错误，这就需要将已经测试过的测试用例拿来重新进行测试。在回归测试中有两个重要问题：如何从原有的测试用例中选择需要的测试用例；如何增加新的测试用例。

回归测试适用于软件测试的各个阶段，用来验证错误修改情况，这称为改错性回归测试；同时在软件的增量式开发构件复用过程中，通过重新测试已有的测试用例和设计新的测试用例，来测试改动的程序，这称为增量性回归测试。实践表明，回归测试在发现错误中起着非常重要的作用。

测试用例库在软件的反复测试中会不断扩充和完善，所以一个运行几年的软件系统，其测试用例会非常庞大。回归测试在重用已有的测试用例时，有两种方案：一是重测所有以前的测试用例，这种方法对于规模较小或系统改动较大的情况是可行的，但是对于测试用例库巨大、系统改动较小的情况，测试所有的数据会带来时间和人力的浪费，有时甚至是不可能做到的，所以采用另一种方法，叫作选择性回归测试。采用选择性回归测试方法，会大大减少时间和人员的开销，同时又能保证软件系统的质量。

8.3 软件测试级别

首先，系统需求分析与设计为软件开发规定了任务，从而把它与硬件要完成的任务明确地划分开。接着便是进行软件需求分析，决定被开发软件的信息域、功能、性能、限制条件并确定该软件项目完成后的确认准则。沿着螺旋线向内旋转，将进行软件设计和代码编写阶段，从而使得软件开发工作从抽象逐步走向具体，如图 8－2 所示。

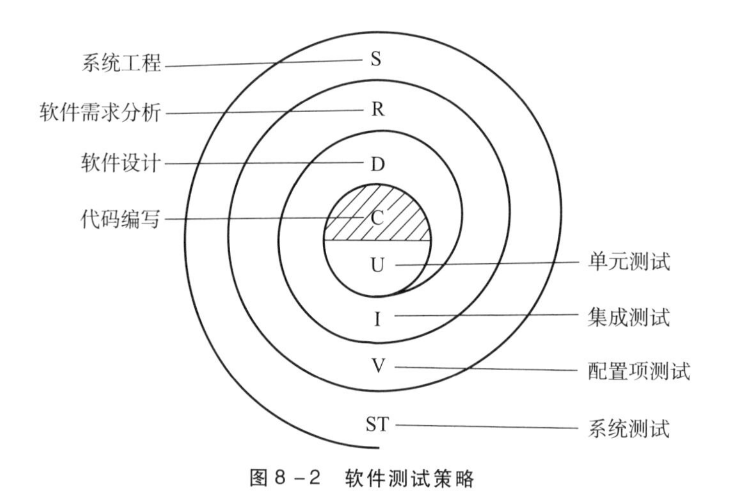

图 8－2　软件测试策略

软件测试工作也可以从这一螺旋线上体现出来。在螺旋线的核心点针对每个单元的源代码进行单元测试。在各个单元测试完成后，沿着螺旋线向外前进，开始针对软件整体结构和设计的集成测试。然后是检验软件需求能否得到满足的确认测试，最后，把软件和系统的其他部分协调起来，当作一个整体，完成系统测试。

图 8－3 所示为软件测试的 4 个级别与测试顺序的关系，即单元测试、集成测试、配置项测试和系统测试。开始时分别完成每个单元的测试任务，以确

保每个单元能正常工作。单元测试大量采用白盒测试方法，尽可能发现单元内部的程序错误。然后把已测试过的单元组装起来，进行集成测试，其目的在于检验与软件设计相关的程序结构问题。这时较多地采用黑盒测试方法来设计测试用例。完成集成测试以后，要依据开发工作初期制定的确认准则进行检验。配置项测试是检验所开发的软件能否满足所有功能和性能需求的最后手段，通常采用黑盒测试方法。完成配置项测试以后，给出的应该是合格的软件产品，但为了检验它能否与系统的其他部分协调工作，需要进行系统测试。

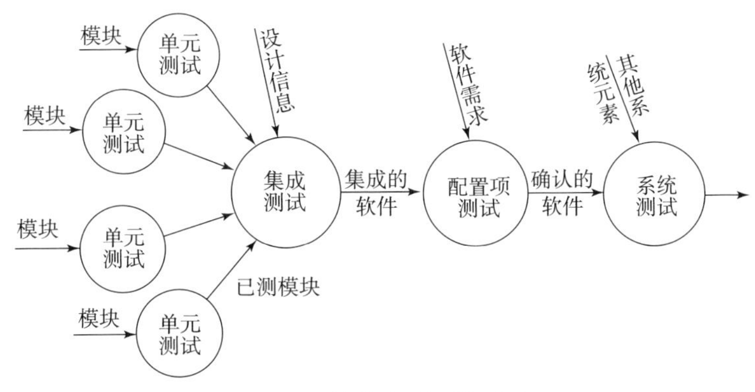

图8-3　软件测试级别与关系

8.3.1　单元测试

单元模块是程序的最小组成单位。单元测试是对程序最小模块的检验，它是在编程完成后首先要施行的测试工作。通常由编码人员自己来完成，因而有人把编码与单元测试合并成一个开发阶段。单元测试大多从程序的内部结构出发设计测试用例，多采用白盒测试方法。多个程序单元可以独立并行地开展测试工作。

8.3.1.1　单元测试要解决的问题

单元测试要针对软件的每个单元模块，重点需解决以下五个方面的问题。

（1）单元接口——对被测的模块，信息能否正确无误地流入和流出。

（2）局部数据接口——在模块工作过程中，其内部的数据能否保持完整性，包括内部数据的内容、形式及相互关系不发生错误。

（3）边界条件——在设置的边界处，模块是否能够正常工作。

（4）覆盖条件——模块的运行能否满足特定的逻辑覆盖。

（5）出错处理——模块工作中发生了错误，出错处理设计是否有效。

单元测试首先应检验的是模块与其调用和被调用的模块之间的接口有无差错，可参考 Myers 提供的模块接口检查表来设计接口测试内容。

（1）模块接收的实际参数与形式参数的个数是否一致。

（2）模块接收的实际参数与形式参数的属性是否匹配。

（3）模块接收的实际参数与形式参数所使用的单位是否一致。

（4）调用其他模块时的实际参数个数/属性/单位与被调用模块形式参数的个数/属性/单位是否相同。

（5）在模块有多个入口的情况下，是否引用与当前入口无关的参数。

（6）出现全局变量时，这些变量是否在所有引用它们的模块中都有相同的定义。

（7）有没有把常数当作变量来传送。

对于模块的局部数据变量，应该在单元测试中注意发现以下几类错误：

（1）不正确的或不相容的说明。

（2）不正确的初始化或缺省值。

（3）错误的变量名，如拼写错误或缩写错误。

（4）不相容的数据类型。

（5）下溢、上溢或地址错误。

如何设计测试用例，能够使单元测试高效率地发现其中的错误，这是非常关键的问题。需要特别关注的错误包括：

（1）不同数据类型的数据进行比较。

（2）逻辑运算符或其优先级用错。

（3）变量本身或是比较有错。

（4）循环终止不正确，或死循环。

（5）循环控制变量修改有错。

边界测试一般是单元测试的最后一步，不容忽视。实践表明，软件容易在边界处发生问题。例如，处理 n 维数据的第 n 个元素时容易出错，执行到循环体的最后一次时也容易出错。

8.3.1.2 单元测试的步骤

由于每个单元模块在整个软件中并不是孤立的，在对每个模块进行单元测试时，不能忽视它们与关联模块的相互联系。一种是驱动模块，用于模拟调用被测单元的上级模块，另一种是桩模块，用于模拟被测模块执行过程中调用的模块。图 8－4 所示为一个被测模块进行单元测试时的环境状况，其中，设置了一个驱动模块和三个桩模块。驱动模块在单元测试中接受测试数据，把相关的数据传送给被测模块，启动被测模块，并输出相应的结果。桩模块由被测模块调用，它们仅作很少的数据处理，检验被测模块与其下级模块的接口。

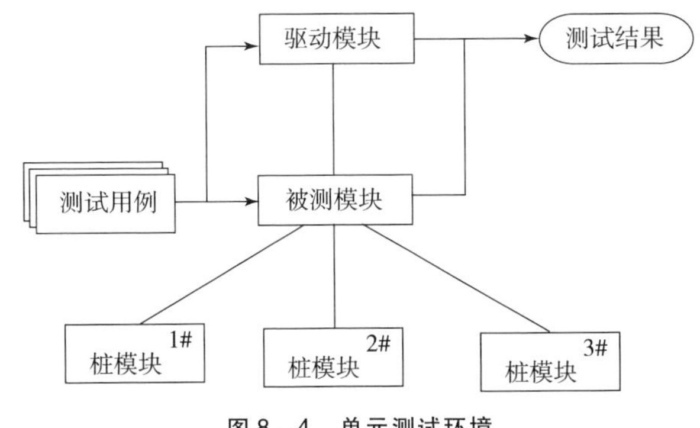

图 8－4　单元测试环境

8.3.2　集成测试

在每个模块完成单元测试以后，需要进行集成测试。实践表明，一些模块能够单独工作，并不能保证集成后也能正常工作。程序在某些局部上没有反映出来的问题，在全局上很可能暴露出来，从而影响其功能的发挥。

常用的集成测试方法主要有两种，即非增量式测试和增量式测试。

（1）非增量式测试：在配备辅助模块的条件下，对所有模块进行个别的单元测试，然后在此基础上，按程序结构图将各模块连接起来，把连接后的程序作为一个整体进行测试。

（2）增量式测试：单元的集成是逐步实现的，集成测试也是逐步完成的。也可以说它把单元测试与集成测试结合起来进行。增量式集成测试可按不同的次序实施，因而可以有两种：自顶向下增量式测试和自底向上增量式测试。

非增量式测试的做法是先分散测试，再集中起来一次完成集成测试。如果在模块的接口处存在差错，只会在最后集成时一下子暴露出来。与此相反，首先增量式测试的逐步集成和逐步测试的办法把可能出现的差错分散暴露出来，便于查找问题和修改。其次增量式测试使用了较少的辅助模块，也减少了辅助性测试工作，并且一些模块在逐步集成的测试中得到了较为频繁的考验，因而可能取得较好的测试效果。总的说来，增量式测试比非增量式测试具有一定的优越性。

自顶向下测试的主要优点在于它一开始便能让测试者看到系统的雏形。这个系统模型和检验有助于增强程序人员的信心，它的不足是一定要提供桩模块，并且在输入/输出模块接入系统以前，在桩模块中表示测试数据有一定困难。

自底向上测试的优点是由于驱动模块模拟了所有调用参数，即使数据流并未构成有向的非环状图，生成测试数据也没有困难。如果关键的模块是在结构图的底部，自底向上测试是有优越性的。其缺点是当最后一个模块尚未测试时，还没有呈现出被测软件系统的雏形。最后一层模块尚未完成开发时，测试工作无法开展，因而设计与测试工作不能交叉进行。

8.3.3 配置项测试

配置项测试是检验所开发的软件是否能按用户提出的要求运行。若能达到这一要求，则认为开发的软件是合格的。这里所说的用户需求通常指的是在软件需求规格说明中确定的软件功能和技术指标，或是专门为测试所规定的确认准则。

（1）配置项测试准则。在需求规格说明中可能做了原则性规定，但在测试阶段需要更详细、更具体地在测试文档中做进一步说明。例如，制订测试计划时，要说明配置项测试包括的测试项，并给出必要的测试用例。除了考虑功能、性能以外，还需检验可移植性、兼容性、可维护性、人机接口及文档资料是否符合要求。

（2）配置评审。配置评审是配置项测试过程的重要环节，其目的在于确保已开发软件的所有文档资料均已编写齐全，并得到分类编目，足以支持交付以后的软件维护工作。这些文件资料包括用户文件（如用户手册、操作手册）、设计文件（如设计说明等）、源程序以及测试文件（如测试说明、测试报告等）。图 8－5 所示为配置评审与配置项测试的关系。

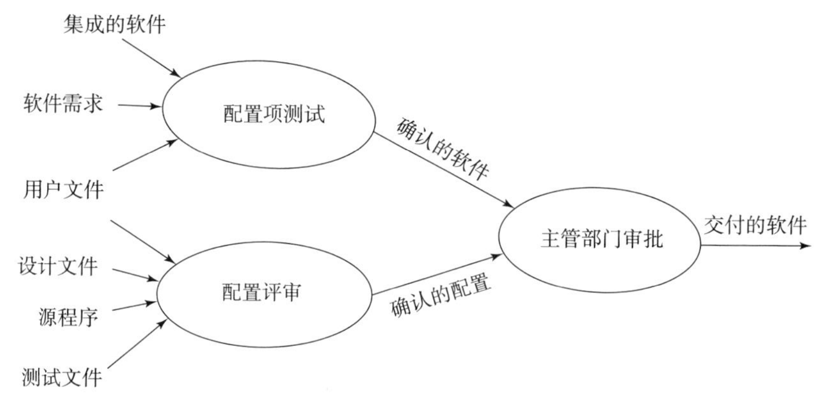

图 8－5　配置评审与确认测试的关系

8.3.4　系统测试

由于软件只是装甲车辆中的一个组成部分，软件开发完成以后，最终还要与系统中的其他部分配套运行。系统在投入运行以前各部分需完成集成和配置项测试，以确保各组成部分不仅能单独地受到检验，而且在系统各部分协调工作的环境下也能正常工作。而且软件在嵌入式系统中占有相当重要的位置，软件的质量如何，软件的测试工作进行得是否扎实，势必与能否顺利、成功地完成系统测试关系极大，系统测试实际上是针对系统中各个组成部分进行的综合性检验。尽管每一个检验有着特定的目标，然而所有的检测工作都要验证系统中每个部分均已得到正确的集成，并能完成指定的功能。

8.4　静态测试

在装甲车辆嵌入式软件测试过程中常采用的软件测试方法包括静态测试和动态测试。

所谓静态测试就是不实际运行被测试软件，而是静态地检查程序代码、界面或文档中可能存在的错误的过程。

8.4.1　静态分析

程序的结构形式是白盒测试的主要依据。在软件系统中，代码以文本格式被写入多个文件中，很难阅读、理解，需要其他一些工具来帮助测试人员阅读理解，如各种图表等，静态分析满足了这样的需求。源代码静态分析是指利用静态分析技术对源程序进行静态分析。

在静态分析中，测试人员通过使用测试工具分析程序源代码的系统结构、数据结构、数据接口、内部控制逻辑等内部结构，生成函数调用关系图、模块控制流图、内部文件调用关系图、子程序表、宏和函数参数表等各类图表，可以清晰地标识整个软件系统的组成结构，使其便于阅读与理解，然后可以通过分析这些图表，检查软件有没有存在缺陷或错误。其中，通过查看函数调用关系图，可以检查函数之间的调用关系是否符合要求、是否存在递归调用、函数的调用层次是否过深、有没有存在孤立的没有被调用的函数，从而可以发现系统是否存在结构缺陷，发现哪些函数是最重要的、哪些是次要的、需要使用什么级别的覆盖要求等。

8.4.2 代码审查

8.4.2.1 代码审查概述

代码审查（Code Review）是装甲车辆软件测试过程中常用的方法。与其他测试方法相比，它更容易发现和架构、时序、运行缺陷相关的较难发现的问题，还可以帮助开发者提高编程技能、统一编程风格等。代码审查具有以下作用：

（1）提高代码质量：代码将更加整洁，有更好的注释，更好的程序结构。

（2）提高开发者开发水平。

（3）提高程序的可维护性。

（4）提高开发人员对编码的责任感。

8.4.2.2 代码审查的指导原则

（1）团队应有良好的文化。

团队需要认识到代码审查是为了提高整个团队的能力，而不是针对个体设置的检查关卡。另外，代码审查本身可以提高开发人员的能力，让其从自身犯过的错误中学习，从他人的思路中学习。如果开发人员对这个过程有抵触或反感，这个目的就达不到了。

（2）谨慎使用考评标准。

在代码审查中如果发现问题，对于问题的发现者来说是好事，应该予以鼓励。但对于被发现者，不应为此受到惩罚。

（3）控制每次审查的代码数量。

每次审查200~400行代码效果最好。每次试图审查过多代码，审查人员发现问题的能力就会下降。在实践中发现，虽然因为开发平台和开发语言的不同，最优的代码审查量有所不同，但是限制每次审查的数量确实非常必要。

（4）带着问题去进行审查。

在每次代码审查中，要求审查人员利用自身的经验先思考可能会碰到的问题，然后通过审查工作验证这些问题是否已经解决。

（5）所有的问题和修改，必须由原开发人员进行确认。

如果在审查中发现问题，务必由原开发人员进行确认。这样做有两个目的。一是确认问题存在，保证问题被解决；二是让原开发人员了解问题和不足，帮助其成长。

（6）代码提交前进行自我审查。

所有团队成员在提交代码给其他成员审查前，必须先进行一次审查。除了检查代码的正确性以外，还可以完成对代码添加注释、修正代码风格、从全局审视设计等工作。

8.4.3　源代码分析工具 Klocwork

8.4.3.1　Klocwork 介绍

Klocwork 是一款静态源代码分析工具，用于识别源代码中的缺陷，比如逻辑错误和编码缺陷（如：内存管理问题、空指针的解引用、未初始化变量、数组越界等）、安全漏洞、编码规则检查。与传统的动态分析技术（单元测试或渗透测试）不同，Klocwork 是基于静态分析技术，在构建阶段仅通过分析程序或模块的源代码，就能够完全解析每条可达到路径，而不限于能够观测到的动态行为。

Klocwork 源代码分析工具能应用在系统集成阶段和编码阶段。利用 Klocwork 的自动分析功能，可以对 C/C ++ 代码进行自动化分析，其配置过程简单，分析过程是自动化的，能够提供代码问题报告。Klocwork 可以进行代码结构可视化展示，显示已有应用系统的软件结构、软件模块间依赖关系以及外部环境间的依赖关系。主要功能有：

（1）通过静态分析技术能够检测出软件的缺陷，包括：指针错误、数组越界、内存泄露以及其他运行时问题。

（2）能够检测出 C/C ++ 安全漏洞、缓冲区溢出、数据库安全缺陷等问题。

（3）能够提供软件架构分析，利用可视化的技术显示代码的物理结构、引用关系和流程图。

（4）提供通用的软件质量度量，包括 McCabe、Halstead 代码行数、继承数、循环数等各种基本度量。

（5）用户可定制代码分析，提供编程 API 或者结构来进行特定的规则检查。

（6）可以和多种集成开发环境集成，也提供命令行功能。集成环境包括 Code Composer Studio、CodeWarrior、Tornado 2.2、Keil、Visual Studio 等。

8.4.3.2　Klocwork 应用示例

应用 Klocwork 对 Code Composer Studio（CCS）开发环境下的应用软件进行静态分析的过程如下所示。

（1）配置命令行窗口环境变量。

首先，在 Windows 操作系统下，单击开始→运行，输入 cmd 以打开命令行窗口，并将路径转换到 CCS 应用软件项目所在的目录，如图 8-6 所示，运行 CCS 注册环境变量的批处理文件：DosRun.bat，该文件位于 CCS 安装根目录下，本示例中该目录为 C:\CCStudio_v3.3。

图 8-6　配置命令行窗口环境变量

（2）生成 out 文件。

在命令行窗口中输入“kwinject-o kwinject.out timake < ProjectName > . pjt < Debug > -a”。根据待分析源代码的实际情况，替换 ProjectName 及 Debug，如图 8-7 所示。执行完该命令后，在项目当前目录下，生成了 kwinject.out 文件。该文件可以直接用于 Klocwork 分析。

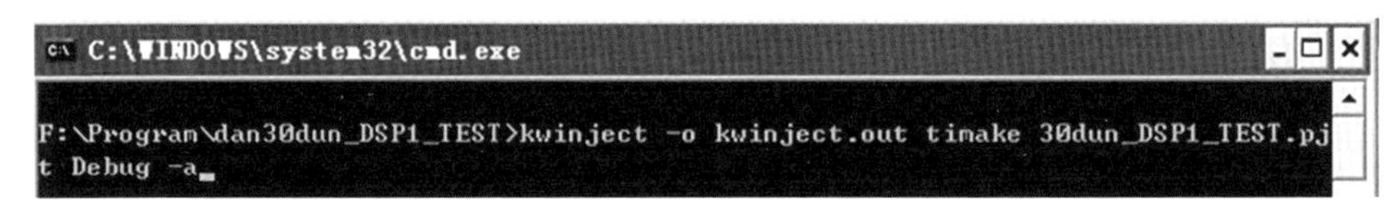

图 8-7　生成 out 文件的命令

（3）创建本地工程。

如果是第一次对项目进行分析，需要创建一个本地工程，如图 8-8 所示，在命令行窗口中输入“kwcheck create”。

图 8-8　创建本地工程

本地工程创建成功，会在当前目录下创建 .kwlp 和 .kwps 两个目录。

（4）分析项目。

如图 8-9 所示，在命令行窗口中输入“kwcheck import kwinject.out”。

图 8-9　分析项目命令

（5）窗口界面查看结果。

如图8－10所示在命令行窗口中输入“kwgcheck”命令，可以打开“Klocwork Desktop”界面窗口查看分析结果。

图8－10　打开“Klocwork Desktop”界面窗口命令

打开如图8－11所示的界面窗口。

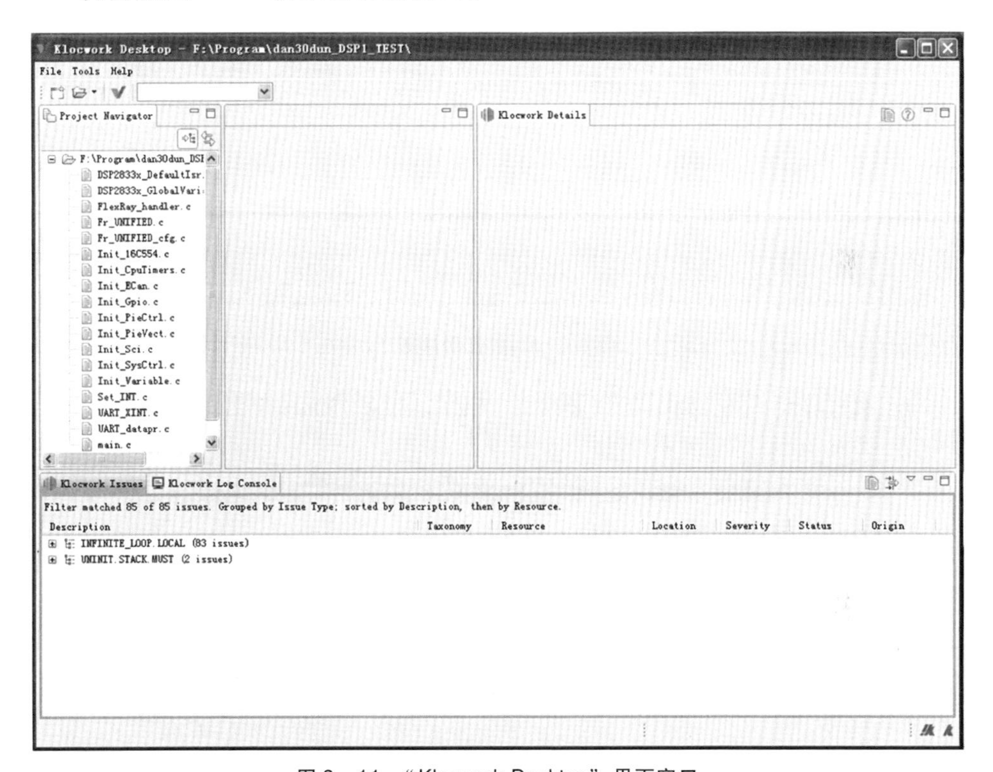

图8－11　“Klocwork Desktop”界面窗口

（6）项目配置。

如图8－12所示，选择“Tools→Preferences”，弹出项目配置窗口。

在项目配置窗口中单击“Project Configuration”，在“Issues”标签中可以对本项目要检查的缺陷项进行配置，如图8－13所示，通过单击“+”可以打开下层包含项，通过各缺陷项前的勾选框选中或取消此缺陷项。建议选择全部的GJB5369，以及与内存使用、数组使用、指针使用有关的缺陷项。完成配置后，单击“OK”按钮。

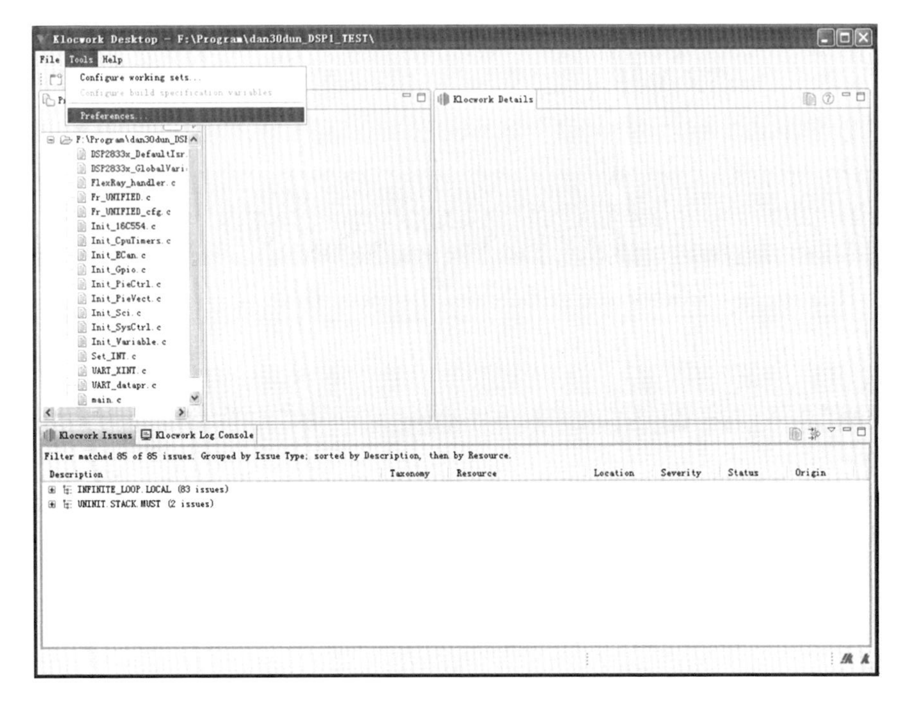

图 8-12　项目配置窗口

图 8-13　缺陷项配置窗口

（7）选择项目源文件。

在“Klocwork Desktop”界面窗口单击图标，弹出 Configure Working Set 窗口，如图 8－14 所示，选择项目待分析源文件。在“Name”栏中输入项目名称，在文件列表窗口中通过勾选框选择待分析的源文件。配置完成后单击“Run”按钮，开始进行分析。

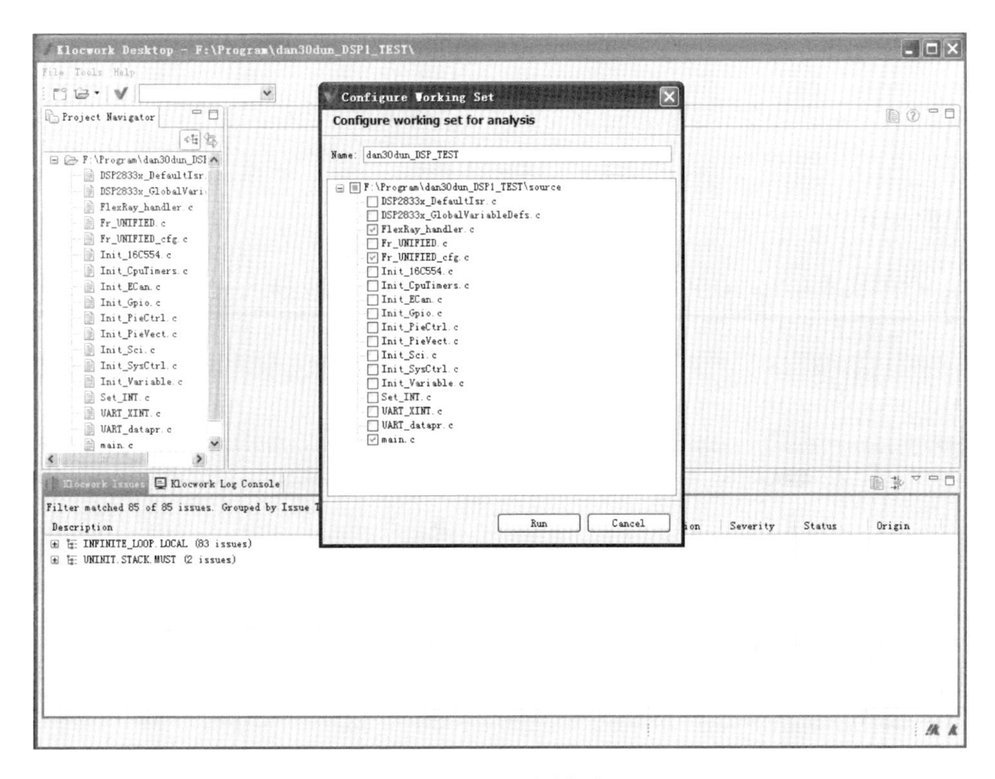

图 8－14　源文件选择窗口

（8）查看结果。

分析完成后的界面窗口如图 8－15 所示。界面下部显示当前项目包含的所有问题，通过双击问题可以在窗口中显示相应文件的所在位置，便于分析确认。右上部窗口显示对于该问题的详细解释。

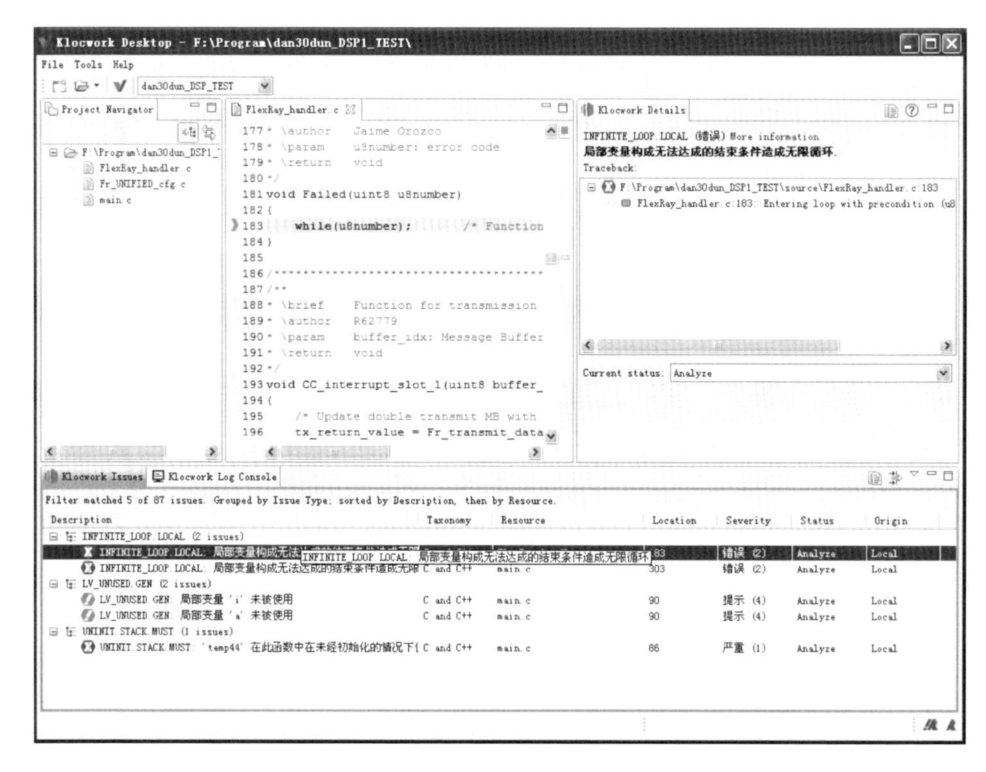

图 8－15　结果查看窗口

8.5　动态测试

8.5.1　黑盒测试

黑盒测试又称功能测试、数据驱动测试或基于需求规格说明的测试。在完全不考虑程序内部结构和内部特性的情况下，测试人员只知道该程序输入和输出之间的关系，或是程序的功能，必须依靠能够反映这一关系或程序功能的需求规格说明，确定测试用例和推断测试结果的正确性，即所依据的只能是程序的外部特性。

这里需要说明的是，正是因为黑盒测试的测试数据是根据需求规格说明决定的，这一方法的主要缺点是它依赖于需求规格说明的正确性。

8.5.1.1 等价类划分法

等价类划分法，是一种重要的、常用的黑盒测试用例设计方法，也是装甲车辆软件测试常用的方法，是把程序的输入域分成若干部分，然后在每个部分中选取少数代表性数据当作测试用例。

等价类是指某个输入域的子集合。每一子集合代表每一类，每一类的代表性数据在测试中的作用等效于这一类中的其他值。这就可以用少量代表性的测试数据，取得较好的测试结果。使用这一方法设计测试用例，必须在分析功能需求的基础上找出每个输入条件，然后为每个输入条件划分两个或多个等价类，列出等价类表。等价类可以分为有效等价类和无效等价类。

有效等价类指对于软件需求规格说明来说，合理的、有意义的输入数据所构成的集合。利用它，可以检验程序是否实现了需求规格说明预先规定的功能和性能。有效等价类可以是一个，也可以是多个。

无效等价类和有效等价类相反，无效等价类对于软件需求规格说明而言，是没有意义的、不合理的输入数据集合，利用无效等价类，可以找出程序异常，检查程序的功能和性能的实现是否有不符合需求规格说明要求的地方。

划分等价类的方法：按区间划分、按数值划分、按数值集合划分、按限制条件或规则划分、按处理方式划分，等价类划分要求：

（1）测试完备合理、避免冗余。

（2）划分测试条件、有效等价类和无效等价类最重要的是：集合划分为互不相交的一组子集。

（3）整个集合完备。

（4）子集互不相交，保证一种形式的无冗余性。

（5）同一类中标识一个测试用例，同一等价类中往往处理相同，相同的处理映射到相同的执行路径。

等价类划分应注意的原则：

（1）在输入条件规定取值范围或值的个数情况下，可以确定一个有效等价类和两个无效等价类。

（2）在规定了输入数据的一组值（假定 n 个），并且程序要对每个输入值分别处理的情况下，可以确定 n 个有效等价类和一个无效等价类。

（3）在规定输入数据必须遵守的规则的情况下，可确定有一个有效等价类和若干个无效等价类。

（4）在输入条件规定了输入值的集合或规定了必须如何的条件下，可以确定一个有效等价类和一个无效等价类。

（5）如果已划分的等价类中各元素在程序中的处理方式不同，则应将该等价类进一步划分为更小等价类。

等价类划分法的优点就是把整个测试输入域划分为多个输入域集合，从每个输入域中选择合适的输入数据，从而可以很好地避免因盲目或随机选择输入数据，导致测试不完整或覆盖不全的问题。虽然学习使用很简单，但是等价类划分法没有对输入数据的组合情况做考虑，还需要结合其他测试方法进行测试输入的完善。

8.5.1.2 边界值分析

边界值分析法是用于对输入或输出的边界值进行测试的方法，不仅重视输入条件边界值，而且重视输出域中导出的测试用例，是对等价类划分法的补充。

边界值分析采用一到多个测试用例来测试一个边界，该方法比较简单，仅考虑处于等价类划分边界或边界附近的状态。这种方法选择输入和输出等价类的边界，选取正好等于、刚刚大于或刚刚小于边界的值作为测试数据，而不是选取等价类中的典型值或任意值作为测试数据。

边界值分析法的方法依据如下：

（1）从长期的测试工作经验中得知，大量的错误发生在输入和输出范围的边界上，而不是在输入范围内部。

（2）针对各种边界情况设计测试用例，可以发现更多的错误。

（3）确定边界情况，着重测试输入等价类、输出等价类的边界值。

进行边界值分析应注意的要点：

（1）如果输入条件规定了值的个数，则用最大个数、最小个数、比最小个数少一个、比最大个数多一个作为测试依据。

（2）如果输入条件规定了值的范围，则应取刚达到这个范围的边界值，以及刚刚超过这个范围边界的值作为测试输入数据。

（3）如果程序中使用了一个内部数据结构，则应当选择这个内部数据结构的边界上的值作为测试用例。

（4）如果软件需求规格说明给出的输入域或输出域是有序集合，则应选取集合的第一个元素和最后一个元素作为测试用例。

（5）分析软件需求规格说明，找出其他可能的边界条件。

边界值分析法的优点：

（1）采用了可靠性理论的单缺陷假设。

（2）学习使用简单易行。

（3）生成测试数据的成本低。

边界值分析法的缺点：

（1）测试数据不充分。

（2）不能发现测试变量之间的组合依赖关系。

（3）不考虑所选数据的含义和意义。

8.5.1.3　因果图法

因果图法适合于描述多种条件组合相应产生多个动作的情况，利用图解法分析输入的各种组合情况，从而设计测试用例，它适合于检查程序输入条件的各种组合情况。等价类划分法和边界值分析法都是着重考虑输入条件，但没有考虑输入条件的各种组合、输入条件之间的相互制约关系，虽然各种输入条件可能出错的情况已经测试到了，但多个输入条件组合起来可能出错的情况却被忽视了。要检查输入条件的组合不是一件容易的事情，即使把所有输入条件划分成等价类，它们之间的组合情况也相当多。

8.5.2　白盒测试

白盒测试又称结构测试、逻辑驱动测试或基于程序的测试。测试人员可以看到被测的源程序，可用于分析程序的内部结构，以此设计测试用例，测试人员完全可以不顾程序的功能。

按结构测试来理解，它要求对被测程序的结构特性做到一定程度的覆盖，或者说基于覆盖的测试。最为常见的程序结构覆盖是语句覆盖。它要求被测程序的每一句可执行语句在若干次测试中尽可能都检验过。这是最弱的逻辑覆盖准则。进一步要求程序中所有判定的两个分支尽可能得到检验，即分支覆盖或判定覆盖。当判定式含有多个条件时，可以要求每个条件的取值得到检验，即条件覆盖。在同时考虑条件组合值的检验时，我们又有判定/条件覆盖。在只考虑对程序路径的全面检验时，可使用路径覆盖准则。

在装甲车辆嵌入式软件测试过程中，根据型号项目的具体要求以及各软件研制任务书对测试的规定，一般在白盒测试过程中须满足一定的覆盖率要求，常用的覆盖要求包括语句覆盖、判定覆盖，如果测试结果分析显示，当前的测试未能满足覆盖率要求，则需分析测试用例的设计，补充测试用例，并进行进一步的测试。

1）语句覆盖。

语句覆盖又称点覆盖，就是设计若干个测试用例，当运行被测试的程序时，保证每一可执行语句至少执行一次。这种覆盖虽然能够使得程序中每个可执行语句都得到执行，但它是最弱的逻辑覆盖标准，效果有限，必须与其他方法相互配合使用。

2）判定覆盖。

判定覆盖又称分支覆盖，就是设计若干个测试用例，当运行被测试的程序时，保证程序中每个判断的真分支和假分支至少经历一次。判定覆盖只比语句覆盖稍强一些，只用判定覆盖，还不能保证一定能查出在判断的条件中存在的错误。因此，还需要更强的逻辑覆盖准则去检验判断内部条件。

必须说明，无论哪种测试覆盖，即使其覆盖率达到100%，都不能保证把所有隐藏的程序缺陷都揭露出来。对于某些在需求规格说明中已有明确规定，但在实现中被遗漏的功能，无论哪一种结构覆盖都是检查不出来的。因此，提高结构的测试覆盖率只能增强我们对被测软件的信心，但它绝不是万无一失的。

第9章

常用软件开发标准介绍

9.1 国家军用软件工程标准

9.1.1 概述

软件工程标准与规范是为软件开发和管理的过程以及软件工作产品而规定的共同规则。通过制定、贯彻并监督标准的实施，规范软件开发、运行、维护和退役的全过程工作和产品等，以提高软件产品质量。世界上第一个软件工程标准是由美国军方制定的，70 年代前后美军就开始陆续制定军用软件工程标准。虽然有了严格的标准规范，但是管理起来却还是很困难，其中重要的原因是缺少软件过程的约束。1987 年美国卡内基 - 梅隆大学软件工程研究所(SEI) 发表了承包商软件工程能力的评估方法标准，1991 年该标准发展成为能力成熟度模型 1.0 版（CMM1.0）。

我国软件工程标准化工作 80 年代初开始起步，1983 年军用标准化工作实行统一管理，颁布了多项国标和国军标，国军标中的大多数标准已被军内外广泛应用，对一些大型信息系统工程及重点武器型号的研制、生产及使用起到了积极的促进作用。我国军用软件工程标准绝大多数都是参考相关标准，并结合我国具体情况制定的，具有一定的指导性，为我国软件工程化水平引领方向。

部分国家军用软件工程标准见表 9 - 1。

表 9－1　部分军用软件工程标准

标准号	标准名称
GJB 438B—2009	军用软件开发文档通用要求
GJB 439A—2013	军用软件质量保证通用要求
GJB 1268A—2004	军用软件验收要求
GJB 1362A—2007	军工产品定型程序和要求
GJB 2041—1994	军用软件接口设计要求
GJB 2434A—2004	军用软件产品评价
GJB 2694—1996	军用软件支持环境
GJB 2786A—2009	军用软件开发通用要求
GJB 2824—1997	军用数据安全要求
GJB 5000A—2008	军用软件研制能力成熟度模型
GJB 5235—2004	军用软件配置管理
GJB 5236—2004	军用软件质量度量
GJB 5880—2006	软件配置管理
GJB 6389—2008	军用软件评审
GJB/Z 102A—2012	军用软件安全性设计指南
GJB/Z 141—2004	军用软件测试指南

9.1.2　常用军用软件工程标准的发展

在军用型号项目软件研制过程中，最常用的软件工程标准包括 GJB 2786A—2009《军用软件开发通用要求》、GJB 438B—2009《军用软件开发文档通用要求》和 GJB 5000A—2008《军用软件研制能力成熟度模型》。

9.1.2.1　GJB 2786A—2009《军用软件开发通用要求》

GJB 2786A 是由 GJB 437、GJB 2786 发展而来，而 GJB 437 是第一个国家军用软件工程标准，它规定了软件生命周期中软件需求分析、软件设计、软件实现和软件测试的基本要求，同时还涉及这些过程中的软件质量保证、软件配置管理、软件开发管理和软件文档编制等方面的内容。GJB 2786—1996《武器系统软件开发》规定了武器系统软件开发和保障的基本要求，适用于软件生存周期的全过程，为软件的订购方了解承制方的软件开发、测试和评价工作提供了依据。GJB 2786 充分体现了系统工程和软件工程思想，定义了软件开发的 8 项主要活动，并特别说明这些活动可以重叠，也可以交叉或循环进行，因此 GJB 2786 对许多软件开发模型来说都适用。

随着软件工程化水平的发展，GJB 2786A—2009《军用软件开发通用要求》代替了 GJB 2786。GJB 2786A 规定了军用软件开发的通用要求，包括软件开发过程中的开发、支持和管理等方面的要求，适用于需方和开发方获取、开发和维护军用软件。该标准适用于硬件—软件系统中的软件部分和软件系统的整个开发工作。

GJB 2786A《军用软件开发通用要求》是软件工程标准体系中的顶层标准，系统而全面地规定了军用软件开发的通用要求。该标准主要是面向项目，从软件研制角度充分支持软件质量管理规定和软件产品定型要求的贯彻实施，并综合考虑 GB 8566、GJB 5235、GJB 5000A 等的要求，力求保持与这些标准的协调和兼容。

GJB 2786A 的基本内容分为 5 章，分别是：范围，引用文件，术语、定义和缩略语，一般要求，详细要求，另外还有 28 个附录。该标准要求开发方建立与合同要求一致的软件开发过程，可包括 26 个主要活动，其中软件开发活动包括系统需求分析、系统设计、软件需求分析、软件设计、软件实现和单元测试、单元集成和测试、CSCI 合格性测试、CSCI/HWCI 集成和测试、系统合格性测试、软件使用准备、软件移交准备、软件验收支持等 12 个活动，管理性活动包括项目策划和监控、软件开发环境建立、风险管理、保密性有关活动、分承制方管理、与软件独立验证和确认（IV&V）机构的联系、与相关开发方的协调、项目过程的改进等 8 个活动，支持性活动包括软件配置管理、软件产品评价、软件质量保证、纠正措施、联合评审、测量和分析等 6 个活动，可根据项目实际需要对活动进行剪裁。该标准对软件开发的一般要求包括软件开发方法、软件产品标准、可重用软件产品、关键需求的处理、计算机硬件资源的利用、决策理由的记录、便于需方评审等 7 个方面。

9.1.2.2 GJB 438B—2009《军用软件开发文档通用要求》

GJB 438B 是由 GJB 438《军用软件文档编制规范》和 GJB 438A《武器系统软件开发文档》发展而来。GJB 438 发布以后，为指导军用软件文档编制起到了重要作用，收到了一定的效果。随着软件工程技术的迅速发展，GJB 438 已难以满足软件文档编制的需要，因此对其进行了修订，1997 年发布了 GJB 438A《武器系统软件开发文档》。GJB 438A 规定了武器系统软件开发文档的格式、内容和要求，适用于软件开发过程中的文档编制，尤其适用于按照 GJB 2786 进行软件开发的系统。

GJB 438B《军用软件开发文档通用要求》是 GJB 438A—1997《武器系统软件开发文档》的替代标准。标准规定了执行 GJB 2786A 所产生的军用软件开发文档，适用于军用软件开发过程中文档的编制。该标准较 438A 增加了软件研制任务书、软件质量保证计划、软件质量保证报告、软件配置管理计划、软件配置管理报告和软件研制总结报告等文档，并在软件开发计划、软件质量保证计划、软件配置管理计划中，对 GJB 5000A 二级有关要求给予了适当考虑和体现。

GJB 438B《军用软件开发文档通用要求》规定了对软件开发过程中主要活动产生的文档，指出哪些文档可以合并或剪裁。内容分为5章，分别是：范围，引用文件，术语、定义和缩略语，一般要求，详细要求，另外还有28个附录。该标准规定了软件开发文档编制的种类、结构、格式和内容等要求，适用于软件开发过程中文档的编制，以及需方和开发方获取、开发和维护软件。该标准是根据 GJB 2786A 各活动描述的工作任务而产生的，描述了软件开发过程中的主要活动信息和要求，开发方应按照本标准的要求记录有关信息，编写有关文档，并按合同（或软件研制任务书）的要求交付，可根据项目所选择的生存周期、合同（或软件研制任务书）的要求以及实际活动，确定项目产生的文档种类，并根据实际情况对文档的种类进行合并、拆分，根据需要，也可以对文档的内容进行剪裁。

GJB 438B 中要求的文档可分为管理类和工程类，详情见表 9－2。

表 9－2　文档分类

管理类文档	
软件研制总结报告	软件开发计划
软件配置管理计划	软件质量保证计划
软件测试计划	软件安装计划
软件移交计划	软件配置管理报告
软件质量保证报告	
工程类文档	
运行方案说明	系统/子系统规格说明
接口需求规格说明	系统/子系统设计说明
接口设计说明	软件需求规格说明
软件设计说明	数据库设计说明
软件测试说明	软件测试报告
软件产品规格说明	软件版本说明
软件用户手册	软件输入/输出手册
软件中心操作员手册	计算机编程手册
计算机操作手册	固件保障手册
软件研制任务书	

9.1.2.3 GJB 5000A—2008《军用软件研制能力成熟度模型》

GJB 5000A—2008《军用软件研制能力成熟度模型》是由 GJB 5000—2003 发展而来的。GJB 5000 的制定旨在引进国外先进的管理经验提高我国军用软件的质量。考虑到当时我国军用软件承制单位软件工程化水平普遍较低，而且当时能力成熟度模型集成（CMMI）比较成熟的版本尚未正式发布，国内对 CMMI 普遍缺乏足够的研究和技术积累，故而在分析研究的基础上，决定参照美国卡内基－梅隆大学软件工程研究所（SEI）提出的软件能力成熟度模型（SW-CMM）1.1 制定 GJB 5000—2003。GJB 5000—2003 是军用软件建设和发展的一项重要标准，得到了军内及国防行业的高度重视，它的发布和实施极大地促进了我国军用软件研制单位软件工程化水平的提高，有效地保证了军用软件的质量。

随着 GJB 5000—2003 的贯彻实施，军内各界对过程改进的认识得到了很大提高，加之政府部门对 CMMI 的鼓励和政策支持，也极大地促进了国内软件研制单位按 CMMI 进行过程改进的热情，军内外 GJB 5000 实施单位和管理部门等提出了对 GJB 5000—2003 作进一步修订的要求，修订版为 GJB 5000A—2008《军用软件研制能力成熟度模型》。

GJB 5000A 的结构与 GJB 5000 的结构很相似，但也有如下差别：

1）GJB 5000A 中的过程域与 GJB 5000 中的关键过程域对应。

2）在 GJB 5000A 中，过程域下的目标和实践都分为两类：一类冠以专用，专用目标和专用实践；另一类则冠以共用，即共用目标和共用实践。而在 GJB 5000 中，关键过程域下只有一类目标，其下的关键实践按共同特征分为执行承诺、执行能力、执行活动、测量和分析以及验证实施等 5 类。

3）GJB 5000A 中在专用目标下的专用实践与 GJB 5000 中共同特征为执行活动的关键实践相对应。

4）GJB 5000A 中在共用目标下的共用实践与 GJB 5000 中其他 4 类（执行能力、执行活动、测量和分析以及验证实施）的关键实践相对应。

5）GJB 5000A 中增加了很多新的实践，比 GJB 5000 内容丰富了很多，虽然 GJB 5000A 中的很多过程域与 GJB 5000 中的基本相同，但是实际上过程域的目标、实践和子实践等内容都发生了很大的变化。

GJB 5000A—2008《军用软件研制能力成熟度模型》共由 9 章和 1 个附录组成，其中，前 3 章分别为“范围”“引用文件”及“术语、定义和缩略语”；第 4 章“概述”从军用软件研制能力成熟度模型框架、部件间的关系、过程域部件、过程域之间的关系等 4 个方面系统地介绍了软件研制能力成熟度模型；第5章“共用目标与共用实践”分别从概述过程制度化、共用目标与共用实践的详细说明、运用共用实践以及支持共用实践的过程域等5个方面介绍了直接涉及过程制度化的部件；第6章至第9章分别阐述成熟度等级2至成熟度等级5中各个过程域的内容，包括各个过程域的目的、序言、相关过程域、按专用目标组织的专用实践以及按共用目标组织的共用实践等5个方面的内容；附录A是规范性附录“术语”。

GJB 5000A—2008《军用软件研制能力成熟度模型》由5个成熟度等级、22个过程域、48个专用目标、165个专用实践，以及2个共用目标、12个共用实践构成。

9.2　基于军用软件研制能力成熟度模型的项目管理

军用软件是一个极具挑战性和创造性的行业，然而军用软件产品也存在着研发质量低、成本高、开发进度难以控制、系统修改与维护困难等问题。由于军用软件在保密性上的诸多要求，很多开发任务只能由国防军工行业单位承担，而这些单位软件工程化水平参差不齐。随着军用软件规模的不断扩大、需求紧迫性的不断提高，军用软件产业的规范化、工程化已经成为最为紧要的任务。

要低投入、高效率、高质量地开发软件，仅仅靠运用新的软件开发方法与技术，作用是十分有限的，必须以改进并加强软件生产过程管理为中心，实施科学规范的软件工程管理和软件项目管理，才是解决问题的根本所在。GJB 5000A—2008《军用软件研制能力成熟度模型》在项目实施过程中，利用规范的软件过程、有效的验证过程以及支持活动全面确保软件的研制质量，通过合理的人员职责分工、软件重用设计等多种途径，提升软件研制开发效率，有效降低软件研制成本，通过严谨的测量与分析过程，全面把握项目脉络，保证项目顺利完成。

9.2.1　需求的管理

需求对软件系统的影响贯穿于软件的整个生命周期中，在软件生命周期的各个阶段都扮演着重要的角色，满足项目需求就为项目的成功奠定了基础，否则达到目标的概率就会降低。需求管理的目的是管理项目产品和产品部件的需求，并标识这些需求与项目的计划和工作产品之间的不一致性。过程包括以下

3 个活动，过程各项活动之间的关系如图 9 - 1 所示。

a）确认软件研制要求。

b）需求跟踪。

c）需求变更控制。

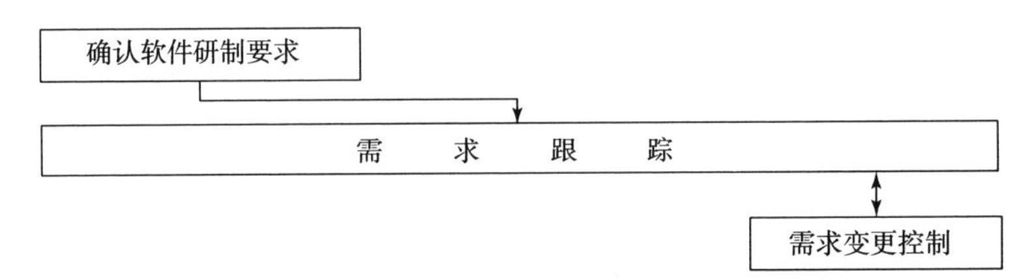

图 9 - 1　需求管理过程各活动之间关系图

9.2.1.1　确认软件研制要求

确认软件研制要求是为了保证所有利益相关方在项目开始时就对需求建立一个共同的理解。接收到软件研制任务书后，软件项目负责人组织利益相关方共同对软件研制内容进行评审，以达到对软件研制任务的一致理解，项目组对确认的研制要求进行承诺，项目配置管理员将研制任务书入受控库，建立功能基线，软件需求分析人员建立初始的需求跟踪矩阵。确认软件研制要求活动示意图如图 9 - 2。

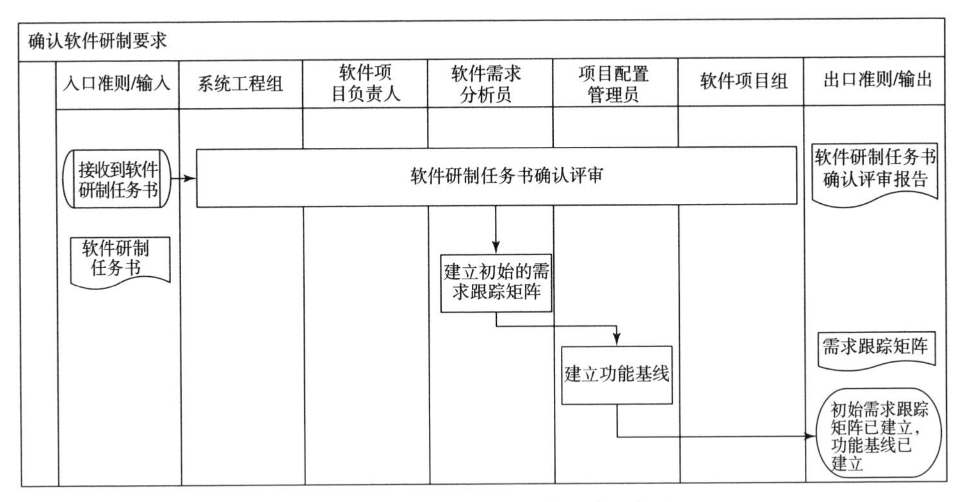

图 9 - 2　确认软件研制要求活动示意图

9.2.1.2　需求跟踪

需求跟踪的目的是确保研制任务书中的要求在软件最终产品中得以实现。需求跟踪分为正向跟踪和逆向跟踪，正向跟踪是为了保证源需求中每一要求均得到满足，逆向追踪是为了保证较低层次需求中没有多余的需求，跟踪的结果一般记录在需求跟踪矩阵中。软件项目负责人以及软件质量保证员应对需求跟踪矩阵进行检查，发现并解决需求的不一致，示意图如图 9－3 所示。

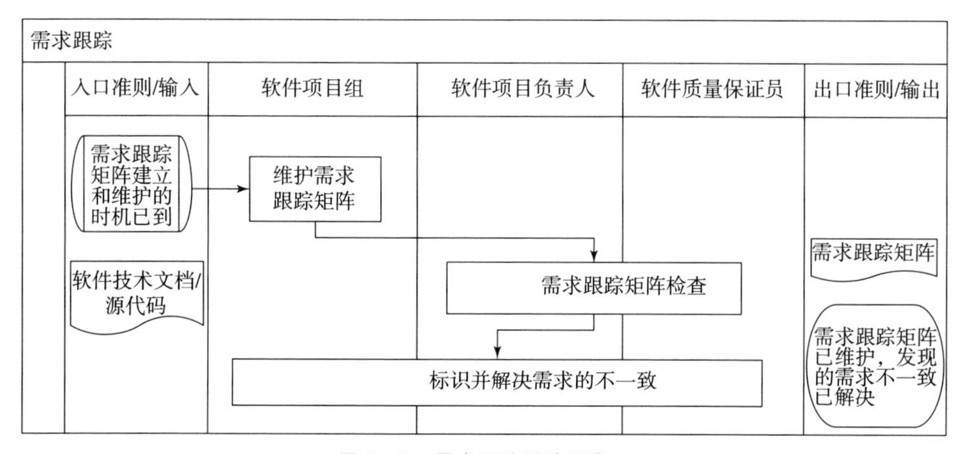

图 9－3　需求跟踪活动示意图

9.2.1.3　需求更改控制

在软件研制的任何阶段，都有可能发生需求变更，需求发生变更时，通过需求更改控制有效的控制变更，确保不会因需求变更失去控制而引发项目混乱。需求更改控制活动如图 9－4 所示。

9.2.2　成本的管理

为了对软件项目实施科学、有效的管理，必须对软件开发过程中产生的相关产品进行度量和监控。软件项目管理的一个重要的方面就是了解项目可能的成本。项目成本管理主要与完成活动所需资源成本有关，它包括确保在批准的预算范围内完成项目所需的各个过程，同时也考虑项目产品的使用成本的影响。广义的项目成本是指项目的整个生命周期成本，而狭义的项目成本主要表现为项目开发过程中的各种资源耗费的货币体现。

项目成本管理的目的是根据研制单位的情况和项目的具体要求，在保证项

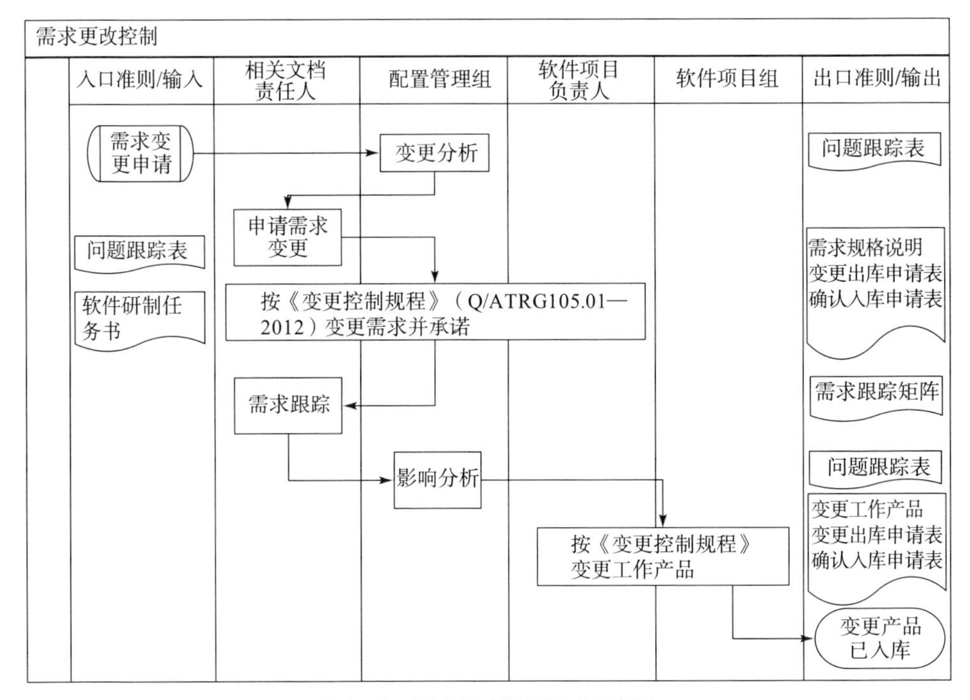

图 9－4　需求更改控制活动示意图

目的进度、质量达到客户要求的前提下，使项目实际发生的成本不超过项目的预算，使项目能够在批准的预算内按质、按时、高效地完成既定的目标。软件项目成本管理基本上可以用估算和控制来概括，即对软件的成本进行估算，然后形成成本管理计划，并在项目开发的过程中，对成本施加控制使其按照计划进行。

项目成本管理包括如下内容：

1）项目资源计划。

项目资源计划是指通过分析、识别确定实施项目活动需要使用什么资源，以及每种资源用量的一种项目管理活动。在项目资源计划工作中最为重要的是确定保证项目实施所需各种资源的清单和资源投入的计划安排。

2）项目成本估算。

项目成本估算是指根据项目资源计划，以及各种资源的市场价格或预期价格等信息，来估计完成项目所需资源成本的近似值的一种项目成本管理工作，其主要任务是确定用于项目所需人、物等成本和费用的概算。

3）项目成本预算。

项目成本预算是将整个成本估算配置到各单项工作，以建立一个衡量绩效的基准计划的项目成本管理工作。项目成本预算主要是根据项目的成本估算为项目各项具体活动或工作分配和确定其费用预算，以及确定整个项目总预算这两项工作。

4）项目成本控制。

项目成本控制是指在项目的实施过程中，努力将项目的实际成本控制在项目成本预算范围之内。它主要是依据项目实施中的情况，不断分析实际成本与项目预算之间的差异，并采用各种纠偏措施来修正原有的项目预算，从而使整个项目的实际成本控制在一个合理的范围。

9.2.3　进度的管理

9.2.3.1　进度管理概述

在软件开发过程中，一个大型系统往往会包括很多子系统或模块，在这种情况下，在完成一个大目标之前就必须实现数以百计的小任务。这些任务中有些任务的适当拖延不会影响整个项目的完成时间，而某些任务的拖延则会对整个项目的完成造成影响，有时甚至会导致项目的失败。因此，需要对软件项目的进度进行控制和管理。

进度管理必须在需求分析的基础上识别活动及活动之间的依赖关系，然后估算活动需要的资源、人员，根据实际情况为活动分配资源及人员，最后给出活动图表及条形图。在进度管理中必须注意有些活动是并行的，软件项目负责人必须协调这些并行活动，并把整个工作组织起来，使人力资源得到充分利用。

活动分解是进度管理过程中极为重要的环节，在进行活动分解时应注意以下两点：

1）正常情况下，各活动应至少持续 1 周。

2）对所有活动安排一个最高的时间限制（8～10 周），如某一项活动持续时间超过限制，就应该再次细分。

估算进度时，软件项目负责人不能想当然认为项目的每个阶段都不会出问题。估算时先假定不会出现问题，然后再把预计出现的问题加到估计中去（+30%），还要考虑因偶然因素带来的问题（+20%）。软件项目负责人根据进度表，确定项目相关任务活动的顺序与关联关系，设置起始时间与结束时间，明确责任人，根据工作量估计结果、人员投入情况和任务书中的计划节点要求，制定出项目进度表，形成项目进度计划，并确定项目关键路径。软件项目负责人协商利益相关方确定里程碑节点以及里程碑工作产品。在里程碑进度周期的框架下，软件项目负责人组织软件项目组确定每项任务完成的工期。

9.2.3.2 常用的进度表示法——甘特图

甘特图（Gantt Chart），也称条状图（Bar Chart），如图 9－5 所示。甘特图中，每一个任务的完成，不是以能否继续下一阶段任务为标准，而是以必须交付应交付的文档与通过评审为标准。甘特图可以直观地表明任务计划在什么时间进行，以及实际进展与计划要求的对比。管理者由此可以方便地弄清每一项任务还剩下哪些工作要做，并可评估工作提前、滞后，还是正常进行。

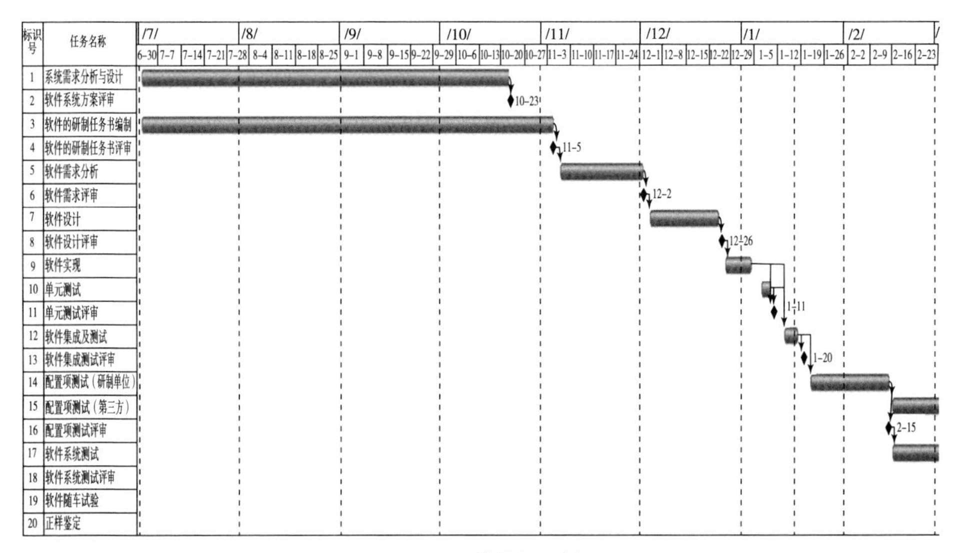

图 9－5 甘特图示例

绘制甘特图时应首先明确项目的各项活动、任务。内容包括项目名称、开始时间、工期、任务类型和依赖于哪一项任务，再确定项目活动依赖关系及时序进度，按照依赖关系类型将活动联系起来。应保证在未来计划有所调整的情况下，各项活动仍能按照正常的时序进行。

9.2.4 人员管理

人员是软件研制过程最重要的资产，合理地调配人员是成功完成软件项目的切实保证。因此，软件项目管理的关键是人员管理。

9.2.4.1 项目组织形式的确定

项目初期应制定项目组织，软件开发工作应在项目管理组和项目负责人的监督和指导下进行，由软件项目负责人实施项目管理，成立系统工程组、软件项目组、软件测试组、软件配置管理组、质量师、软件质量保证员等（项目组织结构见图9－6），并指定各组织的角色、职责、人员数量、具体人员等，以便在项目开发过程中各司其职。

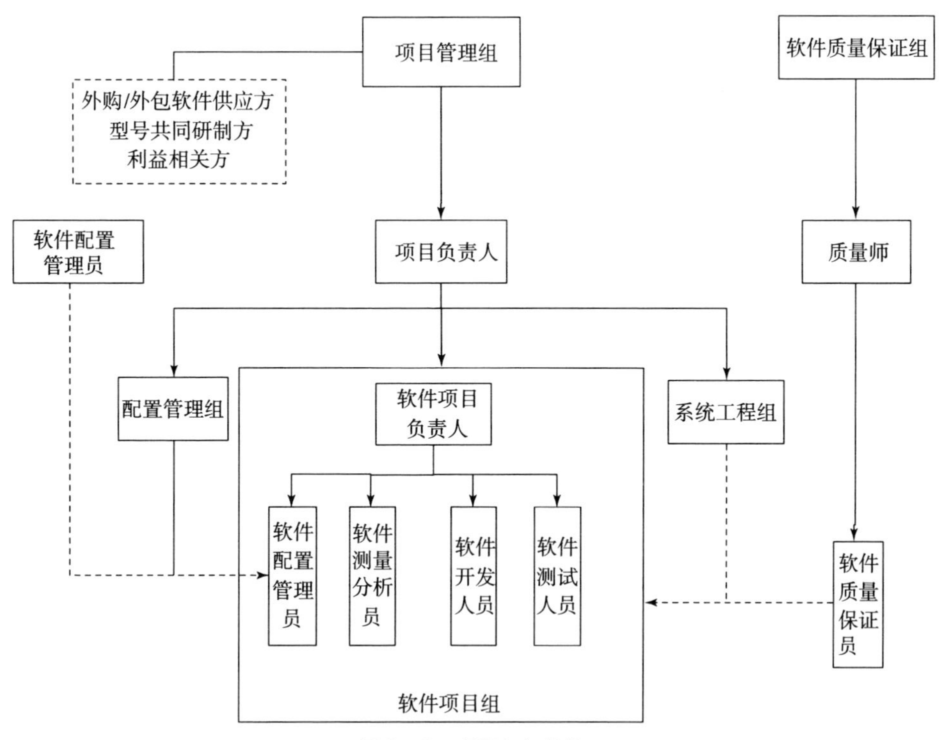

图9－6　项目组织结构

9.2.4.2　建立沟通机制

沟通管理的目标是及时并适当地创建、收集、发送、存储和处理项目的信息，基本原则是及时性、准确性、完整性、可理解性。项目沟通方式按传播媒介的方式可划分为：书面沟通、口头沟通、非语言沟通和电子媒介沟通；按组织系统可分为正式沟通和非正式沟通；按信息传播方向可分为上行沟通、下行沟通和越级沟通。

在项目沟通中，不同信息的沟通需求采取不同的沟通方式和方法，因此必须明确各种信息需求的沟通方式和方法。影响项目选择沟通方式的因素主要有以下几个：

1）沟通需求的紧迫程度。

2）沟通方式方法的有效性。

3）项目相关人员的能力和习惯。

4）项目本身的规模。

沟通在项目管理中的作用是多方面的，突出表现在以下几个方面：

1）促进项目工作协调有序地进行。

2）有助于改进决策过程。

3）有利于领导者激励下属，建立良好人际关系的氛围，提高团队成员士气。

9.2.5 风险管理

风险管理是通过采用多种风险管理技术、方法和手段对风险实施有效控制，以尽可能少的风险管理成本保证项目目标的顺利实现。项目风险管理是指项目组对软件生命周期内可能遇到的风险进行识别、量化和评价，并在此基础上提出风险应对方案，有效地控制和监督风险，以最低成本实现最大安全保证，顺利实现项目目标的科学管理方法。项目风险管理的任务是不断研究项目风险的特征和规律，运用各种方法识别并评估风险发生的概率及风险造成的损失，提出各种风险应对措施并执行，在此基础上监控风险，以规避、减轻或遏制风险造成的不良影响。

9.2.5.1 软件项目风险管理

软件项目风险是有关软件项目、软件开发过程或软件产品将要损失的可能性。什么样的因素会导致项目失败？这些因素的改变对项目成本、质量、进度会造成什么影响？这是我们在型号研制中十分关心的问题，也是风险管理应考虑的范围。然而在项目管理中，风险管理往往是被遗忘的领域。项目管理过程中，经常会出现不确定事件，软件项目负责人必须采取措施去缓解或解决这些不确定事件，这就是风险管理。良好的风险意识、规范的风险管理制度会在很大程度上促进项目向正确的方向发展。

风险管理的基本要求：

1）作为项目管理任务，研制全周期、全过程实施。

2）是系统工程，强调前瞻性和主动防范。

3）与项目内外部环境、目标、要求及风险状况相匹配。

4）与研制工程过程以其他管理过程相结合，并协调一致。

5）方案阶段早期进行规划，制订风险管理计划。

6）动态开展风险评估、风险应对，实时进行风险监控。

7）记录和维护风险管理全过程的信息。

8）建立和保持与利益相关方沟通的接口和渠道，并充分沟通。

9.2.5.2　软件项目风险类型

软件项目风险可以归纳为以下三种类型：

（1）需求风险。需求风险就是需求不确定的风险，软件产品是非直观的，是一次性的工作，具有不可重复性，包含许多不确定性因素。比如用户对具体需求不能准确地描述，软件项目开发周期长，用户需求不断变化等。

（2）技术风险。软件开发过程中很多技术方案没有现成的行业规范和标准，而且软件技术发展飞速，各种新技术层出不穷，潜在的设计、实现、维护等方面的问题，会威胁软件产品的质量和交付时间。

（3）管理风险。软件项目对协调管理要求很高，管理和控制过程复杂，管理者和开发者很难达成一致目标。项目组内部人员沟通不充分，导致开发人员不能彻底了解用户的具体需求，对系统设计的理解存在偏差。

综合研究三类风险，将软件项目常见风险归纳总结如下（表9－3）。

表9－3　软件项目常见风险

序号	风险描述	风险类型
1	开发周期长，用户需求不断变化，缺少有效的需求变化控制机制	需求风险
2	没有准确地记录需求，导致后期理解差异	需求风险
3	用户对系统将要实现的目标，即具体需求不能准确地描述	需求风险
4	关键人员不足，缺少必要的培训	技术风险
5	花费在设计和实现上的时间和费用超出预算	技术风险
6	软硬件技术不成熟，技术方向错误	技术风险
7	管理层、项目组内部人员沟通不充分	管理风险
8	管理工作太随意，管理者经验不足	管理风险
9	工作分解结构分解得不到位	管理风险
10	工作缺乏计划性或计划没有严格执行	管理风险

9.2.5.3　风险管理的主要活动

风险管理的活动主要包括风险规划、风险识别、风险分析与评估、风险应对与控制、风险监控和沟通等活动，详情如图9－7所示。

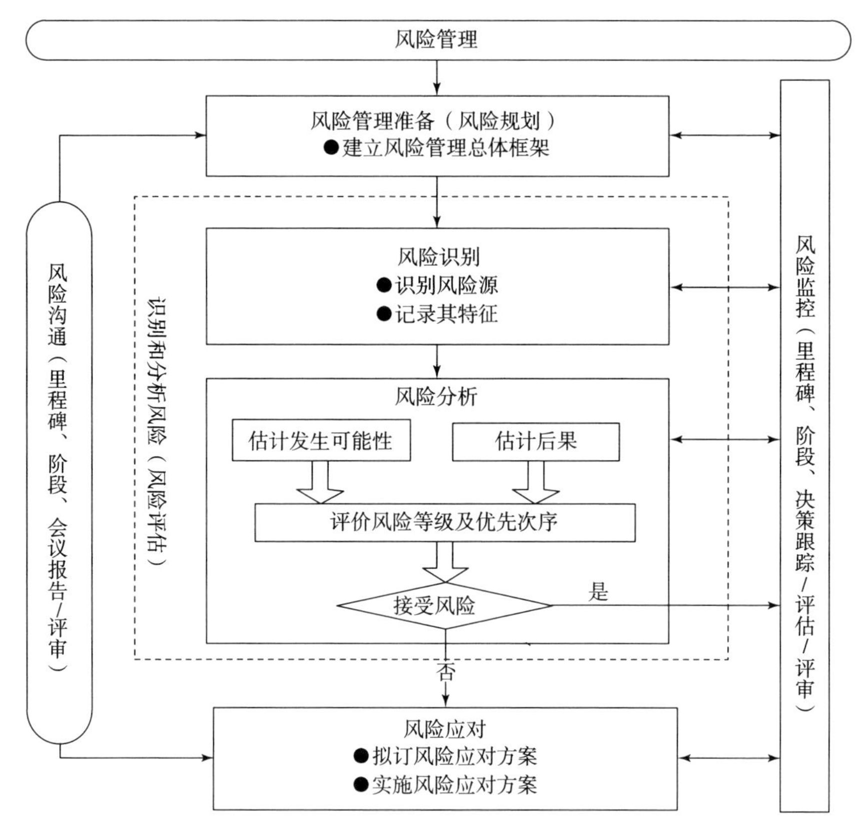

图9－7 风险管理的主要活动

1）风险规划。

建立风险管理整体框架，定义风险管理各项活动；为风险管理提供基础和安排，使其嵌入项目管理过程和产品实现过程的所有层次。

主要开展明确项目环境信息、建立风险管理目标和程序、确定风险管理角色与职责、建立风险源清单、定义风险准则、规划风险管理资源，制订并维护风险管理计划等工作。

2）风险识别。

确定项目风险来源、风险产生的条件、描述风险特征和确定哪些风险事件影响本项目。风险识别在项目初期由于信息条件限制只能得到初步结果，随着项目的进行，结果的可信度增大。风险识别的方法有头脑风暴法、SWOT法、故障树分析法等。

3）风险分析与评估。

对识别出来的风险进行定性定量分析，评估风险的发生概率及其对项目造成的损失，从而得到风险严重等级。

4）风险应对与控制。

应根据风险分析与评估的结果，为降低风险的发生概率和减少风险发生造成的损失而制订的风险应对措施。风险应对计划必须与风险的严重程度、项目的成本约束，以及项目成功的时间性、现实性相适应，必须得到项目利益相关方的一致认可。风险应对可以从改变风险后果的性质、风险发生的概率和风险损失大小等方面提出多种策略：风险减轻、风险预防、风险回避、风险转移、风险接受、风险应急等。对不同的风险采用不同的应对方法和策略，对同一项目面临的各种风险，也可综合运用多种策略进行处理。

5）风险监控和沟通。

风险监控和沟通包括监视已识别的风险、识别新出现的风险、变更风险管理计划、确保风险应对计划正常实施、评估风险应对效果等工作。当风险事件发生时，实施风险应对计划；当风险情况发生变化时，重新进行风险分析与评估，并制订新的风险应对措施。反馈并记录风险信息，沟通和解决风险。风险监控和沟通的目的是确保风险管理过程持续有效。挣值分析法是风险监控的常用方法。

9.2.6 配置管理

软件配置管理是一种应用于整个软件生命周期的支持性活动，始于项目开发之初，终于产品淘汰之时的一组追踪和控制软件变动的保护性活动，其目的是实现软件产品的完整性、一致性、可控性，使产品最大限度地与用户需求相吻合。通过控制、记录、追踪对软件的修改，实现对软件产品的管理。

软件开发过程中产生的所有文档等软件产品统称为软件配置项。软件配置项分为3类：

1）计算机程序，包括源代码和可执行程序。

2）描述计算机程序的相关文档，包括针对计算机开发人员的文档，如需求规格说明、设计说明、测试计划、测试说明、测试报告等，也包括针对软件用户的文档，如软件用户手册等。

3）数据，包括计算机程序的内部数据和外部数据。

配置管理包括制订软件配置管理计划、建立配置管理系统、配置库管理、配置项控制、配置纪实与报告、配置审核等6个活动，其中：配置库管理包括开发库管理、受控库管理和产品库管理，配置项控制主要包括入库、出库、变更管理、基线建立和发布，各活动之间的关系如图9－8所示。

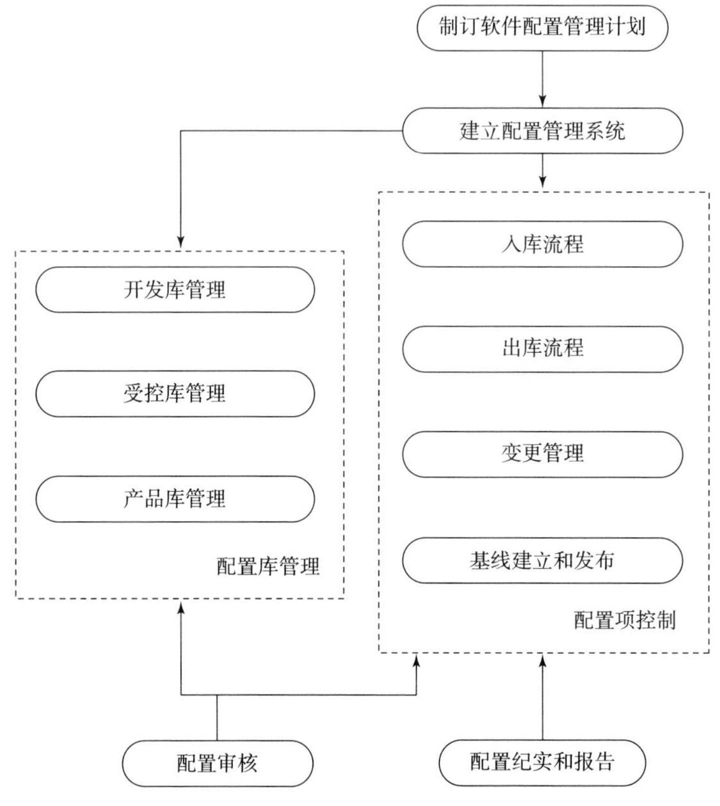

图 9-8 配置管理各活动之间的关系

9.2.6.1 制订软件配置管理计划

配置管理计划由项目配置管理员依据软件开发计划、研制任务书等的要求制订，以便有利于软件开发过程质量的控制和最终软件产品质量的提高。有时一个软件项目规模很大，项目组在开发时又进一步将其分解成若干较小的子项目，分别由若干个开发小组完成，各子项目也应制订并执行软件配置管理计划。同时，整个软件项目应有总的配置管理计划，与各个子项目的配置管理计划相协调，并满足标准和用户的要求。

软件配置管理计划主要包括配置管理组织及相关职责，配置管理的范围和要求，配置管理活动（配置标识、配置控制、基线建立及发布、配置审核、配置状态记录与报告、软件交付发行和交付等），配置管理所用的工具、技术和方法，对供货单位的控制，配置管理活动进度安排等内容。

9.2.6.2　建立配置管理系统

配置管理系统是配置管理的实现途径，在项目初期，软件配置管理员应按照软件配置管理计划建立配置管理系统。项目配置库分为开发库、受控库、产品库（简称三库），对于配置管理系统应设置用户名、口令、权限、角色等。三库间配置项传递如图9－9所示。

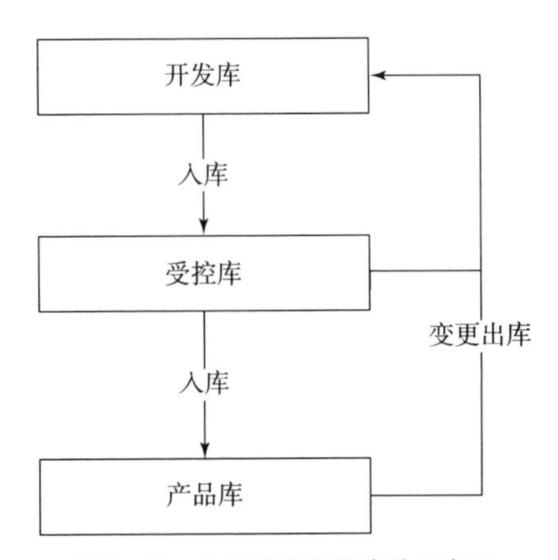

图9－9　三库间配置项传递示意图

9.2.6.3　配置项控制

配置项控制是配置管理的基本要求，主要完成软件配置项的入库、出库、变更、基线建立和发布等活动。通过完成这些活动，可以保证在任何时间恢复任何一个配置项的任何一个版本。

1. 版本控制

版本控制的目的是按照一定规则保存配置项的所有版本，避免发生版本丢失和混淆等现象，并且可以快速准确地查找到配置项的任何版本。在进行版本控制的同时，版本标识尤为重要。通过软件版本标识可以对配置项进行准确的识别和追踪。

2. 变更控制

变更控制是在生命周期中对配置项的变动建立评审及校准机制，其目的是防止配置项被随意修改而导致混乱。当文档或程序经审批进入受控库、产品库后，就处在受控状态，必须通过变更流程才能对其实施修改。当需要对一个配置项进行变更前，必须通过变更申请分析对其他技术文件、进度、工作量的影响，并根据影响度扩大分析的范围，按照变更控制规则执行，变更记录应进行维护。

3. 基线建立和发布

基线是一组经过正式评审同意，作为进一步开发或交付基础的规格说明或工作产品，且若基线发生更改，则应重新建立和发布。根据项目需要可以建立多条基线，基线的建立和发布应履行相应的审批流程。基线建立后应及时通知利益相关方。

9.2.6.4 配置纪实与报告

配置纪实与报告是根据配置管理系统中的记录，向软件项目负责人报告软件开发活动的进展情况。配置状态报告的任务是记录、报告整个生命周期中软件的状态，用以跟踪对已建立基线的需求、源代码、数据以及相关文档的更改等，表明每一配置项版本的内容，以及形成该报告的所有更改，以加强配置管理工作。配置项发生变化（出/入库、基线建立和发布、配置变更时）应进行配置状态纪实。

9.2.6.5 配置审核

配置审核是为了验证一个配置项或构成基线的一组配置项是否符合规定的标准或需求所进行的活动；是确认所产生的基线、文档和配置管理活动符合制定的标准或需求的活动。

配置审核包括功能审核、物理审核和配置管理审核。

功能审核：为了验证一个配置项的开发已圆满完成，已经达到了在功能基线或分配基线中指明的性能和功能特性，并且它的运行和支持文档是完备且令人满意的而进行的一种审核。在实际工作中一般结合试验、测试、评审等验证确认工作进行。

物理审核：为了验证一个配置项符合定义和描述它的技术文件所进行的一种审核。在实际工作中一般结合入库、基线建立、交付检查等活动进行。

配置管理审核：是对配置管理工作和产品配置管理情况进行的一种审核。

9.2.7 质量保证管理

质量是产品的生命线，不论任何产品，质量都是非常重要的。软件产品生命周期长，耗费巨大的人力、物力，需要特别注意保证产品的质量。

软件质量保证是指确定、达到和维护所需要的软件质量而进行的有计划、有组织的管理活动。目标是以独立审查方式，从第三方的角度监控软件开发任务的执行，就软件项目是否正确遵循已制订的计划、标准和规程，给开发人员和管理层提供反映产品和过程质量的信息和数据，提高项目透明度，同时辅助软件项目组获得高质量的软件产品。

软件质量保证活动包括：

1）制订软件质量保证计划。

2）检查过程活动。

3）检查工作产品。

4）验证软件质量保证工作。

5）跟踪并确保解决不符合项。

6）总结软件质量保证工作。

各活动之间的关系如图9－10所示。

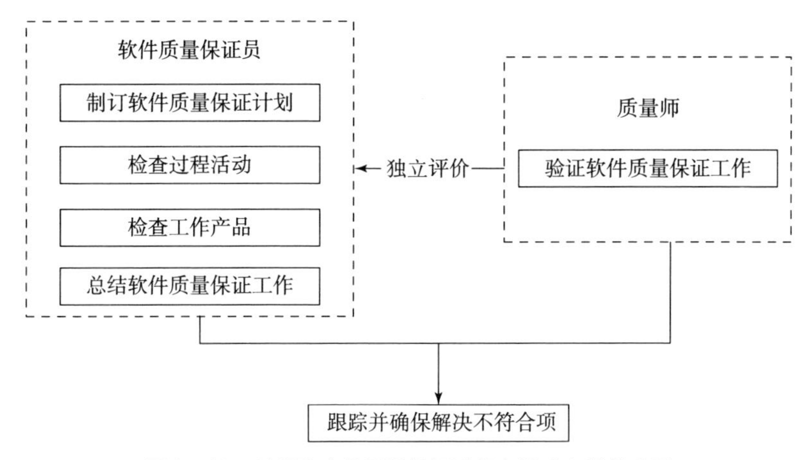

图9－10 过程和产品质量保证过程各活动之间关系图

9.2.7.1 制订软件质量保证计划

软件质量保证员依据软件开发计划、研制任务书等有关文件的要求，制订软件质量保证计划，明确质量保证的目的、范围，明确质量保证的组织、职责，确定要进行检查的过程和产品，确定检查的时间和执行人，确定质量师验证质量保证工作实施的内容。软件质量保证计划是软件质量保证员实施质量保证工作的依据。

9.2.7.2 检查过程活动

软件质量保证员按照软件质量保证计划中规定的检查项目和时机，检查项目过程是否符合既定的标准和规范，检查可以采用检查表、访谈、参与项目活动、审查等方式进行。检查过程中发现的不符合项需及时通报软件项目负责人和质量师。

9.2.7.3 检查工作产品

软件质量保证员按照软件质量保证计划要求检查相关工作产品，检查可以采用检查表方式进行，检查时机一般为各文档编制完成审签前，软件代码检查结合代码审查进行。

9.2.7.4 验证软件质量保证工作

验证软件质量保证工作是对软件项目质量保证活动的客观检查，检查软件质量保证员开展的过程检查和工作产品检查，以及软件质量保证员编制的计划、总结等工作产品。

9.2.7.5 跟踪并确保解决不符合项

软件质量保证员标识出不符合项，通知软件项目负责人组织解决；质量师受理软件质量保证员无法解决且上报的不符合项，协调软件项目负责人组织解决不符合项。

9.2.7.6 总结软件质量保证工作

软件质量保证员应按计划在阶段、里程碑等节点进行工作总结，并将有关内容提交软件项目负责人纳入相关研制总结报告中，项目需要时软件质量保证员应编制独立的软件质量保证报告。

索　引

A ~ Z（英文）

A～B

C

E～F

G

H ~ J

K~L

M

N～P

Q

R

S

T

W

X

Y

Z

（王彦祥、刘子涵、张若舒　编制）